城市规划建设管理普及丛书

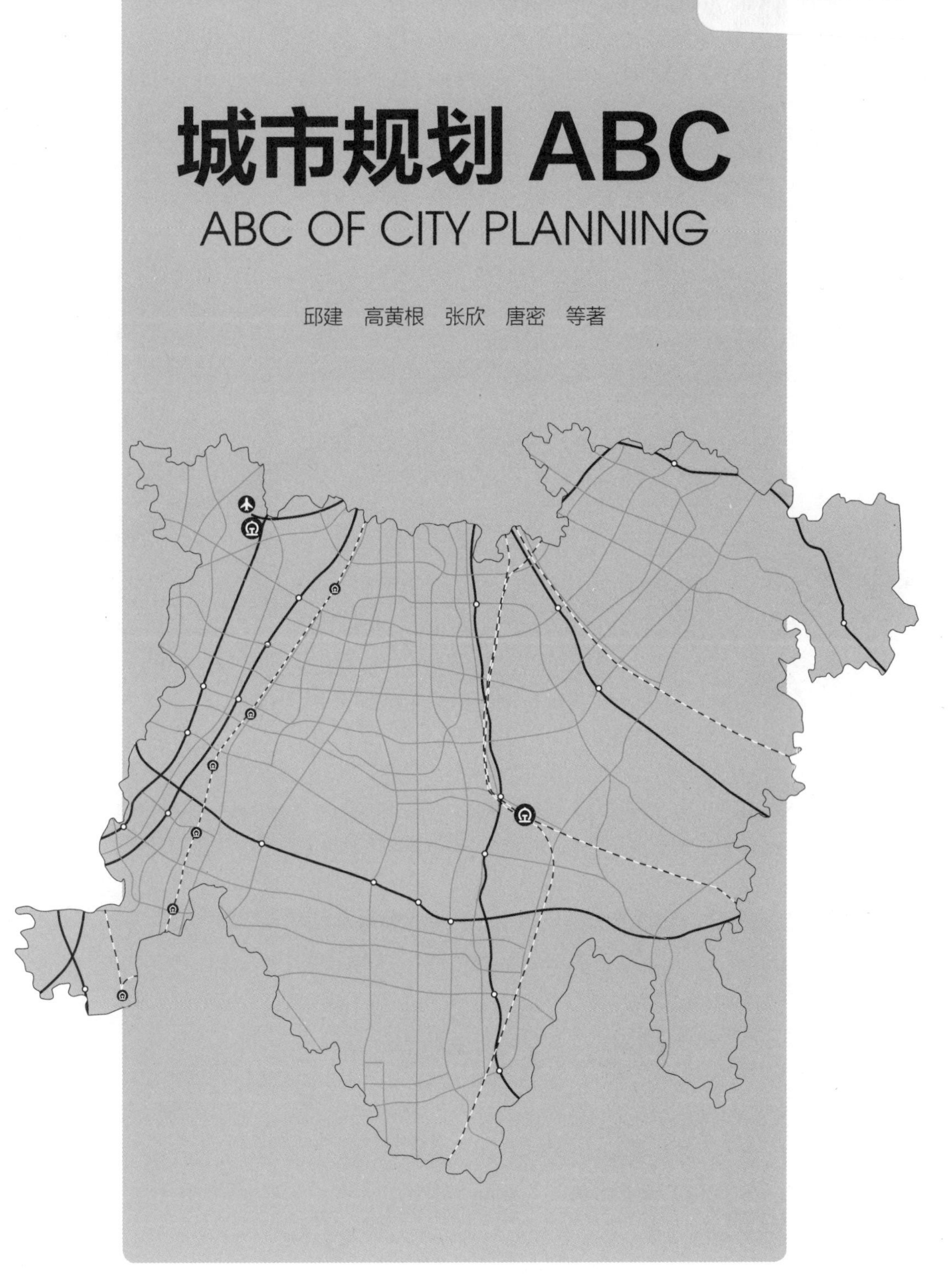

城市规划 ABC

ABC OF CITY PLANNING

邱建 高黄根 张欣 唐密 等著

中国建筑工业出版社

图书在版编目（CIP）数据

城市规划ABC / 邱建等著. —北京：中国建筑工业出版社，2019.3
（城市规划建设管理普及丛书）
ISBN 978-7-112-23066-2

Ⅰ. ①城… Ⅱ. ①邱… Ⅲ. ①城市规划–岗位培训–教材 Ⅳ. ①TU984

中国版本图书馆CIP数据核字（2018）第284724号

责任编辑：陈 桦 李 明 王 惠
书籍设计：锋尚设计
责任校对：王雪竹
封面设计：邱 建 锋尚设计

城市规划建设管理普及丛书
城市规划ABC
邱建 高黄根 张欣 唐密 等著
*
中国建筑工业出版社出版、发行（北京海淀三里河路9号）
各地新华书店、建筑书店经销
北京锋尚制版有限公司制版
北京利丰雅高长城印刷有限公司印刷
*
开本：787×1092毫米 印张：15½ 字数：428千字
2019年3月第一版 2019年3月第一次印刷
定价：89.00元
ISBN 978-7-112-23066-2
（33145）

谨以此著

﹀

献给城市规划管理一线的朋友；

献给生活、工作在城市的市民朋友；

献给关心热爱城市的各界人士；

你们对城市的科学管理、对城市规划建设的积极参与及奉献，
必将使城市更加美丽、让生活更加美好！

本著作得到国家自然科学基金面上项目（项目批准号：51678487）、
四川省科技支撑计划项目（项目批准号：2013FZ009）资助。

《城市规划ABC》写作组

组　长　邱　建

副组长　高黄根　张　欣　唐　密

成　员　（按拼音排序）

曹　利　丁晓杰　胡上春　贾刘强

李媇媇　彭　攀　秦洪春　冉　庆

万　衍　王　旭　夏太运　杨振宇

易　君　余　鹏　袁　尧　岳　波

郑曼文　郑　远　朱　晥

序言

PREFACE

我长期在高校从事建筑学、城市规划和景观建筑学等相关学科专业的教学、科研与管理工作，常常以史为鉴，给学生讲隋代政府官员宇文恺，因规划并营建了当时世界上最大的城市长安（时称大兴）而在史书上留下了浓墨重彩的一笔；讲唐朝刺史白居易和北宋知州苏东坡，因从民生大计出发组织杭州规划建设活动，特别是对西湖进行疏浚拦湖、筑堤建桥，成就千秋伟业，为后人留下世界遗产；讲拿破仑三世时期的巴黎塞纳区行政长官奥斯曼，因规划和改建巴黎，造就为世人所熟知的世界浪漫之城；也讲伦敦、罗马、华盛顿等世界名城，无不是在其规划的引领下，历经千百年仍熠熠生辉。

“手把手”“师傅带徒弟”的传授方式是上述专业的教学特征，培养一名合格毕业生很不容易，培养出来的数量也十分有限。在任西南交通大学建筑学院院长时，我的学生毕业后一般都到北上广深一线城市或成都、重庆、杭州、南京、武汉、西安等这样的特大城市就业，很少到基层，极少从事城市规划管理工作。

规划引领城市发展，是城市之本，依法批准的城市规划是城市建设和管理的依据，必须严格依法执行。2005年之后，我调任四川省住房和城乡建设厅（建设厅）总规划师、副厅长，一直分管全省城乡规划工作，切身感受到地方行政管理人员对城市规划知识的需求与渴望。一个经典案例是：四川省委省政府为了保护和利用某民族地区富集的自然人文资源，决定将其规划建设成为世界精品景区，以促进地方经济社会发展，助推脱贫攻坚工作，特责成我厅组织编制规划。我们很快调集全省规划界的精兵强将攻关，大家以高昂的政治热情和对民族地区同胞的深情厚谊，以精湛的技术功底编制完成规划，其成果受到领导、专家和学者的高度评价，认为规划理念先进、技术合理，符合地方实际，效果美轮美奂。意想不到的是：当我陪同省领导到现场调研谈及该规划时，县主要领导面带难色地汇报道：“我们县还真缺乏能看懂这个规划图纸、能领会规划意图的同志！”当时我就蒙了：作为管理和实施主体的景区所在县这么缺乏看懂图、懂规划的人员，后续工作的开展可想而知。其实，我在参与组织四川汶川特大地震、芦山地震灾后恢复重建规划编制和实施管理时，类似的情况也时有发生。

实践中我注意到：中央城市工作会议指出城市规划前瞻性、严肃性、强制性和公开性不够带来的“一任领导一任规划”等乱象，专家学者评论的城市建筑贪大、媚洋、求怪等弊端，老百姓诟病的城市规划盲目扩张、城市建设“政绩工程”、城市风貌千城一面、城市环境污染严重等问题，刨根问底，尽管原因林林总总，但城市规划基本知识没有被城市管理者充分掌握，无疑是产生上述问题的重要原因之一。

实际上，各级组织人事部门十分了解地方规划技术力量和管理人才缺乏的现实，在规划人才培养、队伍建设上不断加大培训力度，花了不少工夫，我本人也多次参与相关培训方案制订，并数次为受训干部授课，这些努力对提高行政管理人员的规划素质具有积极作用。但随后我观察到：刚刚培训完成，不少干部就转岗调离规划岗位，接任的同志又继续面临规划知识缺乏的问题。同时，这样的培训方式时间较短，以专题培训为主，很难让领导干部具备较为系统的规划常识。

人民城市为人民，老百姓是城市的主人，规划必须为市民服务，必须以人民为中心。从这个角度看，规划编制得好不好、实施得好不好，最终要用人民群众的满意度来衡量，他们是终极裁判员。为此，规划的编制和实施过程都需要城市市民的广泛参与。工作中我发现：无论是基于自身利益的关切维护，还是基于对家园建设的关心热爱，城市市民都对城市规划实践具有极高的热忱，都愿意参与其中。但是，城市规划基本知识没有在广大市民中得到应有的普及，他们在参与规划过程中往往呈现出心有余而知识不足的尴尬局面，难以对提高规划编制质量发挥实质作用、难以对城市建设进行有效监督，难以对城市治理现代化作出应有贡献。

城市规划涉及诸多学科，其成果承载众多职能：既是引领城市发展的纲领，更是关乎普通老百姓切身利益的公共政策。职业规划师必须具有相应的学术、技术、艺术功底，还要具备相关政策、法律知识，在规划设计一座城市时，规划师需要贯穿古今、融汇西东，既承前、又启后。固然，社会分工不可能让每个城市管理者、每位城市市民都成为一名造诣深厚的规划专家，但向他们普及城市规划科学知识、提高大众的城市规划科学素养，显而易见是城市规划科技工作者的应尽之责、应有之义。

教学科研的职业经历与行政管理的责任使命，使我十多年来一直拥有写本城市规划科普读物的梦想，其间，我与众多省内外行政领导、规划同行、普通市民包括中小学师生交流了这一想法，无一例外得到充分肯定与鼓励。例如，2014年中国建筑工业出版社在成都召开工作会议，会后我与沈元勤社长谈及城市规划实践中呈现出的上述问题，他直截了当地建议：你是专业教授，又有行政管理经验和感受，为什么不写一本有关城市规划的普及性读物？这对社会很有意义啊！并表示：你赶紧组织力量写，我们来出版发行，好好普及一下城市规划知识。可见，《城市规划ABC》书稿，不仅是我职责使然、内生动力的结果，也是写作组团队协作、集体努力的成果，更是来自社会需求、各方鼓励的产物。

由此，本书定位为城市规划学科知识的科普读物，旨在通过简明扼要的语言、生动活泼的图表等方式，深入浅出地向城市行政管理者和市民普及、传播城市规划的科学原理、科学方法以及寓意其中的科学思想与科学精神，使之正确认识城市发展基本规律、准确了解城市规划基本知识，增强规划科学素养。

全书由三篇共十章构成。其中第一篇是基本知识篇，概述城市的内涵、职能和设施构成，讲述城市规划的作用意义、基础理论及其与其他类型规划的关系，讲解如何初步读懂规划图纸；第二篇是主要内容篇，为本书主体部分，分别介绍城镇体系规划、城市总体规划、城市控制性详细规划、修建性详细规划、城市设计、城市专项规划等的基本概念、重要术语、规划内容、规划方法和组织审批；第三篇是实施管理篇，主要包括依法实施城市规划管理的“一书两证”制度、规划强制性内容、规划监督检查、规划实施的法律责任等。

本书主要为非城乡规划、建筑学和景观建筑学等相关专业出身的城市管理者以及普通市民撰写，希望有益于提高城市管理者组织编制规划和实施规划管理的决策水平，有益于提升公众参与这些活动的能力素质；也可作为历史文化、产业政策、法律法规、旅游管理和土木、国土、环保、交通、水利、林业、地质等学科领域师生、技术人员的工作参考书。另外，如果中小学孩子有机会阅读此科普读物因而关心关注、了解热爱城市，进而激发起对城市规划科学的兴趣，甚至成为未来的城市规划专家，那将是我作为规划科技者、教育工作者和管理者的莫大欣慰。

我萌发写作并构思此书十年有余，这期间的规划管理实践经历使多次调整撰写思路，在思路明确后我草拟了书稿大纲，随即组织四川省城乡规划设计研究院、四川省住房和城乡建设厅城乡规划处的同事成立写作组，高黄根院长、张欣处长负责组织协调工作，唐密总工程师牵头落实具体写作任务，经多次讨论并反复修改，历时多年完成书稿，最终由我统稿、定稿。在书稿即将付梓之际，我要特别感谢写作组全体同仁，大家的精诚团结、密切配合、不懈努力成就了此书；还要感谢给予我支持和鼓励的所有行政领导、规划同行和城市市民。四川省住房和城乡建设厅陈涛总规划师（时任城乡规划处处长）在早期曾参与组织工作，四川省城乡规划设计研究院王希伟同志提出了诸多宝贵意见，谢琪琪和项亚楠同志参与了本书的校稿工作；本著的研究和出版得到国家自然科学基金面上项目、四川省科技支撑计划项目资助；基金依托单位西南交通大学的科学技术发展研究院领导、建筑与设计学院毛良河等老师和同学还为我们提供了帮助和服务，在此一并致谢！

本书各章的主要写作人员分别为：第一章：邱建、高黄根、张欣、唐密、郑曼文；第二章：邱建、高黄根、贾刘强、岳波、郑曼文、唐密；第三章：邱建、高黄根、曹利；第四章：

邱建、高黄根、朱晥；第五章：邱建、高黄根、唐密、夏太运；第六章：邱建、高黄根、曹利、唐密、夏太运；第七章：邱建、高黄根、唐密、朱晥、胡上春、丁晓杰、李甝甝；第八章：邱建、高黄根、胡上春；第九章：邱建、高黄根、张欣、郑远、彭攀、秦洪春、易君、朱晥；第十章：邱建、张欣、杨振宇、袁尧、冉庆、王旭、余鹏、万衍、唐密。

作者经历有限、学识不足，更缺乏编写科普读物的经验，书中纰漏、不足之处在所难免，恳望同行和读者不吝赐教！另外，书中所参考的图表和文献资料，都尽力详尽标注在文中及参考文献，在此对原作者表示诚挚的谢意！如有疏漏，敬请指出以便补遗！

邱　建

2018年10月于西南交大北园

目 录

CONTENTS

第一篇
基础知识

第一章
城市与城市规划

第一节　什么是城市

一、城市的概念

人们总是在不断走进城市、观察城市、感知城市、认识城市，当提及城市印象时，脑海里自然会浮现出祖国首都北京（图1-1-1）、现代之都纽约（图1-1-2）、十里洋场上海、东方之珠香港（图1-1-3）的形象，也会显现出古老帝国伦敦（图1-1-4）、浪漫之城巴黎、现代之都纽约的意象，还会想象到世界遗产之城丽江、佛罗伦萨的魅力……

其实，这里提及和未提及的城市，都是人类群居生活的高级形式，是人类高效利用资源、创造物质文明和精神文明的集中承载地,是先进生产力最集中的地方，也是人类走向成熟和文明标志。规范地讲，城市是：

以非农产业和非农业人口集聚为主要特征的居民点，包括国家行政建制设立的市和镇[1]。

图1-1-1　首都北京的象征：天安门（邱建拍摄）

图1-1-2　现代之都纽约的高楼大厦（邱建拍摄）

图1-1-3　东方之珠香港（邱建拍摄）

图1-1-4　展现古老帝国辉煌的伦敦议会大厦（邱建拍摄）

1　中华人民共和国建设部. GB/T50280-98城市规划基本术语标准[S]. 北京：中国建筑工业出版社.

二、城市的功能

（一）古代城市的功能

城：防御守卫的构筑物；

市：商品交换的场所。

城市有两层含义，一为城，二为市。

城为防御守卫的构筑物，故有“筑城以卫君”之说。古时城市中的“卫、营、所”都是军事驻扎单位[1]，体现了城市的防御功能。

市是商品交易的场所，北宋东京（开封）即是商品交换特征十分明显的城市。

图1-1-5 城+市——山西平遥古城（邱建拍摄）

图1-1-6 辽宁兴城古城墙（唐密拍摄）

图1-1-7 清明上河图反映的古集市
（资料来源：故宫博物院）

1 董鉴泓. 中国城市建设史[M]. 北京：中国建筑工业出版社，2004.

（二）现代城市的功能

1933年8月在雅典会议上制定的《雅典宪章》总结了现代城市的四项基本功能：居住、工作、游憩、交通。

城市的功能随着社会和城市发展与时俱进。20世纪70年代后期，《马丘比丘宪章》对《雅典宪章》进行了继承和发展，同时也批判的指出“规划必须在不断发展的城市化过程中反映出城市与其周围区域之间的基本动态的统一性”，不应为了分区清楚而牺牲城市的有机构成[1]。

虽然不再强调功能分区，但最为经典的城市基本功能——居住、工作、游憩、交通仍然得到了广泛的认可。

居住

图1-1-8　加拿大卡尔加里市一居住区（邱建拍摄）

工作

图1-1-9　美国纽约曼哈顿写字楼（邱建拍摄）

游憩

图1-1-10　西班牙马德里市中心公园游憩空间（邱建拍摄）

交通

图1-1-11　成都人南立交桥（邱建拍摄）

1　沈玉麟编. 外国城市建设史[M]. 北京：中国建筑工业出版社，2005.

第二节 什么是城市规划

一、城市规划

城市规划是对一定时期内城市的经济和社会发展、土地利用、空间布局以及各项建设的综合部署、具体安排和实施管理[1]。

Tips

城市规划主要关注：

要住多少人？

要用多少地？

确定土地用来做什么？

城市里面的房子怎么摆？

各项设施安排在什么位置？

先建什么？后建什么？

图1-2-1 城市鸟瞰——迪拜（卓想拍摄）

1 中华人民共和国建设部. GB/T50280-98城市规划基本术语标准[S]. 北京：中国建筑工业出版社.

二、城市规划重要意义

城市规划是城市发展的纲领计划，对于城市发展有重要意义，是落实各项政策、引领城市发展、保护城市生态安全格局和历史遗产、改善人居环境等的重要手段。

引领城市发展

城市规划对城市发展的引领主要体现为在空间上落实政府制定的发展战略。具体则是在城市规划的用地布局、规模、交通等各方面落实政府战略部署，保障地方的发展，体现政府的战略计划。

为城市发展对相关要素进行控制与保护

为保护城市的生态安全格局和历史文化遗产，改善人居环境，城市规划在编制时，需要对城市建设用地规模、生态资源、永久基本农田、建设容量等内容提出控制要求。

Tips

天府新区

2010年天府新区规划出炉，2012年开始动工建设，2014年正式获批成为国家级新区。

天府新区的规划落实了四川省委省政府对天府新区在产业发展、用地拓展、疏解成都城市功能等方面的各项要求，引领了天府新区的发展。同时，该规划又结合各类资源情况、永久基本农田保护、生态环境保护等的要求有针对性地提出了多项管控措施。如对锦江两岸的控制、对通风廊道的控制、对龙泉山的保护等。

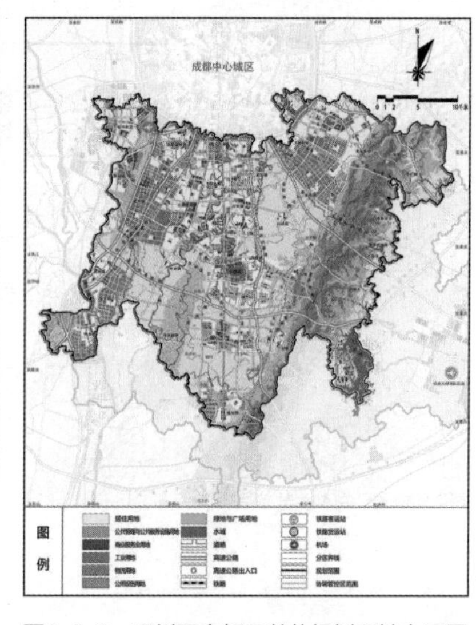

图1-2-2　四川天府新区总体规划用地布局图

图1-2-3　天府新区科学城航拍图
（资料来源：天府新区直管区）

公共属性

城市规划的基本价值观就是合理分配公共资源。这需要在规划过程中作出大量调研，统筹各方利益，并制定相应的公共政策来实现。从这个角度讲，城市规划就是公共政策。

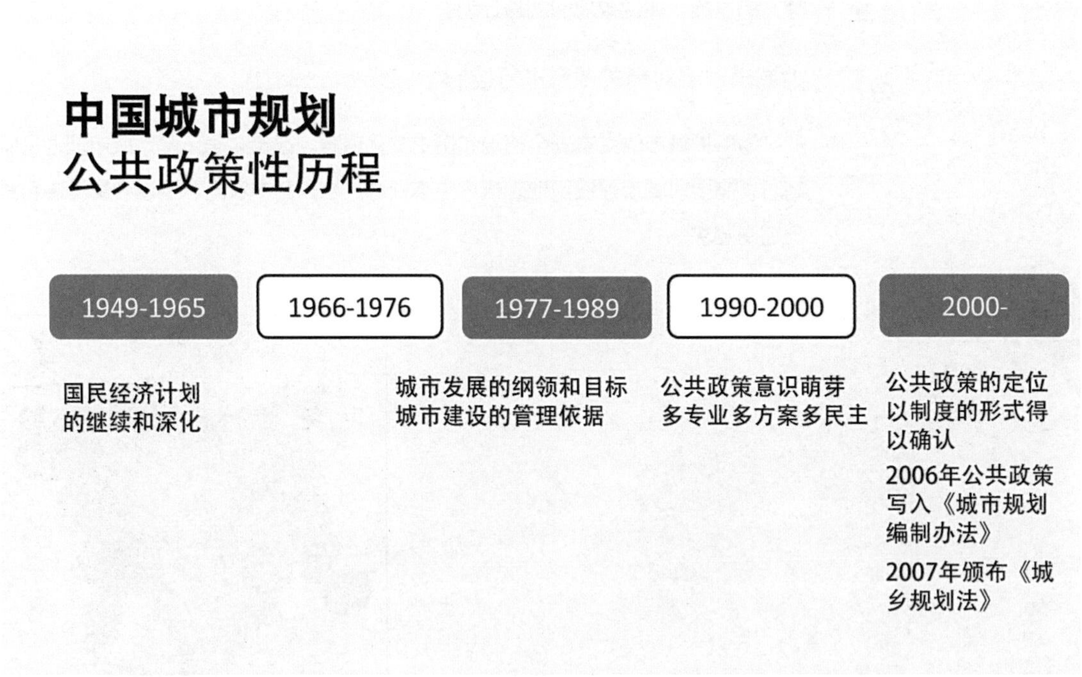

中国城市规划
公共政策性历程

1949-1965	1966-1976	1977-1989	1990-2000	2000-
国民经济计划的继续和深化		城市发展的纲领和目标 城市建设的管理依据	公共政策意识萌芽 多专业多方案多民主	公共政策的定位以制度的形式得以确认 2006年公共政策写入《城市规划编制办法》 2007年颁布《城乡规划法》

图1-2-4　中国城市规划公共政策历程
（资料来源：郑曼文绘）

Tips

城市规划秉承社会公正性，将从资源协调与共享、社会永续发展等方面制定公共政策。使市民充分享受到城市的健康与安全、方便与效率、公平与平等、美观与有序。

公共政策的制定有利于引导城市公共秩序，倡导市民绿色生产和生活，缩小社会阶层差异。

依法行政

城市规划既指导城市建设、管理和发展，又是政府依法行政的依据。

城市规划主要通过依法落实城市党委和政府的大政方针、依法编制和实施规划、依法实行监督管理等手段来实现对城市土地开发过程的有意识管理和干预。

例如：城市人民政府应依据《城乡规划法》编制城市总体规划和控制性详细规划，并依法依规拟定土地的出让或划拨的条件，依法开展监督与管理。同时，城市规划应依法予以公示和公布。

法定规划都有依法公示、公布的环节，规划方案接受群众的监督和管理，合理采纳群众意见，是各级政府实现依法行政，接受监督的重要途径。

图1-2-5　四川某县在人流密集的区域公示/公布城市规划（左：公园一角；右：商业区）（谭小凤拍摄）

对城市历史文化的传承与保护，不只是局限于历史文化名城。任何一个城市都有它的历史，都值得我们去探索、研究、保护和发展。

传承文化

城市规划是一个贯穿城市历史、现状、未来的工作。

通过依法编制相关规划，制定相关措施，将文化的空间载体和非物质文化遗产保护下来，并通过历史文化资源的展示和合理利用，提高人民的保护意识，传承和发扬中华优秀传统文化。

《都江堰历史文化名城保护规划（2016—2035年）》兼顾了历史文化保护及利用，既保持了川西城市独有的传统风貌，彰显了天府之国水利枢纽的重要价值，又符合城市发展需要，有效指导了都江堰历史文化保护工作。

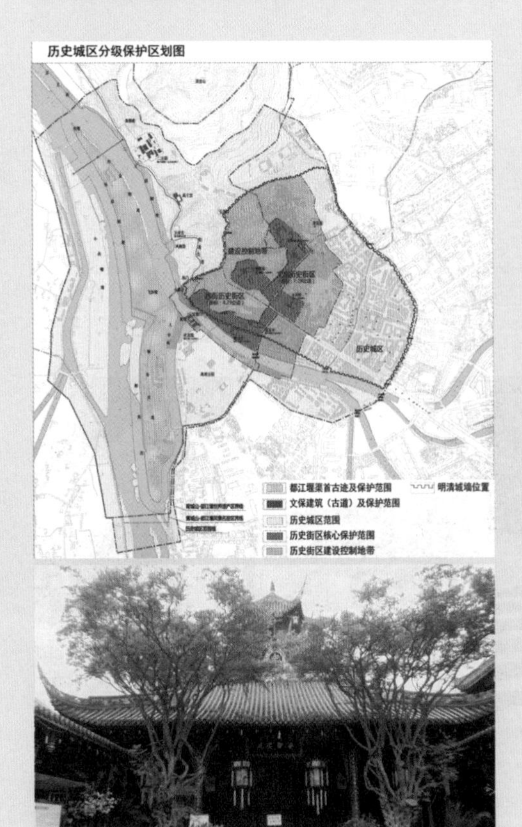

图1-2-6 《都江堰历史文化名城保护规划（2016—2035）》历史城区分级保护区划图（上，资料来源：四川省城乡规划设计研究院）和汶川地震后西街历史街区内修复的清真寺（下，邱建拍摄）

震后新北川县城的规划和建设，发掘和发扬了该县羌族传统的建筑文化。在规划的指引下，经过近十年的建设，北川新县城形成了具有浓郁羌族特色的城市风貌。在新一轮的规划中，这些文化遗产已经划入保护范围。

图1-2-7 北川县城实景图（上，邱建拍摄）和新版总规中的当代文化遗产保护规划图（下，资料来源：中国城市规划设计研究院）

一个城市，如果规划得好，并按规划建设，它既能更好的服务于市民，又能增加城市魅力，促进城市产业发展。

塑造城市独特魅力

通过城市规划能强化或者新增城市魅力，使城市知名度更大，城市特色更加凸显。

如布拉格、圣彼得堡、北川新县城等在规划引领下，塑造了自身独特气质，扩大了城市知名度。

图1-2-8　晨曦中的布拉格（邱建拍摄）

图1-2-9　傍晚下的圣彼得堡郊外叶卡捷琳娜花园（邱建拍摄）

图1-2-10　捷克泰尔奇风貌（邱建拍摄）

案例：北川新县城规划与建设

2008年“5.12”大地震使得北川老县城面目全非，满目疮痍，北川新县城成为汶川大地震灾后重建项目中整体异地重建的县城。

在北川各项城市规划的指引下，经过近十年的建设、发展，如今的新北川已是一座生活便利，人民安居乐业的现代化新县城。

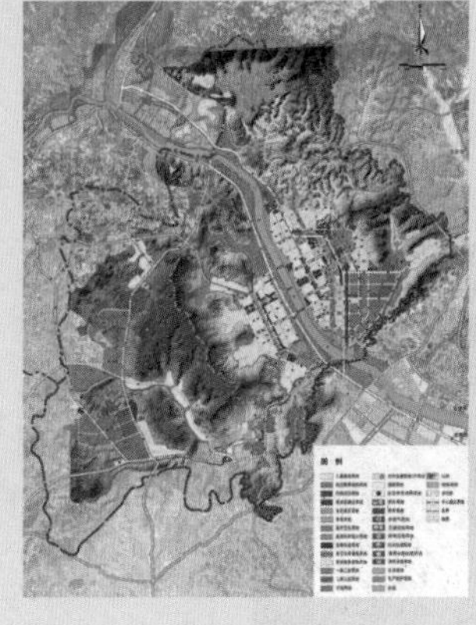

图1-2-11　北川城市总体规划（2011—2030年）
（资料来源：中国城市规划设计研究院）

图1-2-12　北川巴拿恰一角（朱晥拍摄）

案例：巴黎改建规划

拿破仑三世时期，奥斯曼主持的巴黎改建规划，使巴黎成为当时世界上最美丽、最现代化的大城市。

奥斯曼规划贯通了巴黎主要交通干道，塑造了开世界风气之先的林荫大道；造就了一个典雅又气派的城市景观。

此外，奥斯曼规划了令后来无数市民引以为傲的下水道系统，建成后已经成为巴黎的观光景点之一；开辟出来的大型公园，成为巴黎的“城市之肺”。

历经百年，巴黎已然成为世界一流、享誉全球的名城。

图1-2-13　巴黎埃菲尔铁塔（邱建拍摄）

图1-2-14　香榭丽舍大道（张粲拍摄）

图1-2-15　巴黎圣母院（曾建萍拍摄）

图1-2-16　巴黎鸟瞰（覃之漪拍摄）

图1-2-17　巴黎新城（何颖琦拍摄）

第三节　城市用地构成

一、什么是城市用地构成

城市用地构成是基于城市用地的自然与经济区位，以及由城市职能所形成的城市功能组合和布局结构，而呈现不同的构成形态。按行政隶属可分为市区、地区、郊区；按功能用途可分为居住区、工业区、开发区等[1]。

不同规模的城市，因功能内容不同，构成形态也不同（如图1-3-1所示）。一般来说城市越大，其功能越多样，构成形态也越复杂。同时随着城市不断地发展，城市用地构成也在不断发生变化。

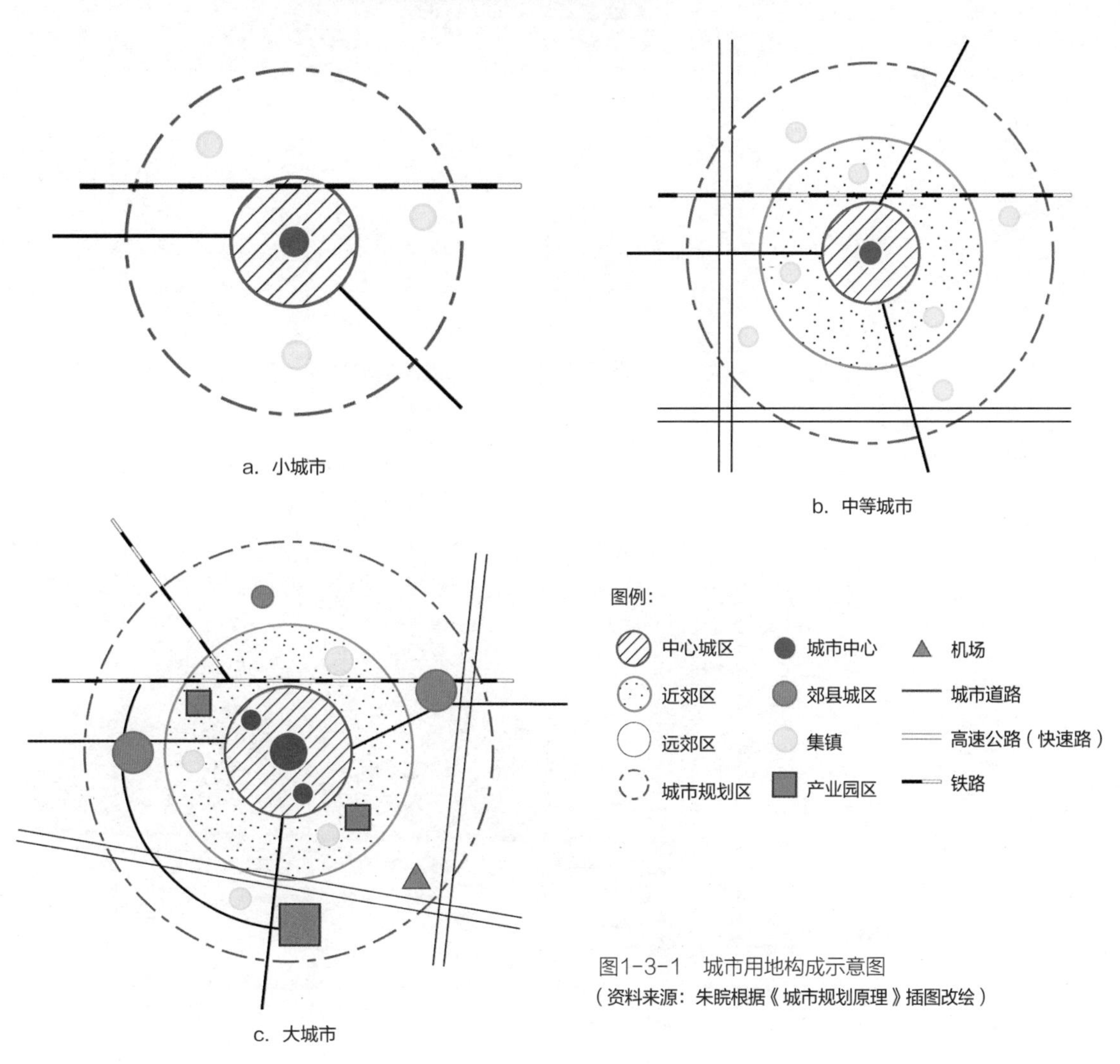

图1-3-1　城市用地构成示意图
（资料来源：朱睆根据《城市规划原理》插图改绘）

1　同济大学，吴志强，李德华主编. 城市规划原理（第四版）[M]. 北京：中国建筑工业出版社，2010.

二、城市建设用地一般比例

为了满足居住、工作、游憩、交通等基本功能要求，一座城市往往需要修建住房、工厂、交通设施、公园、商业设施、市政设施和公共服务设施等建筑物和构筑物。他们各自都有相应用地和空间需求，具有一定的规律性。

一般依据城市常住人口数量及人均建设用地面积，确定城市建设用地规模（俗称城市建成区面积）。

建成区面积国际惯例是，城市人均占用100m^{2}左右。例如，100万人口的城市，建成区面积差不多就是100km^2，太小人居环境品质就会下降，而太大就会造成土地资源的浪费。这100km^{2}一般包括住房、工厂、交通、商业、基础设施、公共服务等用地。

某城市到2035年，城市建设用地规模为90.0km^2

（资料来源：四川省城乡规划设计研究院）

城市建设用地主要包括居住用地、公共管理与公共服务设施用地、工业用地、道路与交通设施用地和绿地与广场用地五大类，它们占城市建设用地的比例一般宜符合表1-3-1的规定。

规划城市建设用地结构　表1-3-1

用地名称	占城市建设用地比例（%）
居住用地	25.0～40.0
公共管理与公共服务设施用地	5.0～8.0
工业用地	15.0～30.0
道路与交通设施用地	10.0～25.0
绿地与广场用地	10.0～15.0

（资料来源：《城市用地分类与规划建设用地标准》GB50137-2011）

工矿城市、风景旅游城市以及其他具有特殊情况的城市，可根据实际情况具体确定城市建设用地比例。

以100万人口城市为例，建成区面积应该是100km^{2}左右。根据城市的职能不同，其构成大体如下：

居住用地占25%～40%，即25～40km^2；

公共管理和公共服务设施用地（含行政办公楼、学校、医院、体育场馆、图书馆、剧院、宗教设施等）占5%～8%，即5～8km^2；

工业用地占15%～30%，即15～30km^2；

道路与交通设施用地占10%～25%，即10～25km^2；

绿地与广场用地占10%～15%，即10～15km^2。

案例：内江市城市用地构成

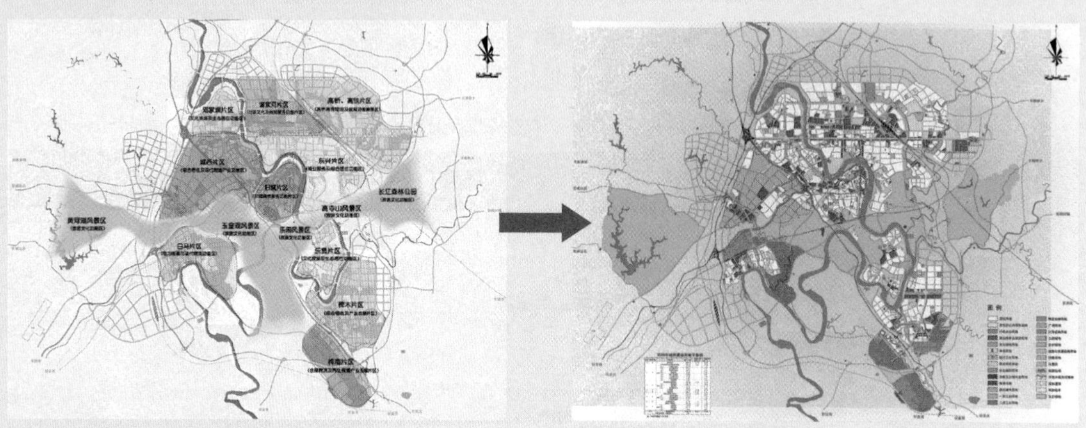

图1-3-2 功能组合与布局结构

图1-3-3 用地布局规划图

建设用地比例

序号	用地代号	用地名称			面积（hm^2）	占城市建设用地（%）	人均建设用地（m^2）
1	R	居住用地			3869.9	32.01	32.25
2	A	公共管理与公共服务设施用地			964.81	7.98	8.04
		其中	A1	行政办公用地	92.09		0.77
			A2	文化设施用地	97.47		0.81
			A3	教育科研用地	558.97		4.66
			A4	体育用地	75.44		0.63
			A5	医疗卫生用地	100.93		0.84
			A6	社会福利用地	28.32		0.24
			A7	文物古迹用地	8.39		0.07
			A9	宗教用地	3.2		0.03
3	B	商业服务业设施用地			1497.08	12.38	12.48
		其中	B1	商业用地	1406.93		11.72
			B2	商务用地	55.57		0.46
			B3	娱乐康体用地	34.58		0.29
4	M	工业用地			1846.31	15.27	15.39
5	W	仓储用地			439.01	3.63	3.66
6	S	道路与交通设施用地			1906.2	15.77	15.89
		其中	S1	城市道路用地	1779.15		14.83
			S3	交通枢纽用地	127.05		1.06
	U	公用设施用地			182.74	1.51	1.52
7		绿地与广场用地			1382.98	11.44	11.52
8	G	其中	G1	公园绿地	1116.34	9.23	9.30
			G2	防护绿地	257.73		2.15
			G3	广场用地	8.91		0.07
	R	居住用地			3869.9	32.01	32.25
总计		城市建设用地			12089.03	100.00	100.74

表1-3-2

用地名称	用地比例
居住用地	32.01%
公共管理与公共服务设施用地	7.98%
工业用地	15.27%
道路与交通设施用地	15.77%
绿地与广场用地	11.44%

（资料来源：四川省城乡规划设计研究院）

Tips

住房建设方面，发达国家人均住房面积一般在30～40m^2。我国人多地少，人均30m^2比较合理。这样算来，1000万人口的城市建3亿平方米住房就可以了，再多就可能出现“泡沫”。

（一）居住用地

居住用地（R）指住宅和相应服务设施的用地，包括：

一类居住用地，即设施齐全、环境良好，以低层住宅区为主的用地；

二类居住用地，即设施较齐全、环境良好，以多、中、高层住宅为主的用地；

三类居住用地，即设施较欠缺，环境较差，以需要加以改造的简陋住宅为主的用地，包括危房、棚户区、临时住宅等用地；一般在现状居住用地调查分类时采用，以便于制定相应的旧区更新政策。[1]

图1-3-4 青岛市八大关住宅（一类）（邱建拍摄）

图1-3-5 美国旧金山市一住宅（一类）（邱建拍摄）

图1-3-6 西宁市一住宅区（二类）（邱建拍摄）

图1-3-7 四川乐山一棚户区住宅（三类）（邱建拍摄）

图1-3-8 厦门市一住宅区（二类）（邱建拍摄）

1 中华人民共和国住房和城乡建设部. GB50137-2011城市用地分类与规划建设用地标准[S]. 2011-01-01

（二）公共管理与公共服务设施用地

Tips

行政办公用地一般采用分级集聚的布局方式，形成市级的行政中心、居住区级的服务中心等。[1]

公共管理与公共服务设施用地（A）是指政府控制以保障基础民生需求的服务设施，一般为非营利的公益性设施用地，包括行政办公用地（A1）、文化设施用地（A2）、教育科研用地（A3）、体育用地（A4）、医疗卫生用地（A5）、社会福利用地（A6）、文物古迹用地（A7）、外事用地（A8）、宗教设施用地（A9）。

行政办公用地（A1）

包括党政机关、社会团体、事业单位等办公机构及其相关设施用地。

图1-3-9 北京人民大会堂（邱建拍摄）

图1-3-11 捷克布拉格市政厅（邱建拍摄）

图1-3-10 四川北川新县城行政管理建筑（邱建拍摄）

图1-3-13 美国华盛顿白宫（邱建拍摄）

图1-3-12 俄罗斯莫斯科克里姆林宫（邱建拍摄）

图1-3-14 美国华盛顿国会大厦（邱建拍摄）

1 同济大学，李德华主编．城市规划原理（第三版）[M]．北京：中国建筑工业出版社，2001.

文化设施用地（A2）

Tips

文化设施用地一般以“中心地”方式布局，形成市级文化中心、馆博中心等。

文化设施用地是指图书、展览等公共文化活动设施用地。公共文化设施应包括图书阅览设施、博物展览设施、表演艺术设施、群众文化活动设施。

图1-3-15 北京国家大剧院（邱建拍摄）

图1-3-16 美国华盛顿国家美术馆新馆（邱建拍摄）

图1-3-17 四川省图书馆（邱建拍摄）

图1-3-18 美国纽约古根海姆博物馆（邱建拍摄）

图1-3-19 北川县博物馆（朱既拍摄）

图1-3-20 美国纽约剧院群（邱建拍摄）

图1-3-21 俄罗斯莫斯科国家历史博物馆（邱建拍摄）

图1-3-22 重庆大剧院（邱建拍摄）

Tips

教育科研用地布局较为多样。如中小学需考虑合理的服务能力结合居住区布局；大学占地较大，往往布置在城市边缘；高科技园区一般与大学相毗邻，利于共同发展；而科研机构常与相关生产机构结合布局。

教育科研用地（A3）

教育科研用地是指高等院校、中等专业学校、中学、小学、科研事业单位及其附属设施用地，包括为学校扩建的独立地段的学生生活用地。

图1-3-23 四川宝兴县灵关中心校（邱建拍摄）

图1-3-24 美国哥伦比亚大学（邱建拍摄）

图1-3-25 美国哈佛大学图书馆（邱建拍摄）

图1-3-26 台湾台北薇阁小学（邱建拍摄）

图1-3-27 俄罗斯圣彼得堡列宾美术学院（邱建拍摄）

图1-3-28 西南交通大学镜湖（邱建拍摄）

图1-3-29 天津大学北洋园（邱建拍摄）

Tips

大型体育设施一般应均匀布置在城市中心区外围或边缘，需要有良好的交通疏散条件。而社区级的体育设施应与社区公共活动中心结合布置。

体育用地（A4）

体育用地指体育场馆和体育训练基地等用地，不包括学校等机构专用的体育设施用地。

图1-3-30　成都市跳伞塔体育场（邱建拍摄）

图1-3-31　西班牙巴塞罗那奥林匹克体育场（邱建拍摄）

医疗卫生用地（A5）

医疗卫生用地指医疗、保健、卫生、防疫、康复和急救设施等用地。

Tips

医疗卫生设施根据不同的级别和服务能力，均匀布置在城区。

图1-3-32　加拿大卡尔加里市的医院建筑（邱建拍摄）

图1-3-33　四川省人民医院建筑（邱建拍摄）

图1-3-34　四川省中医院建筑（邱建拍摄）

社会福利用地（A6）

社会福利用地是为社会提供福利和慈善服务的设施及其附属设施用地，包括福利院、养老院、孤儿院等用地。

文物古迹用地（A7）

文物古迹用地指具有保护价值的古遗址、古墓葬、古建筑、石窟寺、近代代表性建筑、革命纪念建筑等用地。

图1-3-35　西班牙萨拉戈萨城墙遗址（邱建拍摄）

图1-3-36　英国巴斯世界遗产建筑（邱建拍摄）

图1-3-37　体现北京特色的国子监（邱建拍摄）

图1-3-38　第二次世界大战战壕遗迹（邱建拍摄）

图1-3-39　英国爱丁堡城堡（邱建拍摄）

图1-3-40　斯洛文尼亚卢布尔雅那城墙遗址（邱建拍摄）

外事用地（A8）

外事用地指外国驻华使馆、领事馆、国际机构及其生活设施等用地。

外事用地常布置在城市中心区内，可结合行政中心布局，也可单独形成相对独立的地域单元。

图1-3-41　成都美国领事馆（谢琪琪拍摄）

图1-3-42　西班牙大使馆（谢琪琪拍摄）

图1-3-43　北京加拿大驻华大使馆（邱健拍摄）

图1-3-44　联合国驻华办事处（谢琪琪拍摄）

宗教设施用地（A9）

宗教设施用地是指宗教活动场所用地。

部分宗教设施地位特殊，对城市布局有着重要地位。一般的宗教设施可结合社区公共中心布置。

图1-3-45　四川理塘县理塘寺局部（邱建拍摄）

图1-3-48　巴黎圣母院（邱建拍摄）

图1-3-46　成都文殊院（邱建拍摄）

图1-3-47　四川稻城县白塔寺（邱建拍摄）

图1-3-49　西班牙马德里某教堂（邱建拍摄）

商业服务业设施用地（B）

商业服务业设施用地是指商业、商务、娱乐康体等设施用地，不包括居住用地中的服务设施用地。

其中商业用地（B1）主要包括以零售、批发功能为主的商铺、商超、市场以及餐饮、旅馆等用地。商务用地（B2）包括金融保险、艺术传媒、研发设计、技术服务等综合性办公用地。娱乐康体用地（B3）包括剧院、音乐厅、高尔夫、赛马场等设施用地。公用设施营业网点（B4）是零售加油加气、电信、邮政等用地。其他服务设施用地（B9）则包括非公益性的业余学校、培训机构、医疗机构、宠物医院、养老机构、通用航空、汽车维修站等。

图1-3-50　四川成都特色小餐馆（邱建拍摄）

商业服务业设施，每2万元的商业零售额可配置1m²商铺，每2万元GDP可配置1m²写字楼。布局可采用中心式布置，形成中央商务区（CBD）、居住区商业中心等，也可采用商业街、购物中心等多种形式布置。

图1-3-51　四川成都锦江宾馆（邱建拍摄）

图1-3-52　中国银行成都分行（邱建拍摄）

图1-3-53　四川成都来福士广场（邱建拍摄）

图1-3-54　四川成都太古里（朱晥拍摄）

工业用地（M）

工业用地主要包括工矿企业的生产车间、库房及其附属设施等用地，包括专用铁路、码头和附属道路、停车场等用地。

Tips

工业有着劳动力密集，货运量密集、对环境造成影响等特点，对城市的主要交通流向、城市功能结构、形态布局等都有重要影响。因此工业用地的布局，需综合考虑工业对城市的影响，使城市中的工业既能满足工业发展要求，又利于城市发展。

如对大气有污染的工业区应布置在下风向或侧风向；对水体有污染的工业区应布置在河流下游，并应统筹考虑对其下游城市的影响。

图1-3-55　四川德阳东方汽轮机厂厂房（邱建拍摄）

图1-3-56　江油火力发电厂（隆妮拍摄）

图1-3-57　四川宜宾五粮液酒厂厂房（邱建拍摄）

物流仓储用地（W）

物流仓储用地是指物资储备、中转、配送等用地，包括附属道路、停车场以及货运公司车队的站场等用地。

仓储用地一般应地势高亢，地形平坦，有一定坡度利于排水。地下水位不能太高，土壤承载力高。交通应相对便利，有利于建设和经营使用。沿河布置仓库时，应留出岸线，满足有关卫生、安全方面的要求。

图1-3-58　英国谢菲尔德旧城仓库（朱晥拍摄）

图1-3-59　贵州贵安新区国际物流港（邱建拍摄）

图1-3-60　中储粮成都青白江仓库（朱晥拍摄）

图1-3-61　成都顺邦物流园（朱晥拍摄）

道路与交通设施用地（S）

道路与交通设施用地主要包括城市道路、交通设施等用地。

- **城市道路用地**
- **城市轨道交通用地**
- **交通枢纽用地**
- **交通场站用地**
- **其他交通设施用地**

图1-3-62 荷兰鹿特丹轨道交通（邱建拍摄）

图1-3-63 成都二环路（邱建拍摄）

图1-3-64 北川县城市道路（朱晥拍摄）

图1-3-65 成都地铁站出入口（邱建拍摄）

图1-3-66 俄罗斯莫斯科地铁站乘车层（邱建拍摄）

图1-3-67 成都高铁东客站（邱建拍摄）

图1-3-68 重庆高铁江北站（邱建拍摄）

图1-3-69 台北高铁站（邱建拍摄）

绿地与广场用地（G）

绿地与广场用地主要包括公园绿地、防护绿地、广场等公共开放空间用地。

- 公园绿地
- 防护绿地

图1-3-70　加拿大卡尔加里某城市公园绿地（邱建拍摄）

图1-3-71　美国华盛顿越战纪念碑周边绿地（邱建拍摄）

图1-3-72　加拿大温尼伯某城市公园绿地（邱建拍摄）

图1-3-73　法国巴黎埃菲尔铁塔周边绿地（邱建拍摄）

图1-3-74　加拿大温哥华某街头绿地（邱建拍摄）

图1-3-75　丹麦赫尔辛基某街头绿地（邱建拍摄）

图1-3-76　瑞典斯德哥尔摩某河流防护绿地（邱建拍摄）

绿地与广场用地（G）

• 广场用地

图1-3-77　深圳市民广场（邱建拍摄）

图1-3-78　捷克布拉格广场（邱建拍摄）

图1-3-79　北川县巴拿恰小广场（朱晥拍摄）

图1-3-80　美国纽约洛克菲勒大厦前广场（邱建拍摄）

图1-3-81　法国巴黎凡尔赛宫广场（邱建拍摄）

图1-3-82　四川成都天府广场（邱建拍摄）

公用设施用地

公用设施用地包括供应、环境、安全等设施用地。

Tips

为保障城市高效有序地运行，城市还要建设保障城市供应、安全、环境卫生的设施，如消防设施、给水排水设施、电力供应设施、污水处理设施等。每人每天综合生活用水约300L并产生250L污水、1kg垃圾，因此，百万人口城市至少需要配建日处理能力30万吨的自来水厂、25万吨的污水处理厂及1000t的垃圾处理厂。

以上设施都需要在100km^{2}的建设用地内加以统筹。

图1-3-83　四川成都郫都区消防站（邱建拍摄）

图1-3-84　四川宜宾污水处理厂（邱建拍摄）

图1-3-85　四川成都双桥子变电站（朱晥拍摄）

图1-3-86　四川成都青白江变电站（朱晥拍摄）

图1-3-87　北京南宫垃圾处理厂（邱建拍摄）

图1-3-88　南京江宁区科学园水厂（席国赟拍摄）

区域交通设施用地（H2）

铁路、公里、港口、机场和管道运输等区域交通运输及其附属设施用地，不包括城市建设用地范围内的铁路客货运站、公路长途客货运站以及港口客运码头。包括：

- 铁路用地
- 公路用地
- 港口用地
- 机场用地
- 管道运输用地

一些为区域服务的大型基础设施如机场、铁路编组站、能源设施、水工设施、风景名胜区的游客服务中心等没有纳入城市建设用地加以统计，但对城市功能和布局影响巨大。

图1-3-89　高速公路出入口（冯可心拍摄）

图1-3-90　捷克布拉格瓦茨拉夫·哈维尔国际机场（邱建拍摄）

图1-3-91　成都双流机场（邱建拍摄）

图1-3-92　农业灌溉水渠（杨婧拍摄）

区域公用设施用地（H3）

为区域服务的公用设施用地，包括区域性能源设施、水工设施、通信设施、广播电视设施、殡葬设施、环卫设施、排水设施等用地。

图1-3-93　自贡市沿滩区的西电东送变电站（唐密拍摄）

特殊用地（H4）、采矿用地（H5）和其他建设用地（H9）

特殊用地包括军事用地和安保用地。

采矿用地包括采矿、采石、采沙、盐田、砖瓦窑等地面生产用地及尾矿堆放地。

其他建设用地是指除以上之外的建设用地，包括边境口岸和风景名胜区、森林公园等的管理即服务设施等用地。

图1-3-94　某矿山远眺（冯可心拍摄）

图1-3-95　九寨沟游客接待中心（冯可心拍摄）

图1-3-96　攀枝花尾矿堆放地卫星图
（资料来源：奥维互动地图）

图1-3-97　攀枝花尾矿堆放地实景（郑沉思拍摄）

第二章
城市规划经典理论

第一节　现代城市规划早期思想

田园城市

霍华德（E.Howard）1898年在《明天：通往真正改革的和平之路》一书中，提出“田园城市”理论。

田园城市实质就是城市与乡村的结合。

田园城市是为健康、生活以及产业而设计的城市，它的规模足以提供丰富的社会生活，但不应超过这一程度，四周要有永久性农业地带围绕，城市的土地归公众所有，由委员会受托管理[1]。

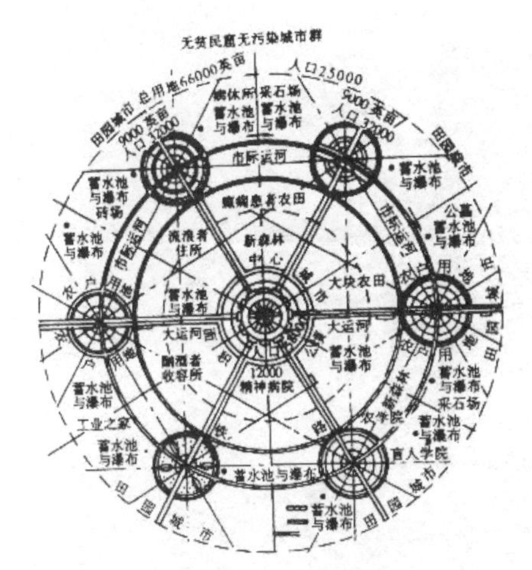

图2-1-1　霍华德田园城市的图解
（资料来源：城市规划原理[M]. 北京：中国计划出版社，2011.）

霍华德于1903年组织“田园城市有限公司”，筹措资金，在距伦敦56公里的地方购置土地，建立了第一座田园城市——莱奇沃思（Letchworth）。

图2-1-2　莱奇沃思
（资料来源：奥维互动地图）

1　全国城市规划执业制度管理委员会主编.城市规划原理[M]. 北京：中国计划出版社，2011.

“卫星城”理论

1920年代，恩温（R. Unwind）针对田园城市实践中出现的背离田园城市基本思想的现象，提出了卫星城理论。

卫星城市是一个经济上、社会上、文化上具有现代城市性质的独立城市单元，但同时又从属于中心城市（一般为大城市）的派生产物。恩温认为田园城市在形式上像是行星周围的卫星，因而称之为卫星城。

卫星城理论强调了卫星城与中心城市的依赖关系，在其功能上强调卫星城作为中心城某一功能疏解的承载地，形成如工业卫星城、科技卫星城、卧城等类型。1944年大伦敦规划中，规划在伦敦周围建立了8个卫星城，以达到疏解的目的，并在以后对伦敦的发展产生了深远的影响。[1]

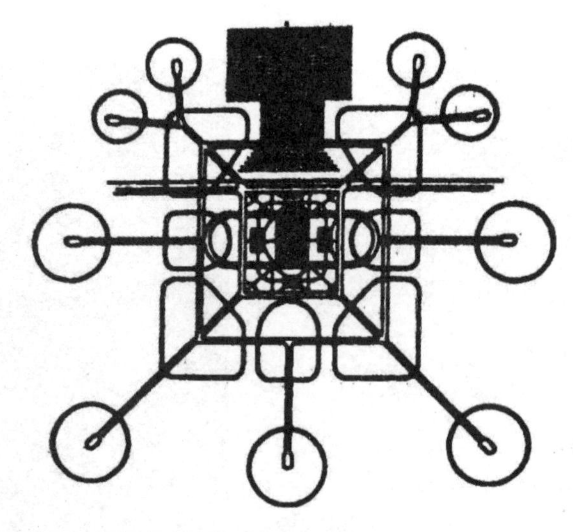

图2-1-3 恩温提出的卫星城理论的图解
（资料来源：城市规划原理[M]．北京：中国计划出版社，2011.）

1 全国城市规划执业制度管理委员会主编.城市规划原理[M]．北京：中国计划出版社，2011.

带形城市

1882年，西班牙工程师马塔（S.Mata）提出了带型城市的概念。

带形城市是一种主张城市平面布局呈狭长带状发展的规划理论。其规划原则是以交通干线作为城市布局的主脊骨骼；城市的生活用地和生产用地，平行地沿着交通干线布置；大部分居民日常上下班都横向地来往于相应的居住区和工业区之间[1]。

马塔于1882年在西班牙马德里外围建设了一个4.8km长的“带形城市”。后于19世纪90年代又在马德里周围规划了一个未建成的马蹄状的长约58km的“带形城市”。

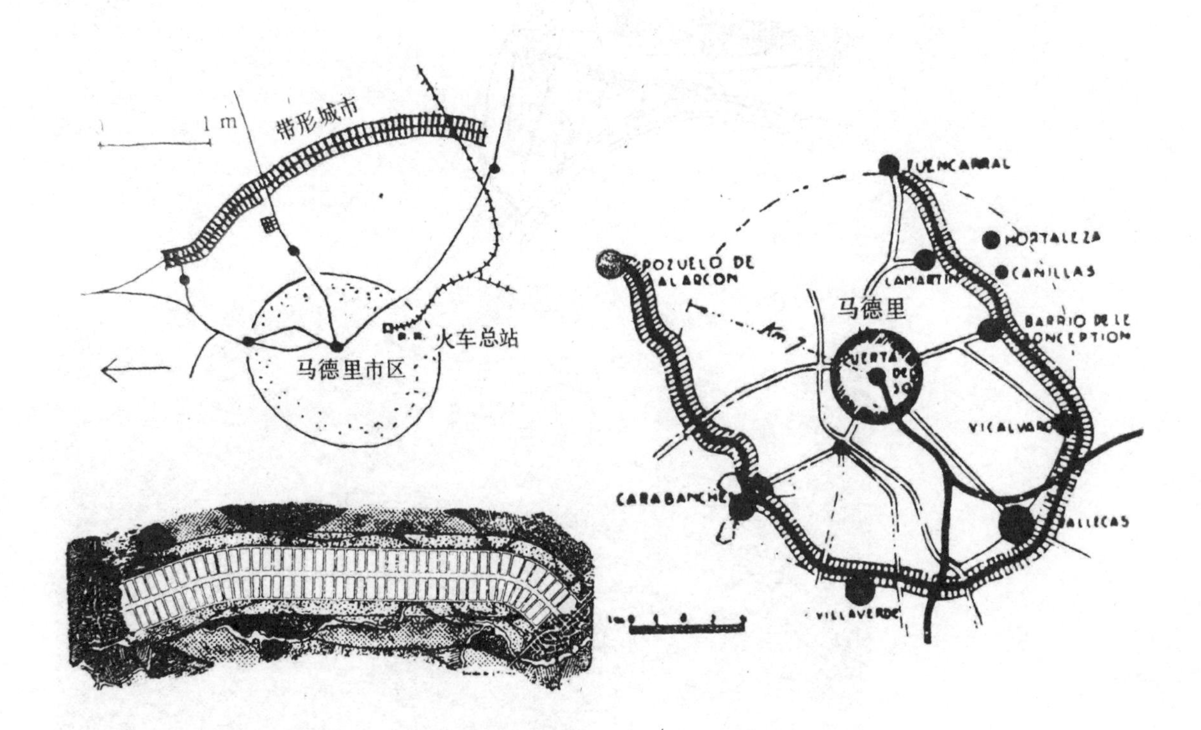

图2-1-4　带形城市示意图
（资料来源：沈玉麟编：外国城市建设史[M]. 北京：中国建筑工业出版社，2005）

1　沈玉麟编. 外国城市建设史[M]. 北京：中国建筑工业出版社，2005.

工业城市

1904年，戛涅（T. Garnier）为适应城市的大工业发展需求提出的“工业城市”规划理论。

戛涅设想为满足工业发展需求，工业城市人口应该约35000人。城市中央为市中心，有集会厅、博物馆、展览馆、图书馆、剧院等。城市生活居住区是长条形的，疗养及医疗中心位于上坡向阳面。各区间均有绿带隔离。城市交通是先进的，火车站设于工业区附近，铁路干线通过一段地下铁道深入城市内部，快速干道和供飞机起飞的实验性场地设在城市边缘[1]。

即使现实中城市人口和规模已远远超过加尼埃的设想，但他所提出的工业城市的功能要素划分，对现在的工业城市布局依然有着很大的影响。

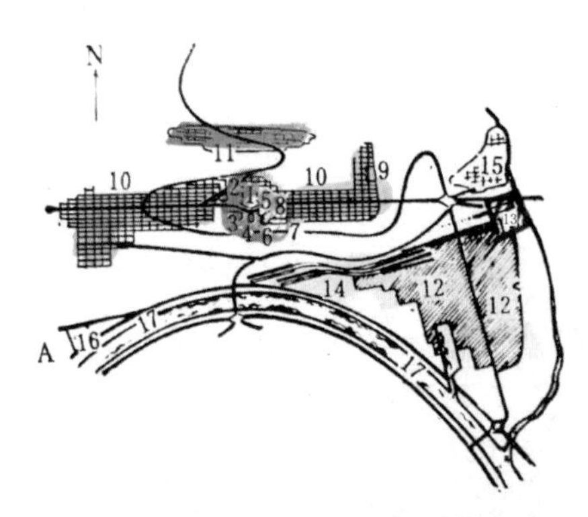

1—集会厅；2—博物馆；3—图书馆；4—展览厅；5—剧院；6—露天剧场；7—运动场地；8—学校；9—技术与艺术学校；10—住宅区；11—保健中心、医院、疗养院等；12—工业区；13—火车站；14—货站；15—古城；16—屠宰场；17—河流

图2-1-5　工业城市示意图
（资料来源：沈玉麟编．外国城市建设史[M]．北京：中国建筑工业出版社，2005.）

1　罗小未等．外国近现代建筑史[M]．北京：中国建筑工业出版社，2004.

第二节　现代城市规划其他理论

光辉城市

柯布西耶（Le Corbusier）于1931年发表了“光辉城市”规划方案。

柯布西耶认为城市应当集中，应当是“垂直的花园城市”，城市的拥堵可以通过高层建筑和高效率的城市交通系统解决。

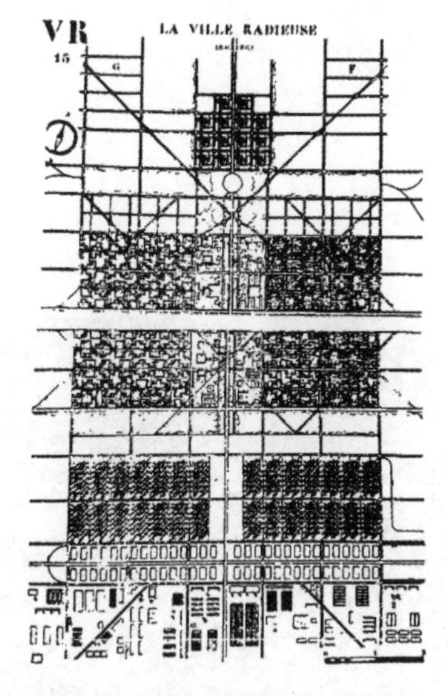

图2-2-1 “光辉城市”规划方案
（资料来源：全国城市规划执业制度管理委员会主编. 城市规划原理[M]. 北京：中国计划出版社，2011.）

Tips

昌迪加尔是光辉城市的代表。

行政中心设在城市的山麓下，商业中心位于全城中央，博物馆、图书馆等位于行政中心附近，地处风景区，周围环境优美。大学区位于城市西北侧，工业区位于东南侧，道路系统构成骨架。

昌迪加尔规划由柯布西耶修订，是“光辉城市”的进一步演变[1]。

图2-2-2　昌迪加尔
（资料来源：http://blog.sina.com.cn/s/blog_505e93410102w8eh.html）

1　沈玉麟编. 外国城市建设史[M]. 北京：中国建筑工业出版社，2005.

有机疏散理论

沙里宁在1942年的《城市：它的发展，衰败和未来》一书中提出有机疏散理论。

有机疏散就是把大城市目前的那一整块拥挤的区域，分解成为若干个集中单元，并把这些单元组织成为“在活动上相互关联的有功能的集中点”[1]。

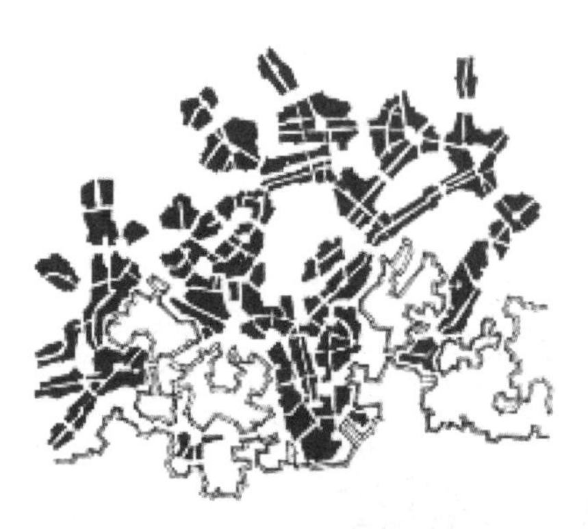

图2-2-3 沙里宁 大赫尔辛基规划
（资料来源：郑曼文抄绘）

图2-2-4 大赫尔辛基
（资料来源：奥维互动地图）

1 同济大学，吴志强，李德华主编．城市规划原理（第四版）[M]．北京：中国建筑工业出版社，2010.

广亩城市

赖特在20世纪30年代提出广亩城市规划思想。

广亩城市理论认为，随着汽车和电力工业的发展，已经没有把一切活动集中于城市的必要；分散（包括住所和就业岗位）将成为未来城市规划的原则[1]。

图2-2-5　广亩城市设想
（资料来源：沈玉麟编．外国城市建设史[M]．北京：中国建筑工业出版社．2005）

1　同济大学，吴志强，李德华主编．城市规划原理（第四版）[M]．北京：中国建筑工业出版社，2010.

邻里单位和小区规划

C.A佩里（C.A.Perry）于1939年提出邻里单位理论。

邻里单位理论的目的是要在汽车交通开始发达的条件下，创造一个适合于居民生活的、舒适安全的和设施完善的居住社区环境。“邻里单位”是组成居住区的细胞，其内部设置小学，以考虑幼儿上学不穿越交通干道为原则，控制“邻里单位”的规模。而后也考虑在“邻里单位”内部设置为居民服务的日常使用的公共建筑及设施[1]。

简而言之，邻里单位的核心理念是以一个小学所服务的面积来构建，儿童上学以及居民使用社区服务设施不用穿越主要交通道路。

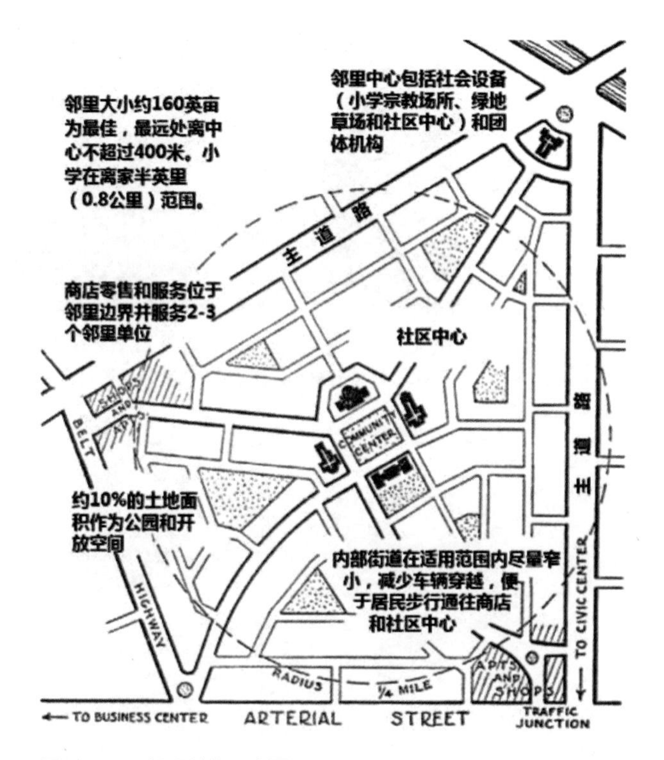

图2-2-6 邻里单位示意图
（资料来源：沈玉麟编．外国城市建设史[M]．北京：中国建筑工业出版社．2005）

1 同济大学，吴志强，李德华主编．城市规划原理（第四版）[M]．北京：中国建筑工业出版社，2010.

同心圆理论

E.w.伯吉斯（E.w.Burgess）于1923年提出同心圆理论。

E.w.伯吉斯以芝加哥为例，试图创立一个城市发展和土地使用空间组织方式的模型，并提供了一个图示性的描述。根据他的理论，城市可以划分成5个同心圆区域[1]：

- 居中的圆形区域是中心商务区（CBD）；
- 第二环是过渡区，是中心商务区的外围地区，是衰败了的居住区；
- 第三环是工人居住区，主要是有产业工人和低收入的白领工人居住的集合式楼房、单户住宅或较便宜的公寓组成；
- 第四环是良好住宅区，主要居住的是中产阶级；
- 第五环是通勤区，主要是一些富裕的、高质量的居住区，上层社会和中上层社会的郊外住宅。

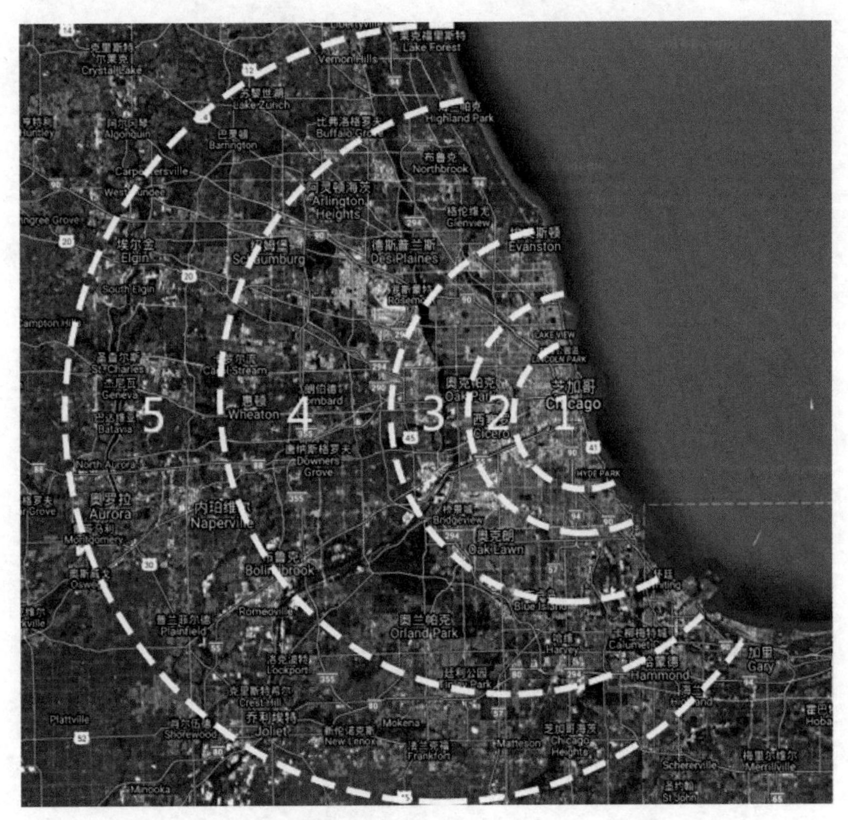

图2-2-7 芝加哥城市的同心圆模式示意图
（资料来源：郑曼文绘）

1 全国城市规划执业制度管理委员会主编. 城市规划原理[M]. 北京：中国计划出版社，2011.

第三章
城市规划类型

据不完全统计，目前我国由政府出台的各类规划多达80余种，加上部门规划，类型更加繁多。如此庞杂的规划该如何分类？

城市的各类规划服务于社会管理体制，城市是一个复杂巨系统，由城市党委政府牵头，多部门分工协作管理，各部门根据权责和管理目标，制定了种类繁多的各类规划，根据其特征与作用，可按法定规划与非法定规划，空间规划与事业规划，目标、指标与坐标规划等方法进行分类[1]。

第一节　法定规划与非法定规划

根据各类规划的法理基础，可分为法定规划与非法定规划。

一、法定规划

经相关法律授权编制，具有明确法律地位，有严格的编制、管理和法律责任要求的规划，包括国民经济和社会发展规划、城乡规划、土地利用规划、环境保护规划、林业规划等。目前，我国法定规划约有20余种。

部分法定规划法理基础

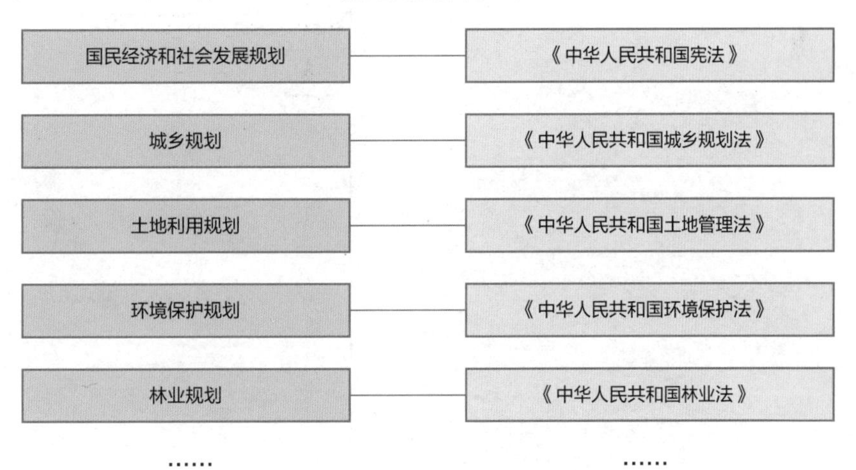

1　四川省住房和城乡建设厅．完善规划体系统筹城乡发展[R]．2007．

法定规划示例

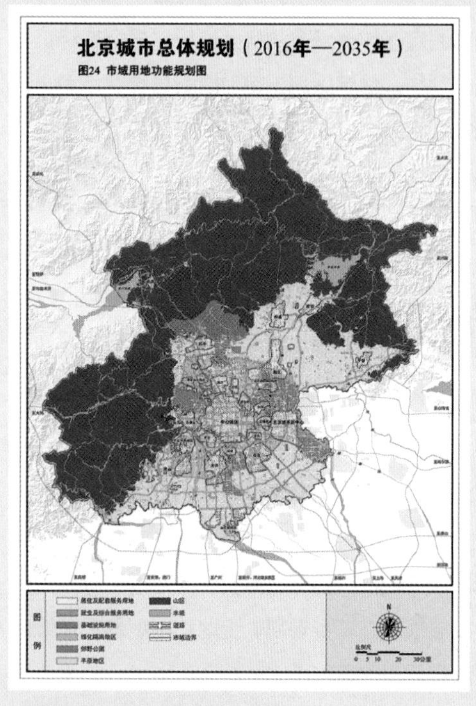

图3-1-1 城市总体规划
（资料来源：北京市人民政府官网）

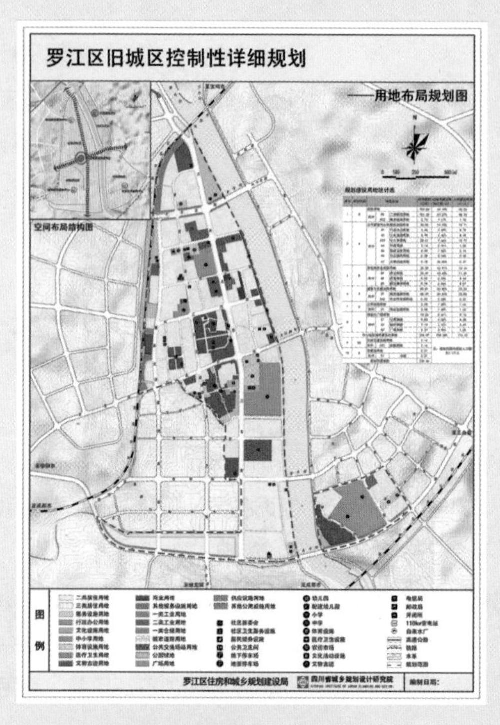

图3-1-2 控制性详细规划
（资料来源：四川省城乡规划设计研究院）

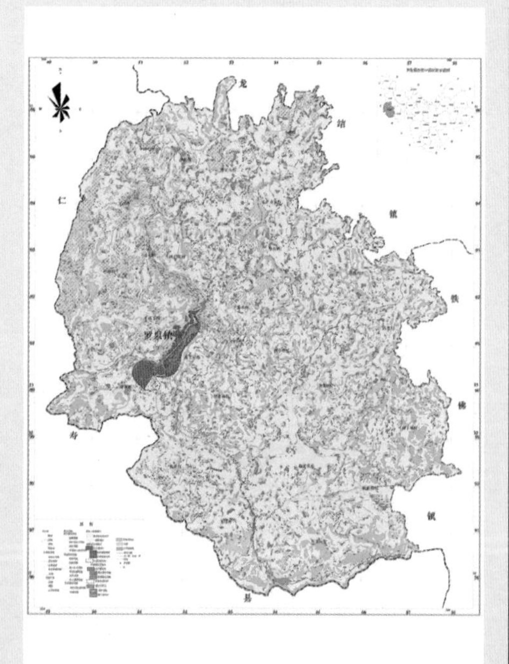

图3-1-3 土地利用规划
（资料来源：资中县人民政府）

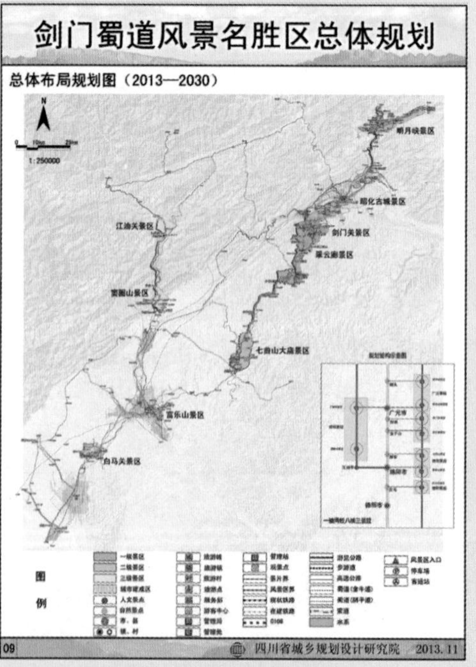

图3-1-4 风景名胜区总体规划
（资料来源：四川省城乡规划设计研究院）

二、非法定规划

为更好地指导城市发展与建设，还可编制各类非法定规划，作为法定规划的有益补充和完善，包括战略规划、概念规划、城市设计等。非法定规划多以行业主管部门或地方政府的政策文件为工作依据，具有重点研究、专项（题）深化、指导实施等特点，非法定规划以法定规划为平台和依托，成果可反馈于法定规划，起到优化法定规划、辅助法定规划有效实施的作用。

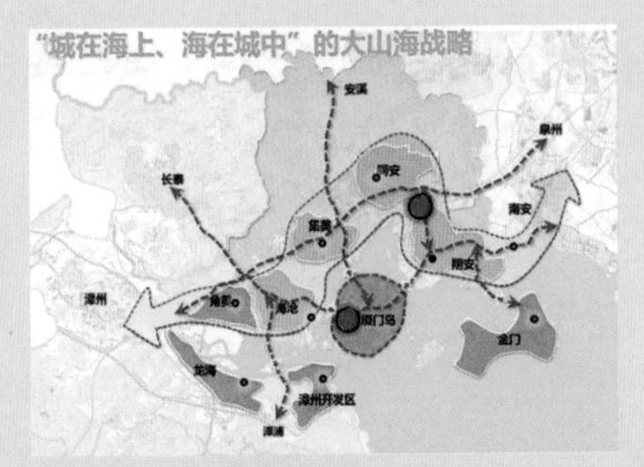

图3-1-5　"美丽厦门"战略规划
（资料来源：厦门市规划委员会官网）

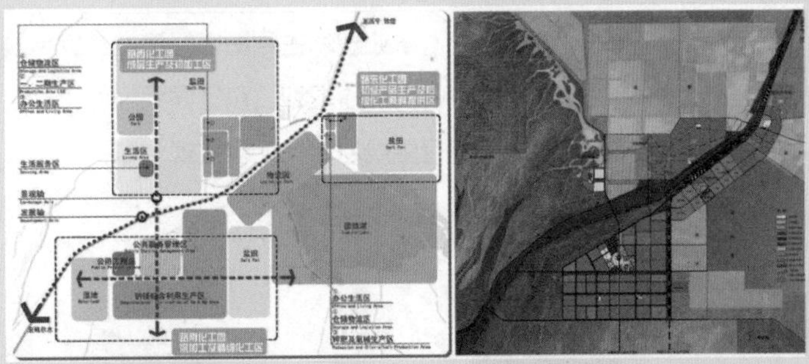

图3-1-6　柴达木循环经济试验区察尔汗盐湖化工区概念规划
（资料来源：四川省城乡规划设计研究院）

图3-1-7　成都市总体城市设计
（资料来源：成都市规划管理局）

第二节 空间规划与事业规划

根据规划是侧重于进行空间组织上的具体安排，还是侧重于谋划城市综合或某项单一事业的发展目标和策略，各类规划可分为空间规划与事业规划。

一、空间规划

空间规划是指以落实各类要素空间布局为主要目的的规划，包括城乡规划、土地利用规划、林业规划、交通及市政基础设施专项规划等。

二、事业规划

事业规划主要指以经济社会综合发展目标和策略或某一专项事业发展指引为主要目的的规划，包括国民经济和社会发展规划、产业发展规划、教育规划、医疗卫生规划、文体科技规划等。

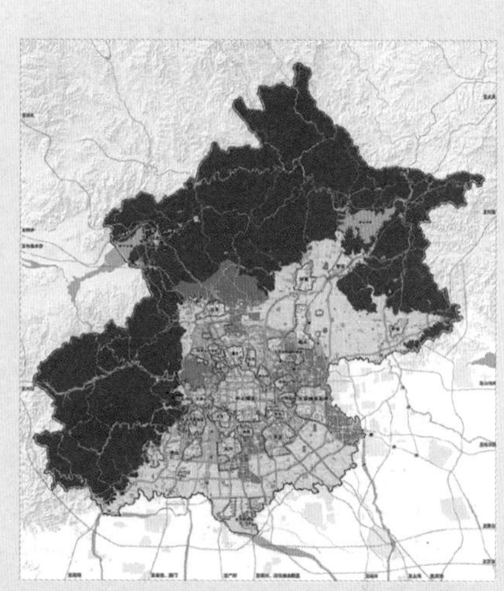

图3-2-1 北京城市总体规划（2016—2035年）
（资料来源：北京市人民政府官网）

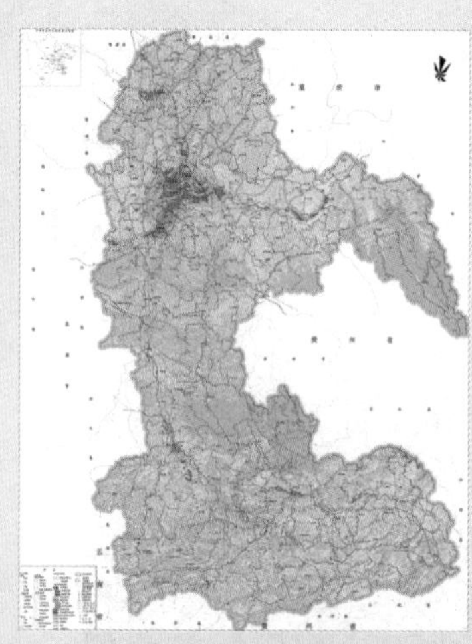

图3-2-2 泸州市土地利用总体规划
（资料来源：泸州市国土资源局）

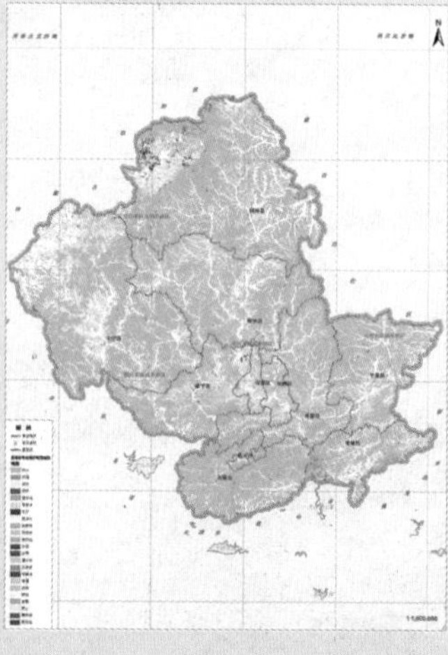

图3-2-3 承德市森林资源分布图
（资料来源：承德市林业局官网）

空间规划

事业规划

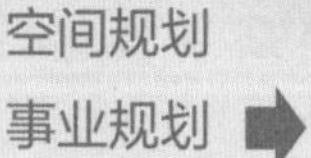

中华人民共和国国民经济和社会发展
第十三个五年规划纲要

人民出版社

图3-2-4 中华人民共和国国民经济和社会发展第十三个五年规划纲要
（资料来源：国家发展改革委官网）

柴达木循环经济试验区
格尔木工业园产业发展规划
（2015-2025）

柴达木循环经济试验区格尔木工业园管理委员会
陕西西部区域经济研究院
二〇一四年十月

图3-2-5 柴达木循环经济试验区格尔木工业园产业发展规划
（资料来源：格尔木工业园管委会）

泸州市养老服务业发展规划（2014—2020）

图3-2-6 泸州市养老服务业发展规划
（资料来源：泸州市发展改革委员会）

第三节　目标、指标与坐标规划

根据各类规划特征和目的不同，可分为发展类规划、约束类规划和建设类规划，即通常所说的目标规划、指标规划和坐标规划。

一、目标规划

目标规划是指以确定城市经济和社会发展的总体目标和策略或各行各业发展的分类目标为主的规划，目标性强、空间性弱，比如国民经济和社会发展规划、产业发展规划、工业和信息化发展规划、新型城镇化规划、文教体卫发展规划等。

二、指标规划

指标规划通常是指以保护土地、自然生态及历史文化资源，保障城乡环境质量和公共安全为主要目标的规划，多具有约束和规范开发建设活动，进行指标管控的特点，包括土地利用规划、环境保护规划、林业规划、水资源保护规划、地质灾害防治规划等。

三、坐标规划

建设类规划是指以落实各类功能和用地具体空间布局，指导具体城乡建设为主要目的的规划，比如城乡规划、交通及市政基础设施专项规划、公共服务设施布点规划等。

目标规划

附件

煤炭工业发展"十三五"规划
（公开发布稿）

国家发展改革委　国家能源局
二〇一六年十二月

图3-3-1　煤炭工业发展"十三五"规划
（资料来源：国家发展改革委官网）

指标规划

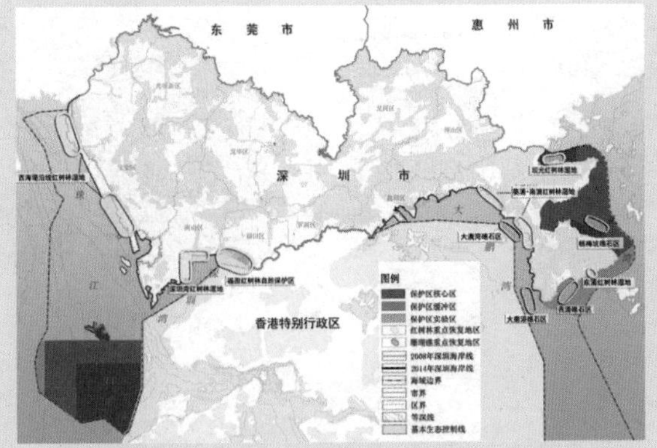

图3-3-2　深圳市海洋环境保护规划（2018—2035年）
（资料来源：深圳市规划和国土资源委员会官网）

坐标规划

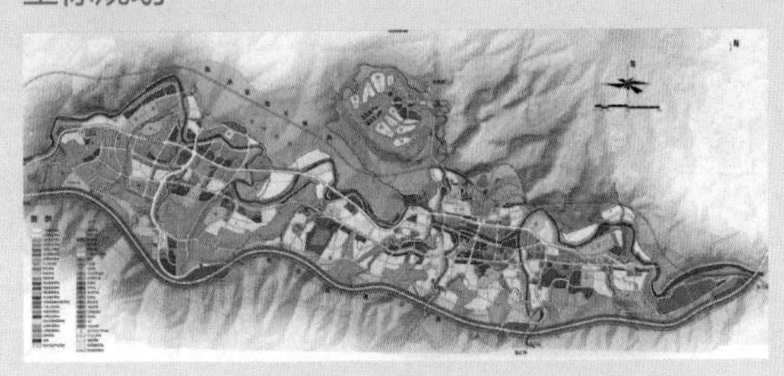

图3-3-3　古蔺县城控制性详细规划
（资料来源：四川省城乡规划设计研究院）

第四节 城市规划有哪些

根据《中华人民共和国城乡规划法》，城市规划包括城市总体规划和详细规划，其中，详细规划又分为控制性详细规划和修建性详细规划。

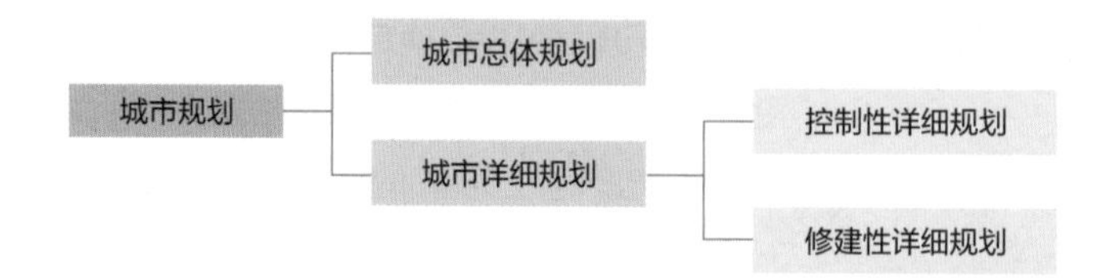

城市总体规划和控制性详细规划都是法定规划，是城市建设和规划管理的依据。在编制城市总体规划之前，某些城市（特别是大城市及以上城市）会就城市发展目标、定位、发展战略等重大问题单独编制战略规划，用以指引城市发展和城市总体规划编制。有些城市会对中心区、城市新区等重要片区或功能组团编制概念规划、城市设计等，反馈于法定详细规划，优化详细规划空间形态、控制指标、风貌特色等，成为法定规划的有益补充。本书将重点介绍法定城市规划及其相关内容。

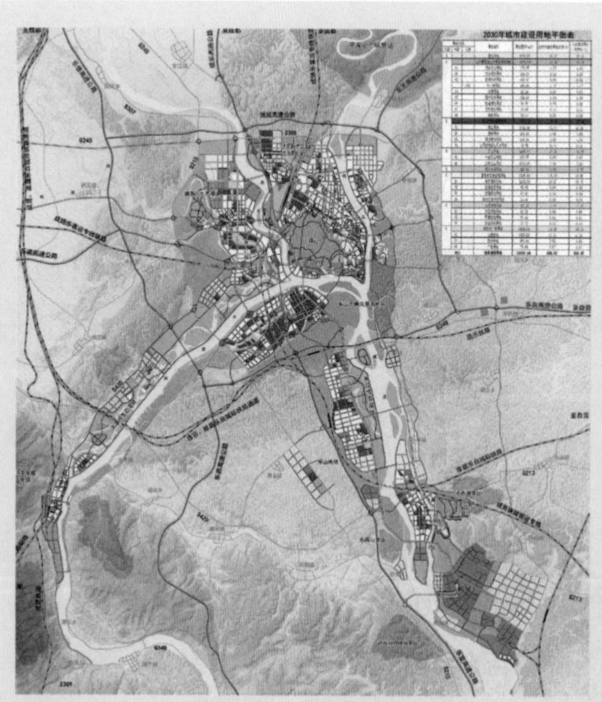

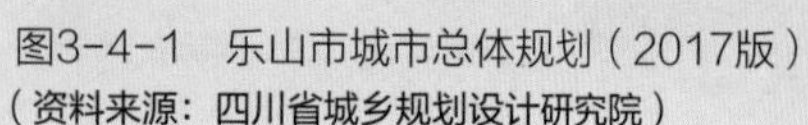

图3-4-1 乐山市城市总体规划（2017版）
（资料来源：四川省城乡规划设计研究院）

图3-4-2 阆中市某片区控制性详细规划
（资料来源：四川省城乡规划设计研究院）

第四章 城市规划图释

第一节 什么是规划图纸

一、概念

规划图纸是用图形方式表达规划设计具体内容的文件。图纸应包括图题、图界、指北针、风向玫瑰、比例、比例尺、图例、图标等要素。

规划图纸所表达的内容与要求应与规划文本一致。城市总体规划、详细规划等法定规划中的规划图纸与规划文本是相互联系的整体，同时具有法律效力。

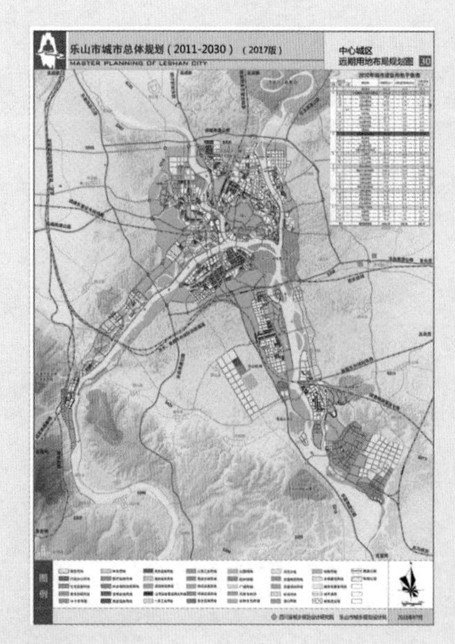

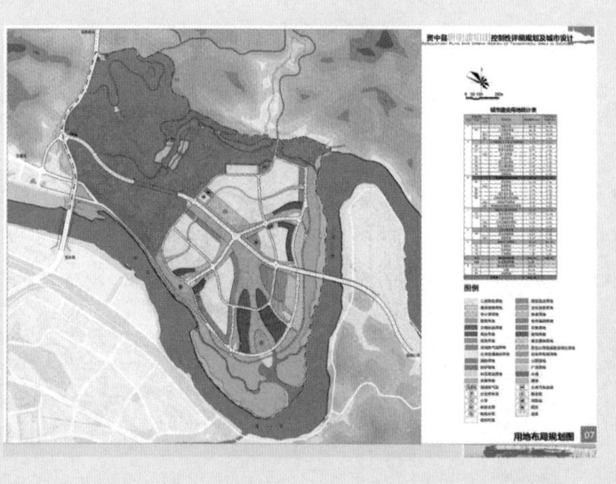

图4-1-1 城市规划图纸示例
左：城市总体规划，右：城市片区控制性详细规划

蓝图原指“蓝图纸”，是晒图纸的俗称。晒图纸是通常用铁氰化和铁盐敏化的布或相纸。其曝光后用清水冲洗显影成白底蓝线或蓝底白线，故称为“蓝图纸”。因其常用于地图、机械图、建筑图样的晒印，后用于比喻建设计划[1]，现多引申为城市规划。

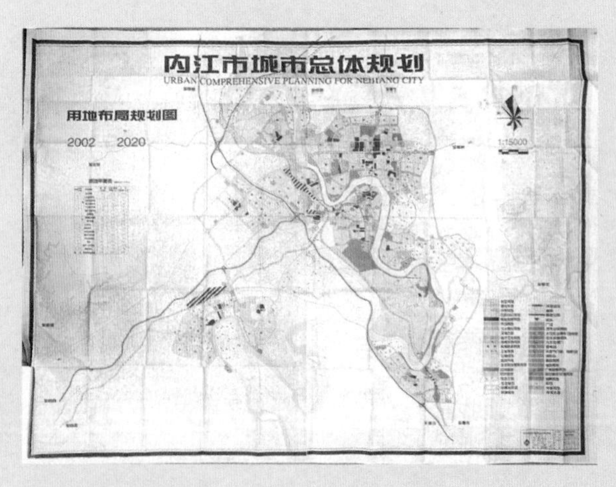

图4-1-2 传统蓝图
（本页资料来源：四川省城乡规划设计研究院）

1 中国社会科学院语言研究所词典编辑室编. 汉语大词典[M]. 北京：商务印书馆，2005.

规划图纸一般可分为现状图、分析图、规划图三大类[1]。

（一）现状图

现状图是反映城市现状情况的图纸，包括城市用地现状图与各专项现状图等。

现状图应标注现状年份，不标注规划期限。现状图应与规划图比例一致，分析范围一致。

城市总体规划的现状图一般包括市（县）域城镇分布现状图、城市现状图等。其中城市现状图应按《城市用地分类与规划建设用地标准》标明现状用地范围、城市主次干道、重要对外交通和市政公用设施的位置、需要保护的风景名胜、文物古迹、历史文化街区的范围等内容[1]。

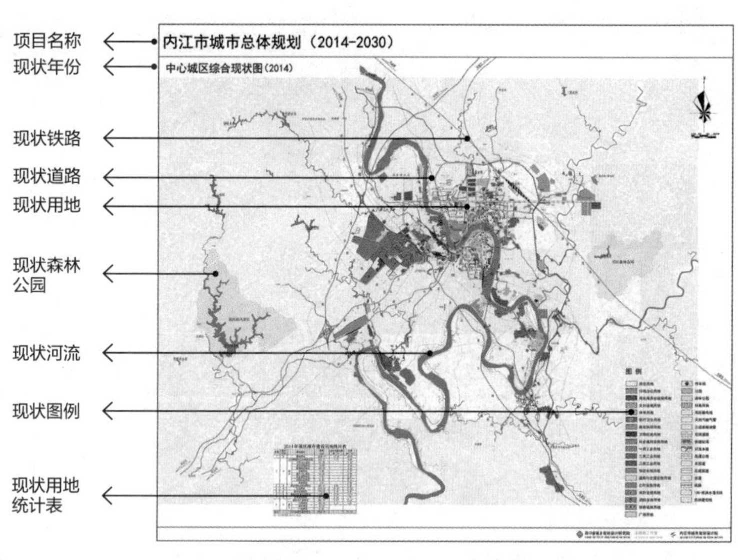

图4-1-3　内江市城市总体规划综合现状图（2014）

城市规模较小、现状要素不复杂的情况下，可将现状要素合并绘制为综合现状图。

控制性详细规划的现状图应分类画出各类用地范围、标绘建筑物现状、人口分布现状、市政公共设施现状等内容，必要时可分别绘制[2]。

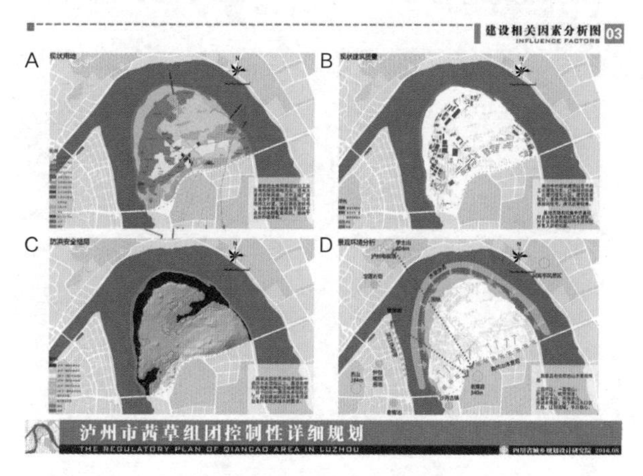

图4-1-4　泸州市茜草组团控制性详细规划现状图
（本页资料来源：四川省城乡规划设计研究院）

1　中华人民共和国建设部．CJJ/T97-2003城市规划制图标准[S]．2003-08-19

2　中华人民共和国建设部．城市规划编制办法实施细则[Z]．1995-06-08

案例：乐山市城市总体规划（2011—2030）（2017版）

乐山市城市总体规划的现状图包括了市域城镇体系现状图、市域旅游资源分布图、市域历史文化遗产分布图、市域工业分布现状图、中心城区用地现状图等。

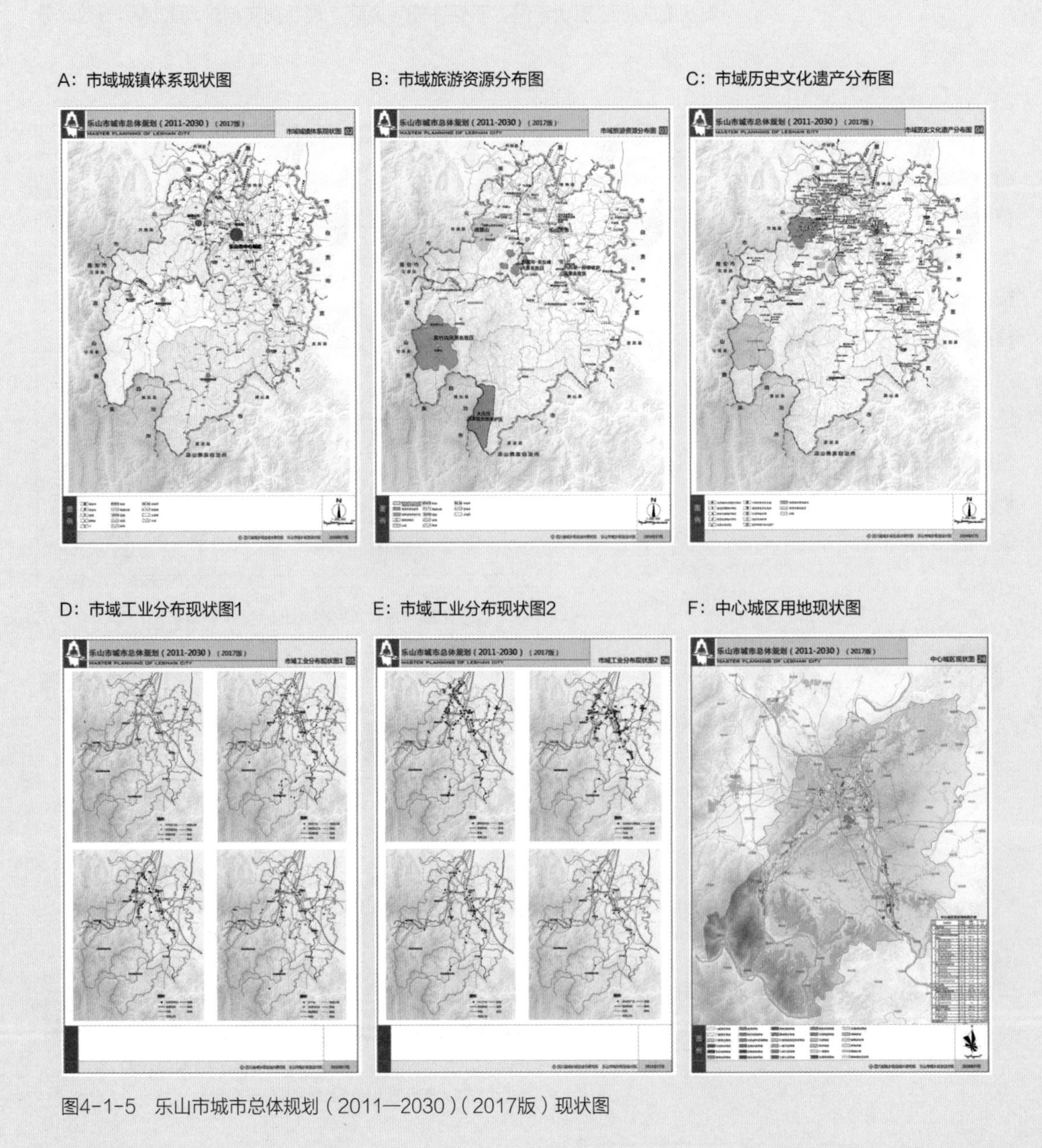

图4-1-5 乐山市城市总体规划（2011—2030）（2017版）现状图

（资料来源：四川省城乡规划设计研究院）

（二）分析图

分析图是对城市的区位、资源、用地条件、社会经济状况等进行分析的图纸，一般包括区位关系图、用地评价图、人口与经济分析图、三维模拟分析图等。

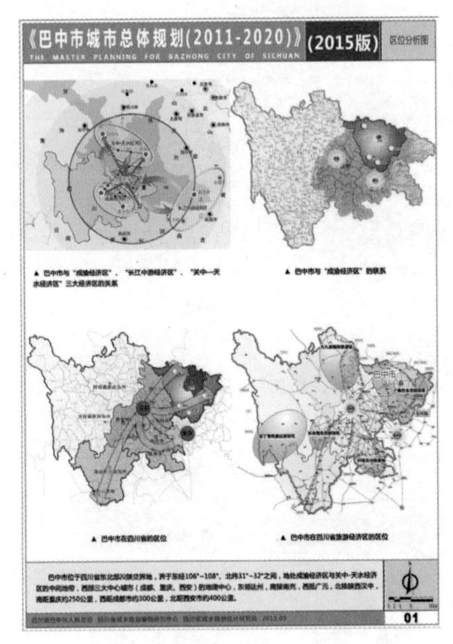

图4-1-6　巴中市城市总体规划（2011—2020）区位分析图

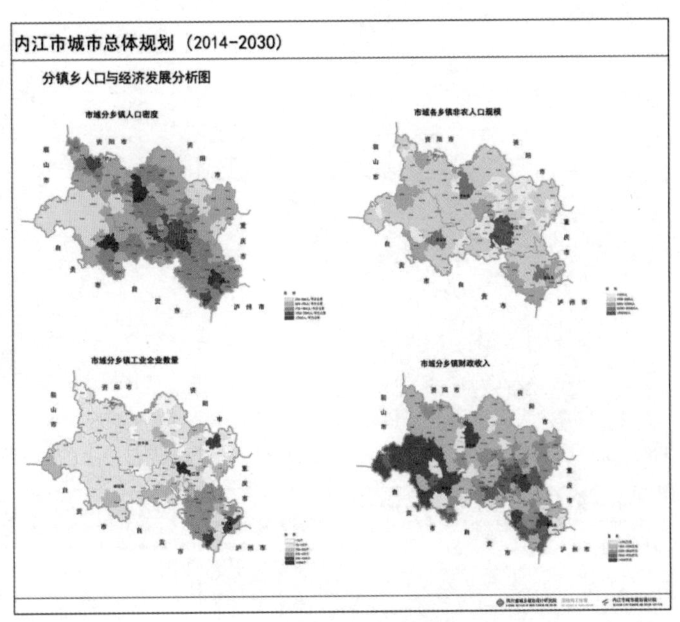

图4-1-7　内江市城市总体规划（2014—2030）分镇乡人口与经济发展分析图

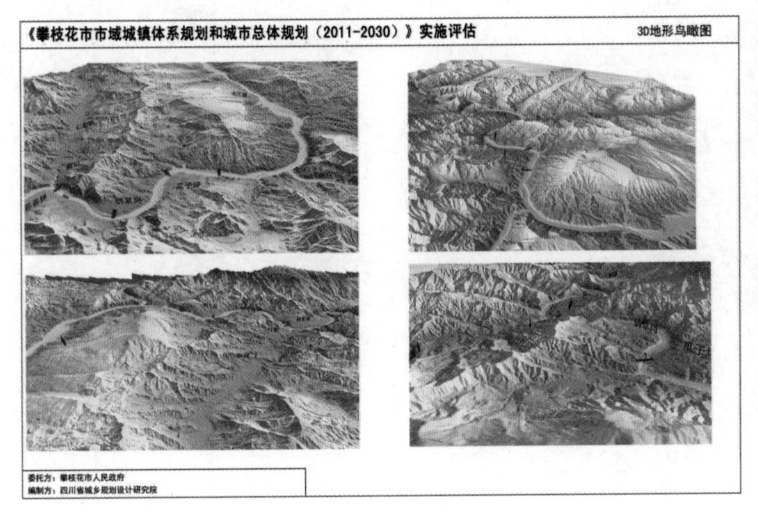

图4-1-8　攀枝花市市域城镇体系规划和城市总体规划（2011—2030）实施评估3D地形鸟瞰图

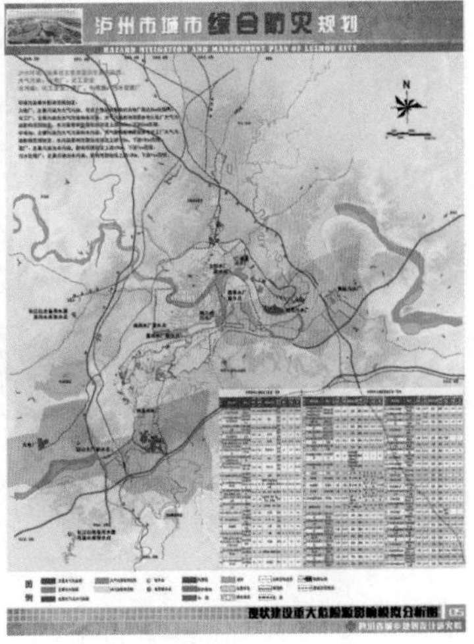

图4-1-9　泸州市城市综合防灾规划重大危险源影响模拟分析图

（本页资料来源：四川省城乡规划设计研究院）

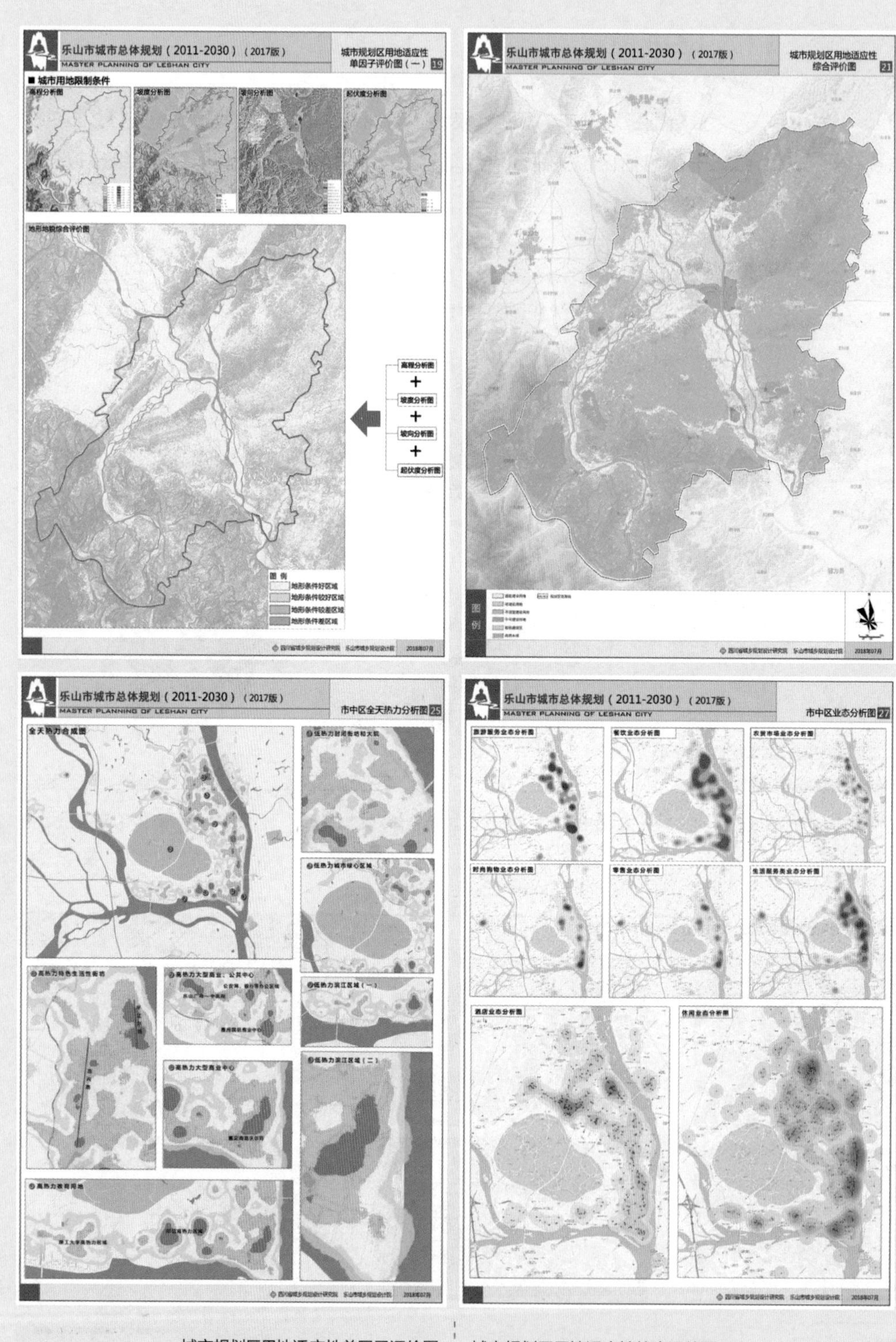

城市规划区用地适应性单因子评价图	城市规划区用地适应性综合评价图
市中区全天热力分析图	市中区业态分析图

图4-1-10　乐山市城市总体规划分析图
（资料来源：四川省城乡规划设计研究院）

（三）规划图

规划图是反映城市规划方案意图和规划要求的图纸，包括用地布局规划图和各项专业规划图等。

《城市规划编制办法实施细则》规定城市总体规划的规划图主要包括市（县）域城镇体系规划图、城市总体规划图、近期建设规划图以及各项专业规划图。而控制性详细规划的规划图主要包括土地使用规划图、地块划分编号图、各地块控制性详细规划图以及各项工程管线规划图。

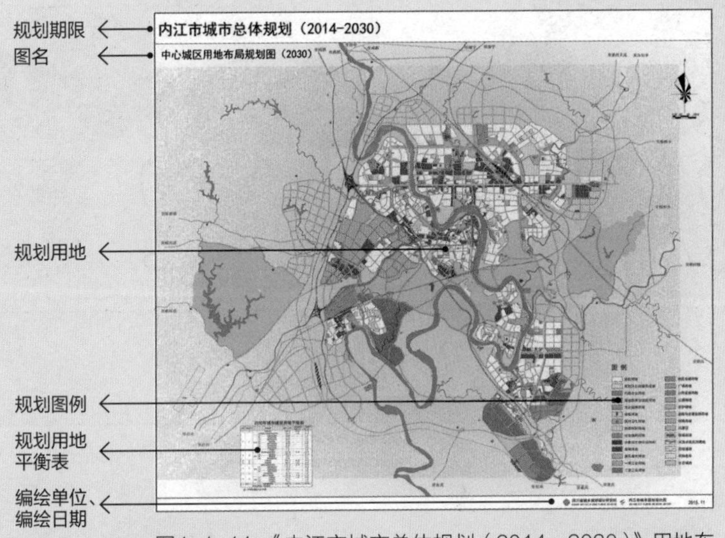

图4-1-11 《内江市城市总体规划（2014—2030）》用地布局规划图（2030）
（资料来源：四川省城乡规划设计研究院）

城市规划图应标注规划期限。城市规划图上标注的期限应与规划文本中的期限一致。

城市规划图的期限应标注规划期起始年份至规划期末年份，并应用公元表示。

城市规划图应注明编绘日期。

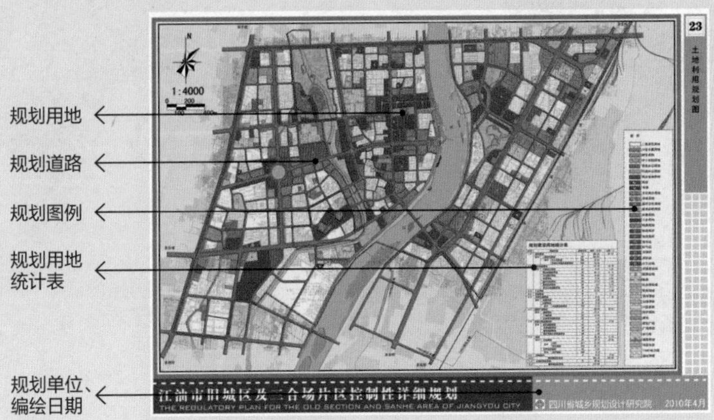

图4-1-12 《江油市旧城区及三合场片区控制性详细规划》用地布局规划图
（资料来源：四川省城乡规划设计研究院）

控制性详细规划的规划图可不标注规划期限。

各项专业规划图涵盖了道路交通、市政工程、环卫工程、地下空间综合开发利用、综合防灾、绿地系统、历史文化保护等多个方面。各项专业规划图一般与用地布局图使用同一比例（图4-1-13）。

A：中心城区道路交通结构规划图

B：中心城区绿地系统规划图

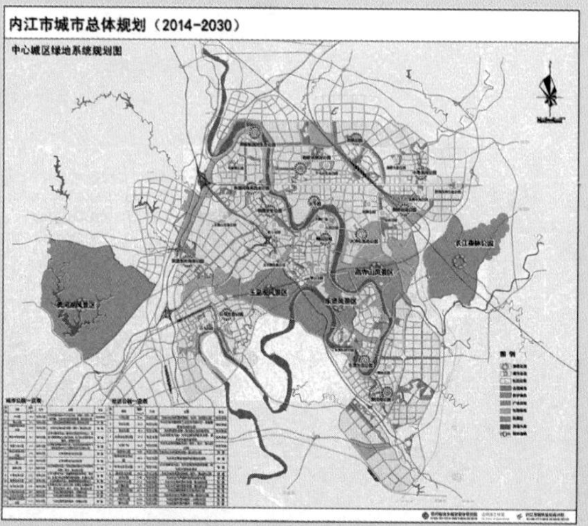

C：中心城区综合防灾规划图

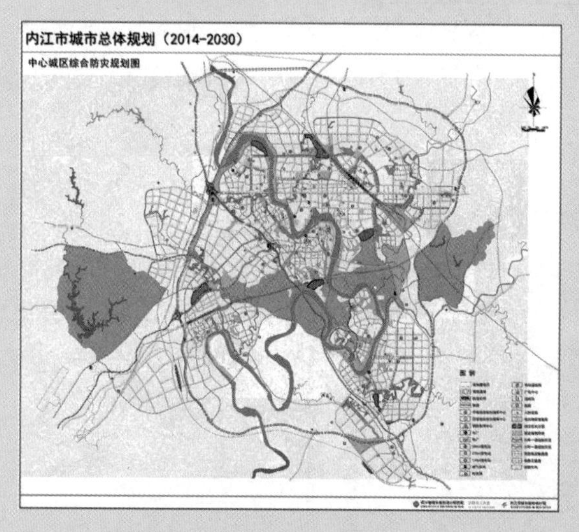

D：中心城区“四线”划定图

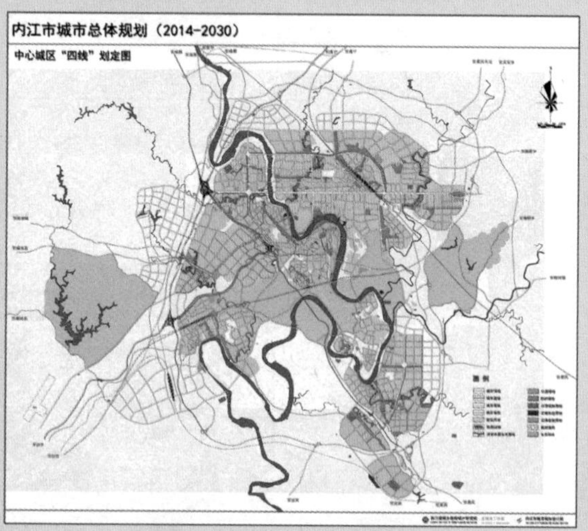

图4-1-13 《内江市城市总体规划（2014—2030年）》中的专项控制规划图
（资料来源：四川省城乡规划设计研究院）

第二节　怎么读懂规划图纸

一、图框与图题

（一）图框

图框是指图纸中限定所有图纸要素的实线线框。

法定规划的图框必须用实线画出，非法定规划的图框可自由构图。

（二）图题

图题是图纸的标题，一般包括项目名称和图名。

城市总体规划的图题应包括规划期限，现状图应标注现状的基准年，修改类规划的成果应注明修改年份。

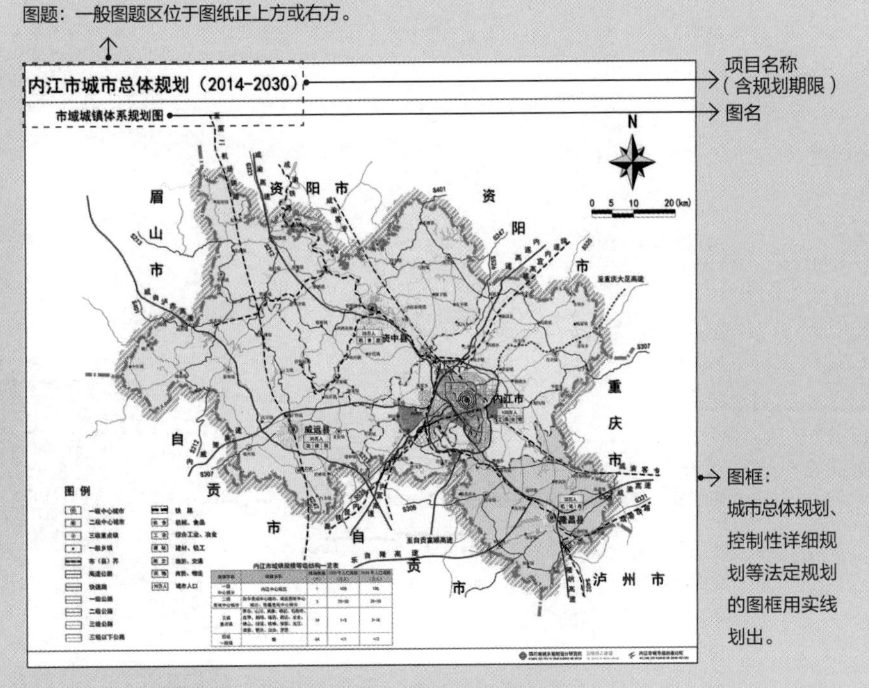

图4-2-1　内江市城市总体规划（2014—2030）规划图纸
（资料来源：四川省城乡规划设计研究院）

二、比例与比例尺

（一）比例

比例是图纸上某一线段长度与地面上相对应线段水平距离之比。

（二）比例尺

比例尺是表达比例的图示。如下所示：

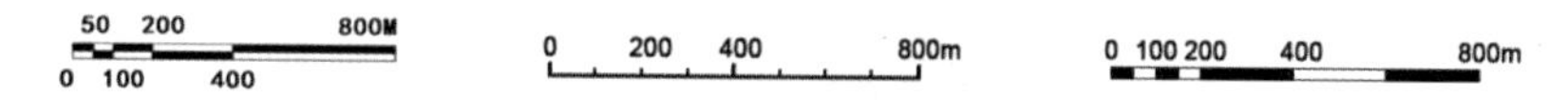

1995年颁布的《城市规划编制办法实施细则》中规定城市总体规划图纸中，市域部分图纸比例一般为1：50000～1：200000，中心城区部分图纸比例一般为1：5000～1：25000。城市控制性详细规划图纸比例一般为1：1000～1：2000。2006年4月1日新的《城市规划编制办法》开始实施，但新的实施细则还未出台。旧的图纸比例规定已不符合规划现实情况，不少城市规划的图纸比例突破了原比例规定。现今很多规划图纸以电子文件形式公示发布，大多数人通过电脑进行浏览，为方便阅读图纸比例，比例尺显得尤为重要。

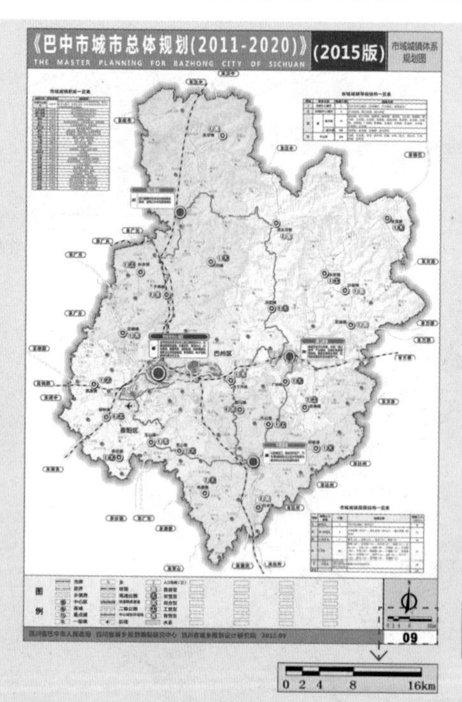

图4-2-2　巴中市城市总体规划（2011—2020）市域规划图纸比例：1：200000

图4-2-3　巴中市城市总体规划（2011—2020）中心城区规划图纸比例：1：30000

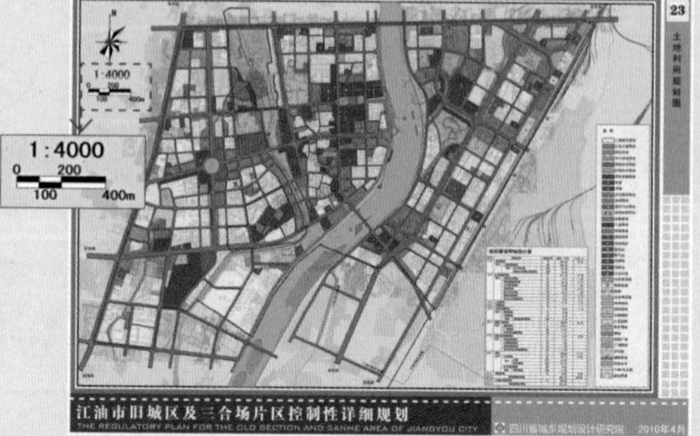

图4-2-4　江油市旧城区及三合场片区控制性详细规划　规划图纸比例为1：4000

（本页资料来源：四川省城乡规划设计研究院）

三、指北针与风象玫瑰图

（一）指北针

指北针是图纸指示地理北极的符号。

（二）风象玫瑰图

风象玫瑰图又称“风玫瑰”，是指示一个地区风向、风频、风速的图示。

Tips

一般情况下，城市总体规划中市（县）域规划图使用指北针，中心城区规划图使用风象玫瑰图。

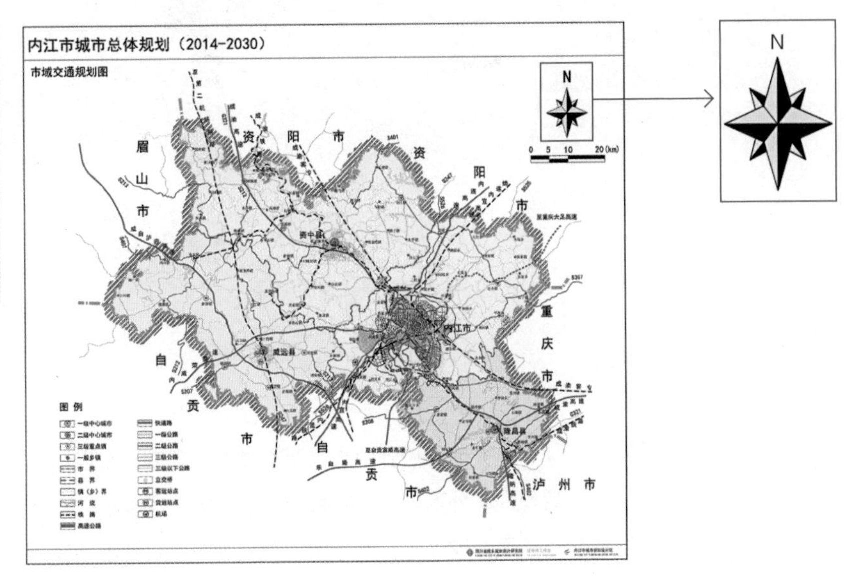

图4-2-5 《内江市城市总体规划（2014—2030）》中的指北针
（资料来源：四川省城乡规划设计研究院）

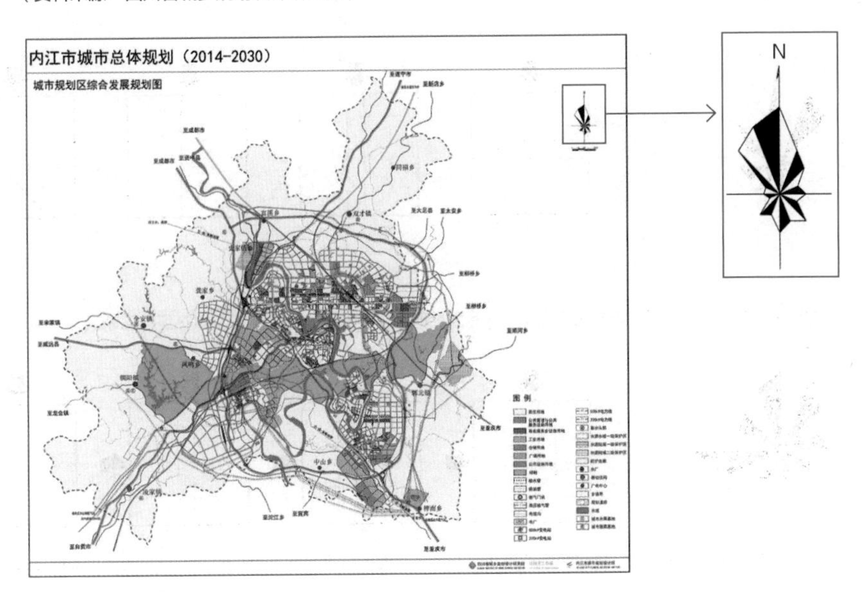

图4-2-6 《内江市城市总体规划（2014—2030）》中的风象玫瑰图
（资料来源：四川省城乡规划设计研究院）

Tips

风象玫瑰图根据某一地区多年平均统计的各方位风向和风速的百分数字，在极坐标底图上用八个或十六个罗盘方位点按一定比例绘制而成。规划图纸中部分风象玫瑰以实线表示风频，虚线表示污染系数，重叠绘制在一起，同时指示该地区的风象和污染系数。

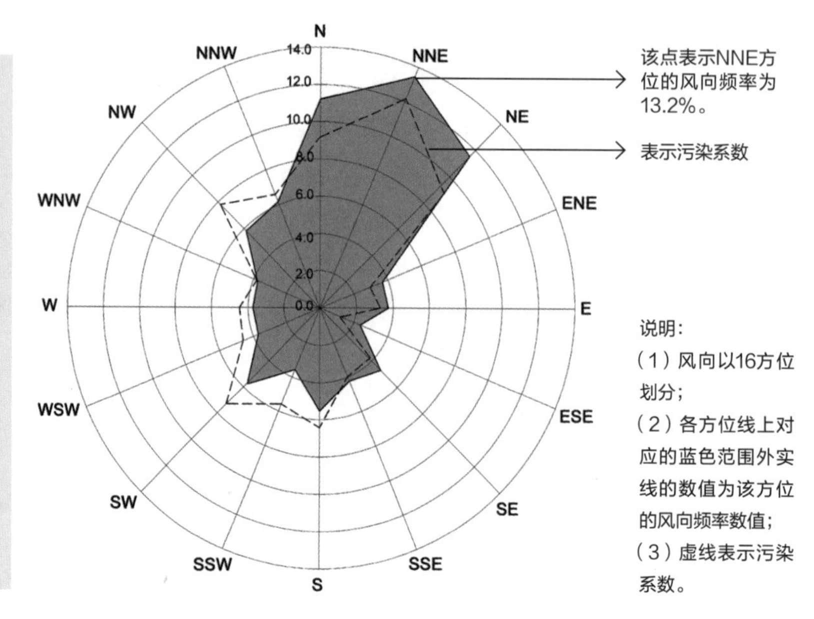

图4-2-7　风象玫瑰图说明
（资料来源：朱晥绘）

风玫瑰外沿到中心的距离越大，则表示来自这个方向的风频越大，为当地主导风向；外沿到中心的距离越小，则风频越小。

风象玫瑰图在城市用地布局规划中起到重要作用。一般将居民区布置在主导风向的上风向，把工业区布置在主导风向的下风向或最小风频的上风向。

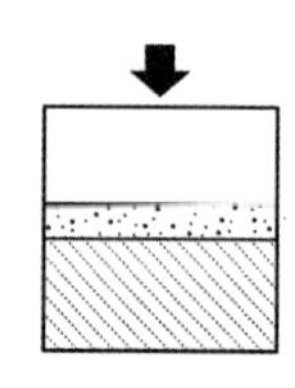
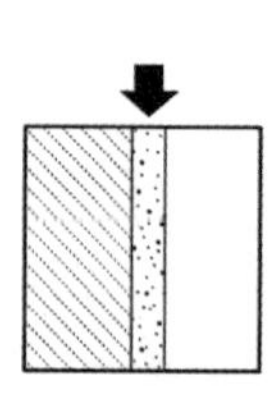
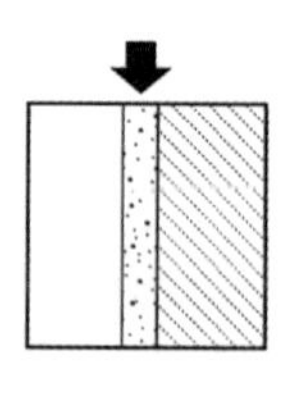
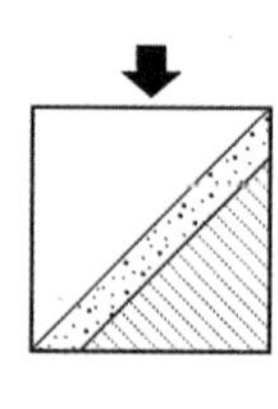

当主导风向为北风时，居住区应布置在工业区北面、西面或东面等方位，不宜布置在工业区南面。

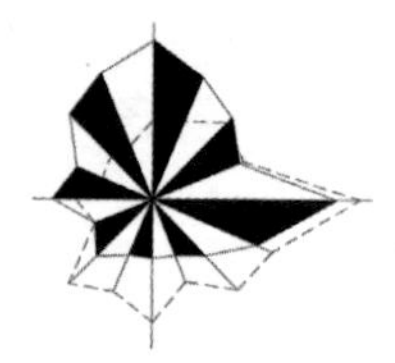
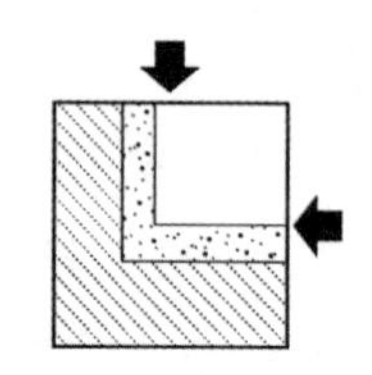
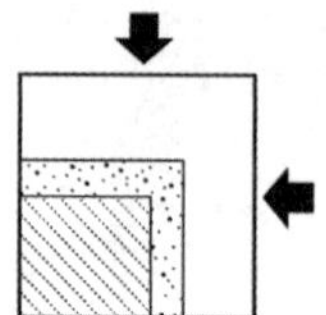
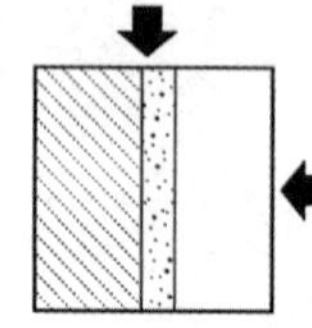
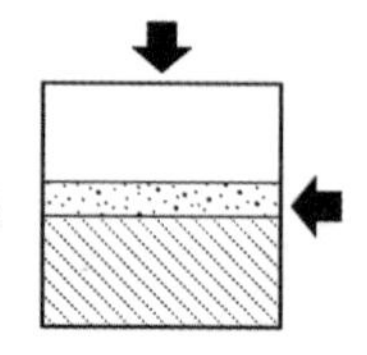
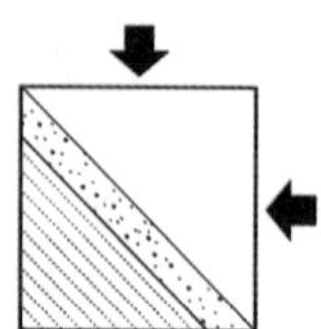

当主导风向为北风及东风时，居住区应布置在工业区东北面、东面或北面等方位，不宜布置在工业区南面或西南面。

图4-2-8　不同主导风向城市的用地布局模式
（资料来源：朱晥绘）

案例：格尔木市郭勒木德镇城市用地布局规划

格尔木市的主导风向为西北风，风频最小的风向为东南风。规划时将工业集中发展片区放在主导风向的下风向或者风频最小风向的上风向，结合风象玫瑰图可以看出，工业集中区放在中心城的东南方最为理想。

图4-2-9　格尔木市的风象玫瑰图

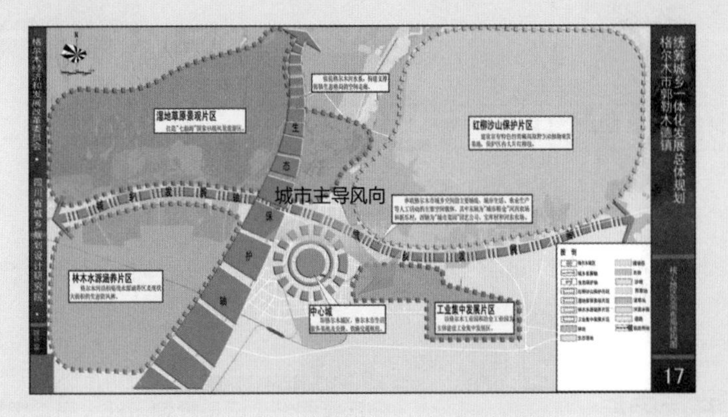

图4-2-10　格尔木市郭勒木德镇核心区空间布局结构图

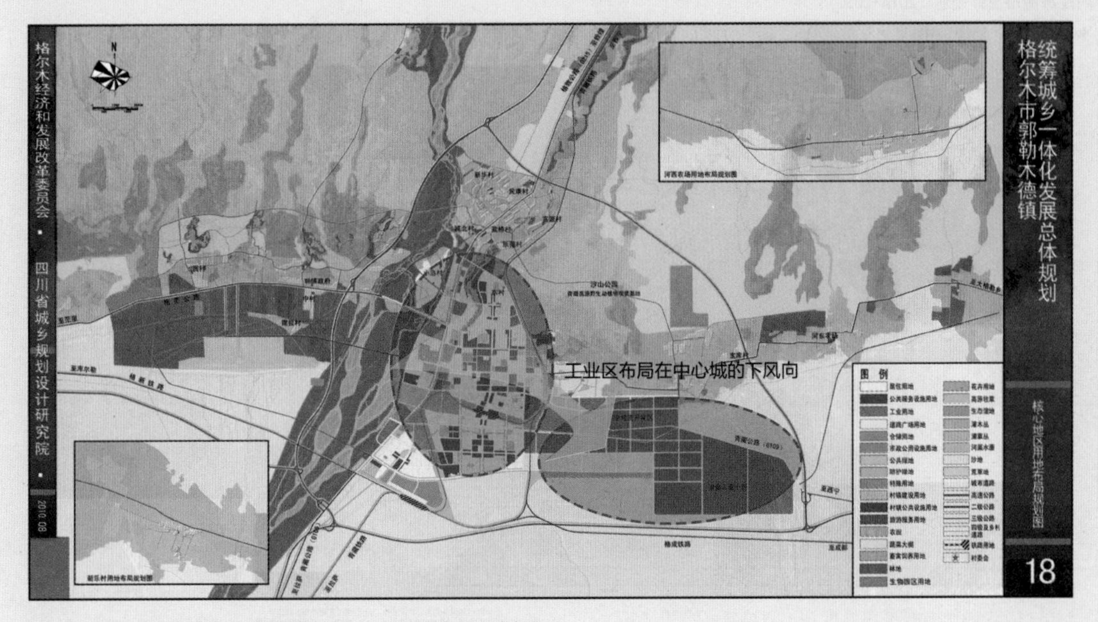

图4-2-11　格尔木市郭勒木德镇核心区用地布局规划图

（资料来源：四川省城乡规划设计研究院）

四、图例

图纸中各类符号所代表规划内容的说明，由图形与文字组成，文字是对图形的注释。图例一般位于图纸下方或下方一侧。

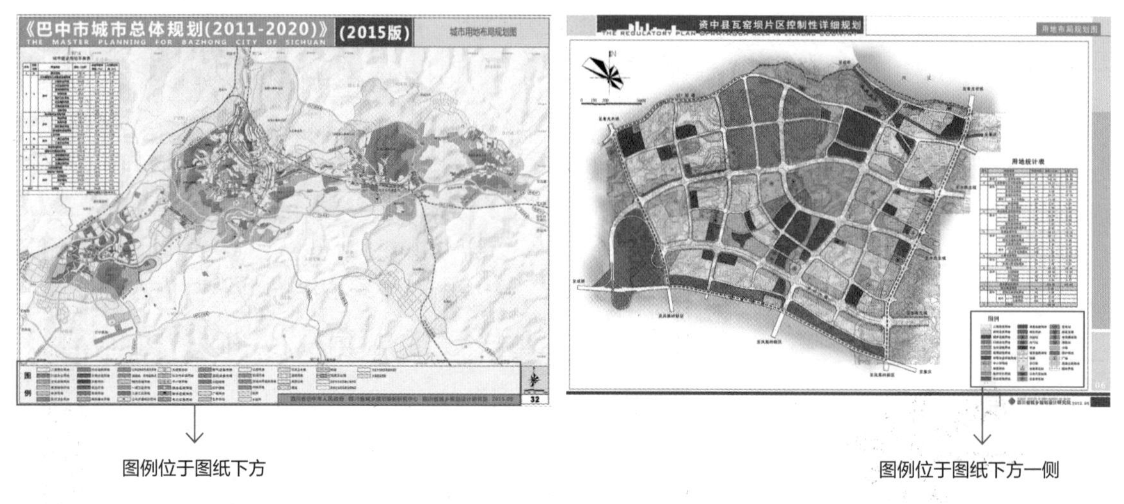

图4-2-12 巴中市城市总体规划（2011—2020）

图4-2-13 资中县瓦窑坝片区控制性详细规划

五、图标

图标是图纸上记录规划设计人员、规划设计单位等编制信息的标签。

Tips

规划图纸上必须标明城市规划编制单位的正式名称，并可加绘编制单位的徽记。

用于张贴、悬挂的现状图、规划图可不设图标。

图4-2-14 内江市城市总体规划（2014—2030）

（本页资料来源：四川省城乡规划设计研究院）

六、图纸要素布局

法定规划的规划图纸宜按下图布局绘制，各要素不应相互重叠或覆盖。非法定规划的规划图纸可参考绘制。

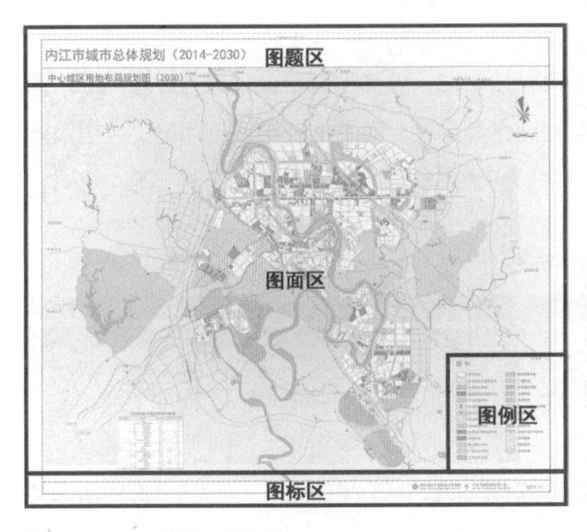

图4-2-15 图纸布局示例一

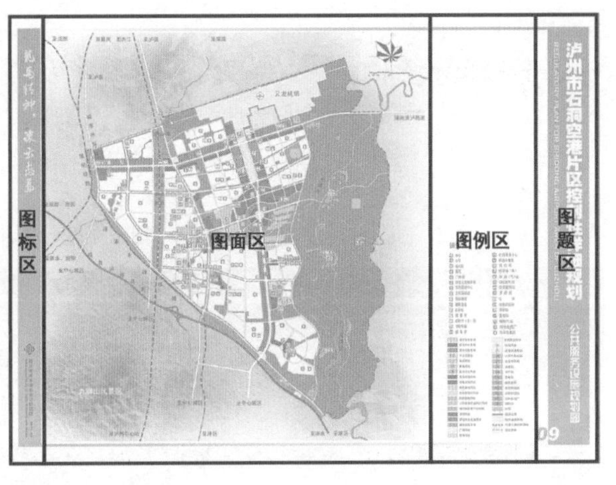

图4-2-16 图纸布局示例二

控制性详细规划的图则，除包括基本图纸要素外，还应包括本地块的位置示意图、控制指标表及控制要求等图纸要素。

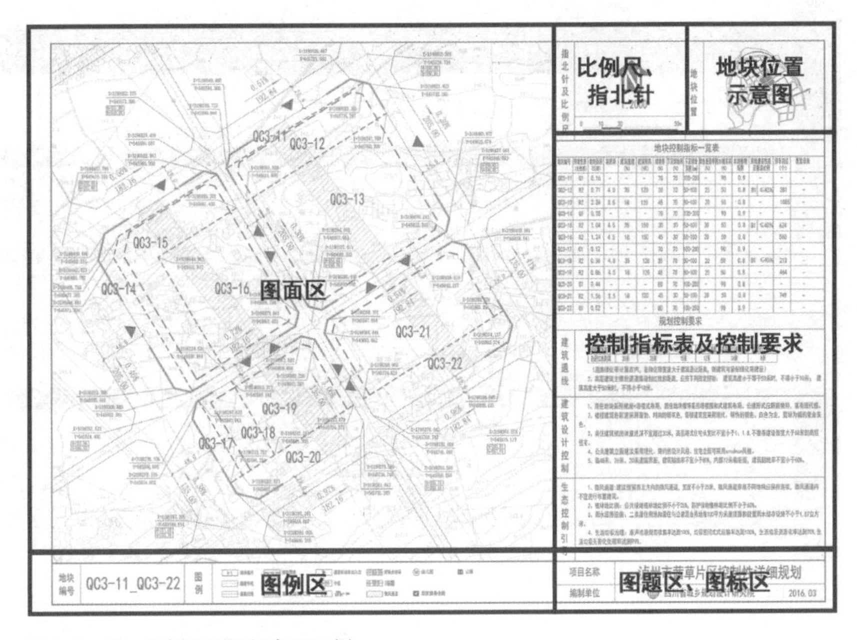

图4-2-17 规划图则图纸布局示例

第三节 城市建设用地分类

一、分类和代码

城市建设用地是城市（镇）内居住用地、公共管理与公共服务设施用地、商业服务业设施用地、工业用地、物流仓储用地、道路与交通设施用地、公用设施用地、绿地与广场用地的统称。共分为8大类，35中类，42小类，详见表4-3-1。

城市建设用地分类和代码表[1] 表4-3-1

大类	中类	类别名称	范围
R		居住用地	住宅和相应服务设施的用地
	R1	一类居住用地	设施齐全、环境良好，以低层住宅区为主的用地
	R2	二类居住用地	设施较齐全、环境良好，以多、中、高层住宅为主的用地
	R3	三类居住用地	设施较欠缺，环境较差，以需要加以改造的简陋住宅为主的用地，包括危房、棚户区、临时住宅等用地
A		公共管理与公共服务设施用地	行政、文化、教育、体育、卫生等机构和设施的用地，不包括居住用地中的服务设施用地
	A1	行政办公用地	党政机关、社会团体、事业单位等办公机构及其相关设施用地
	A2	文化设施用地	图书、展览等公共文化活动设施用地
	A3	教育科研用地	高等院校、中等专业学校、中学、小学、科研事业单位及其附属设施用地，包括为学校配建的独立地段的学生生活用地
	A4	体育用地	体育场馆和体育训练基地等用地，不包括学校等机构专用的体育设施用地
	A5	医疗卫生用地	医疗、保健、卫生、防疫、康复和急救设施等用地
	A6	社会福利用地	为社会提供福利和慈善服务的设施及其附属设施用地，包括福利院、养老院、孤儿院等用地
	A7	文物古迹用地	具有保护价值的古遗址、古墓葬、古建筑、石窟寺、近代代表性建筑、革命纪念建筑等用地。不包括已做其他用途的文物古迹用地
	A8	外事用地	外国驻华使馆、领事馆、国际机构及其生活设施等用地
	A9	宗教用地	宗教活动场所用地
B		商业服务业设施用地	商业、商务、娱乐康体等设施用地，不包括居住用地中的服务设施用地
	B1	商业用地	商业及餐饮、旅馆等服务业用地
	B2	商务用地	金融保险、艺术传媒、技术服务等综合性办公用地
	B3	娱乐康体用地	娱乐、康体等设施用地
	B4	公用设施营业网点用地	零售加油、加气、电信、邮政等公用设施营业网点用地
	B9	其他服务设施用地	业余学校、民营培训机构、私人诊所、殡葬、宠物医院、汽车维修站等其他服务设施用地
M		工业用地	工矿企业的生产车间、库房及其附属设施等用地，包括专用的铁路、码头和附属道路、停车场等用地，不包括露天矿用地
	M1	一类工业用地	对居住和公共环境基本无干扰、污染和安全隐患的工业用地
	M2	二类工业用地	对居住和公共环境有一定干扰、污染和安全隐患的工业用地
	M3	三类工业用地	对居住和公共环境有严重干扰、污染和安全隐患的工业用地
W		物流仓储用地	物资储备、中转、配送等用地，包括附属道路、停车场以及货运公司车队的站场等用地
	W1	一类物流仓储用地	对居住和公共环境基本无干扰、污染和安全隐患的物流仓储用地
	W2	二类物流仓储用地	对居住和公共环境有一定干扰、污染和安全隐患的物流仓储用地
	W3	三类物流仓储用地	易燃、易爆和剧毒等危险品的专用物流仓储用地
S		道路与交通设施用地	城市道路、交通设施等用地，不包括居住用地、工业用地等内部的道路、停车场等用地
	S1	城市道路用地	快速路、主干路、次干路和支路用地，包括其交叉路口用地
	S2	城市轨道交通用地	独立地段的城市轨道交通地面以上部分的线路、站点用地
	S3	交通枢纽用地	铁路客货运站、公路长途客货运站、港口客运码头、公交枢纽及其附属用地
	S4	交通场站用地	交通服务设施用地，不包括交通指挥中心、交通队用地
	S9	其他交通设施用地	除以上之外的交通设施用地，包括教练场等用地
U		公用设施用地	供应、环境、安全等设施用地
	U1	供应设施用地	供水、供电、供燃气和供热等设施用地
	U2	环境设施用地	雨水、污水、固体废物处理等环境保护设施及其附属设施用地
	U3	安全设施用地	消防、防洪等保卫城市安全的公用设施及其附属设施用地
	U9	其他公用设施用地	除以上之外的公用设施用地，包括施工、养护、维修设施等用地
G		绿地与广场用地	公园绿地、防护绿地、广场等公共开放空间用地，
	G1	公园绿地	向公众开放，以游憩为主要功能，兼具生态、美化、防灾等作用的绿地
	G2	防护绿地	具有卫生、隔离和安全防护功能的绿地
	G3	广场用地	以游憩、纪念、集会和避险等功能为主的城市公共活动场地

注：用地分类包括城乡用地分类和城市建设用地分类两部分，应按土地使用的主要性质进行划分。用地分类采用大类、中类和小类3级分类体系。城市建设用地是城乡用地分类中的一类，类别代码为H11，为本书的重点。

1 中华人民共和国住房和城乡建设部. GB50137-2011城市用地分类与规划建设用地标准[S]. 2011-01-01

二、常用用地图例

在城市规划的编制中，常用彩色色块代表某种性质的用地，常用的彩色用地图例如表4-3-2所示：

常用彩色用地图例表　　表4-3-2

代号	颜色	颜色名称	说明
R		中铬黄	居住用地
A		桃红	公共管理与公共服务设施用地
B		大红	商业服务业设施用地
M		熟褐	工业用地
W		紫	物流仓储用地
S		白\浅灰	道路与交通设施用地
U		赭石\蓝	公用设施用地
G		中草绿	绿地与广场用地
E1		淡蓝	水域

注：因大多数城市中均有河流、湖泊等水体，故将水域（E1）列入上表。

现行国家标准《城市规划制图标准》CJJ/T97-2003已进入调整修改阶段，故大多数规划设计单位多使用常用彩色用地图例进行规划图纸的绘制。

部分规划设计单位在编制用地统计表时，为更清晰地将各类用地与彩色用地图例对应，将统计表对应行填充上用地彩色图例底色（表4-3-1）。

常用用地图例示例：

用地图例表达深度到大类、中类或小类，应依据相应的编制办法或标准确定。城市规划图纸中一般大类用地和中类用地以颜色标注，小类用地部分以颜色标注，部分以其所属中类用地颜色加用地分类代码或符号标注。

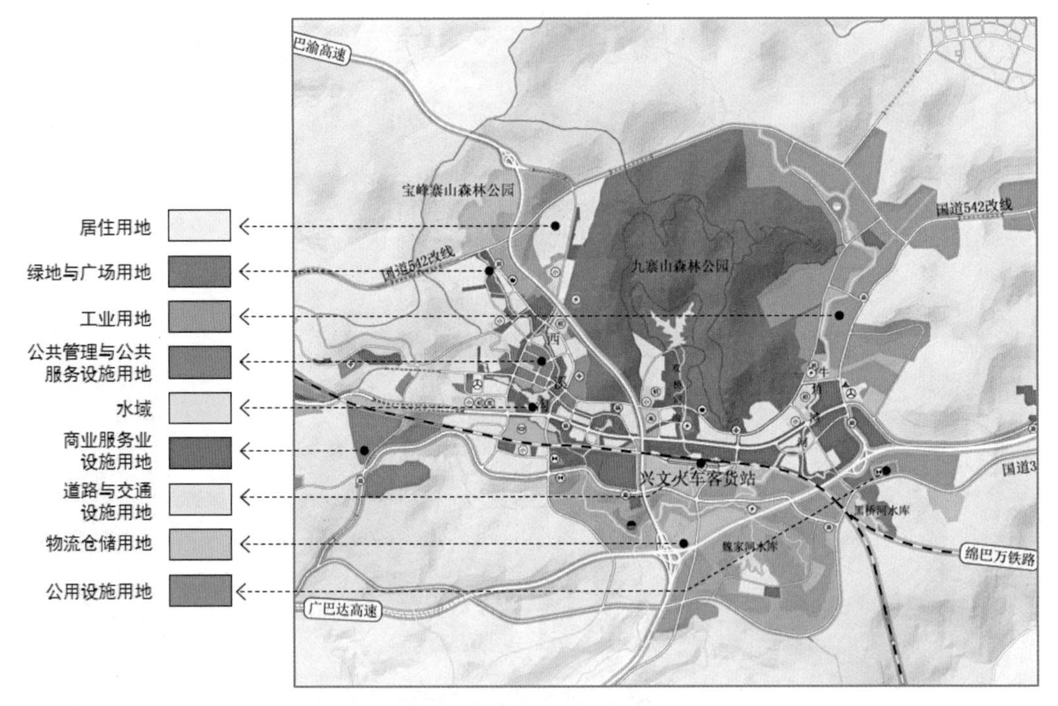

图4-3-1　某市城市总规规划（2011—2020）

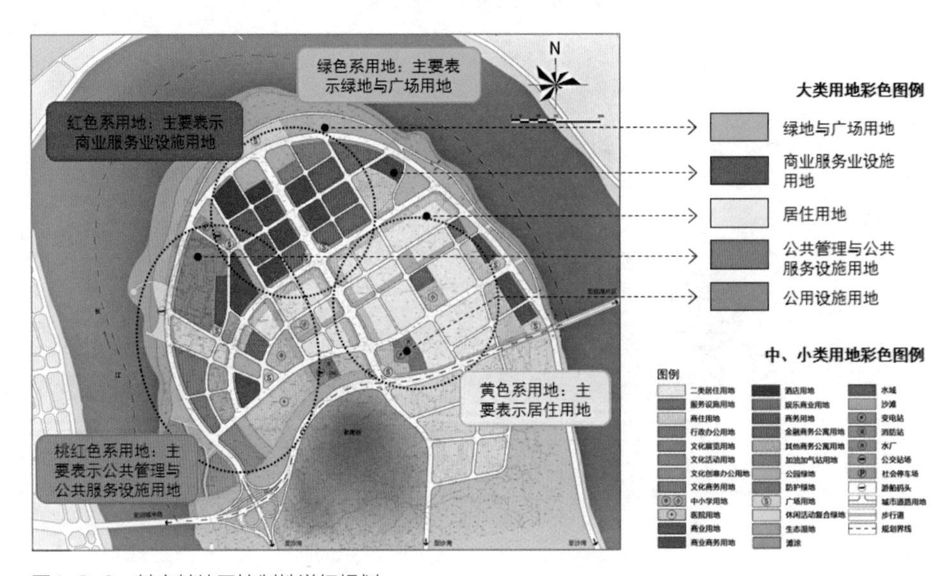

图4-3-2　某市某片区控制性详细规划

（本页资料来源：四川省城乡规划设计研究院）

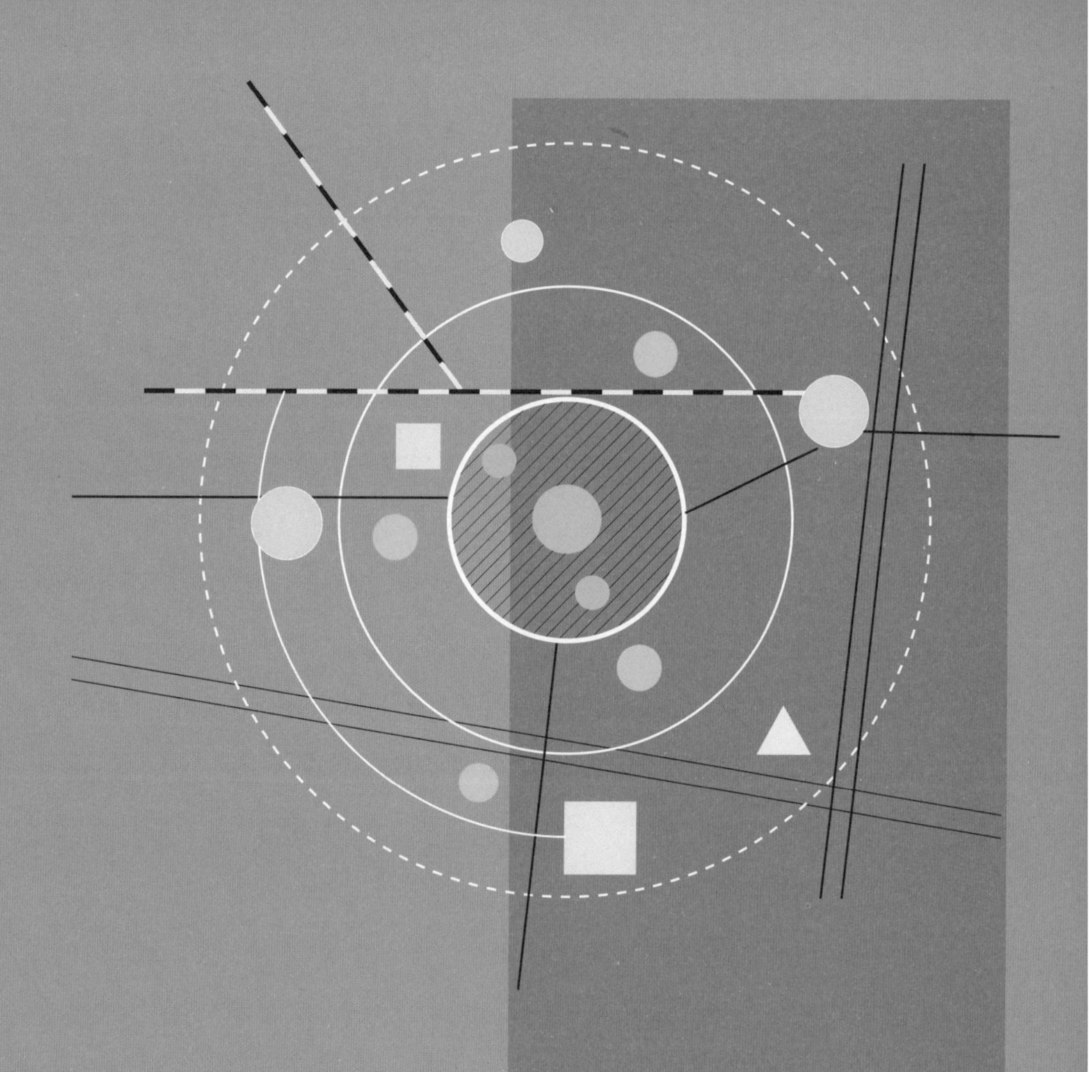

第二篇

主要内容

第五章
城镇体系规划

第一节　什么是城镇体系规划

一、概念

城镇体系规划是在一定地域范围内，以区域生产力合理布局和城镇职能分工为依据，确定不同人口规模等级和职能分工的城镇的分布和发展规划。[1]

城镇体系规划主要包括全国城镇体系规划和省（自治区）域城镇体系规划。市域城镇体系规划一般随城市总体规划编制，县域村镇体系规划一般随县人民政府所在地镇的总体规划编制，但也有单独编制的情况。

二、地位和作用

地位：

在我国的城乡规划编制体系中，城镇体系规划扮演着区域性规划的角色，具有区域性、宏观性、总体性的作用，对城市总体规划起着重要的指导作用。全国城镇体系规划和省（自治区）域城镇体系规划是城市总体规划的上位规划。

作用：

指导总体规划的编制，发挥上下衔接的功能；

分析区域发展态势，发挥综合指导重大开发建设项目及重大基础设施布局的功能；

综合评价区域发展基础，发挥资源保护和利用的统筹功能；

协调区域城市间的发展，促进城市之间形成有序竞争与合作关系。

三、特点

城镇体系规划是针对城镇发展战略的研究，是在一个特定范围内合理进行城镇布局，优化区域环境，配置区域基础设施，明确不同层次的城镇地位、性质和作用，综合协调相互的关系，以实现区域经济、社会、空间的可持续发展。

1　中华人民共和国建设部. GB/T50280-98城市规划基本术语标准[S]. 北京：中国建筑工业出版社.

第二节 城镇体系规划重要术语

一、城镇体系

城镇体系是指一定区域内在经济、社会和空间发展上具有有机联系的城市群体。[1]

二、城市化

人类生产和生活方式由乡村型向城市型转化的历史过程，表现为乡村人口向城市人口转化以及城市不断发展和完善的过程，又称**城镇化**、**都市化**。

三、城市化水平

衡量城市化发展程度的数量指标，一般用一定地域内城市人口占总人口的比例来表示。[1]

城市人口一般指在城市居住的常住人口。全年经常在家或在家居住半年以上，也包括流动人口在所在的城市居住半年以上就称常住人口。

城市用地及公共服务设施等的服务对象应为城市常住人口，故在城市规划中应采用常住人口测算城市人口规模和计算城市化水平。

四、城市规划区

城市规划区，是指城市、镇和村庄的建成区以及因城乡建设和发展需要，必须实行规划控制的区域。

上述解释来自于《城乡规划法》，在《城市规划基本术语标准》中，城市规划区解释为：城市市区、近郊区以及城市行政区域内其他因城市建设和发展需要实行规划控制的区域。

1 中华人民共和国建设部. GB/T50280-98城市规划基本术语标准[S]. 北京：中国建筑工业出版社.

第三节　城镇体系规划编制内容

不同层级的城镇体系规划有不同的侧重点，但城镇体系规划编制的核心内容都可以概括为“三结构，一网络”。

即城镇体系规划应明确本区域内各城镇的空间结构、等级（规模）结构和职能结构，以及交通及市政设施网络。

为方便阅读，本书以市域城镇体系规划为重点，讲述城镇体系规划编制的主要内容，包括以下几个方面：

一、提出战略，协调“邻居”

编制（市域）城镇体系规划，应提出市域城乡统筹的发展战略。其中位于人口、经济、建设高度聚集的城镇密集地区的中心城市，应当根据需要，提出与相邻行政区域在空间发展布局、重大基础设施和公共服务设施建设、生态环境保护、城乡统筹发展等方面进行协调的建议。

案例：简阳市城市总体规划（2016—2035年）

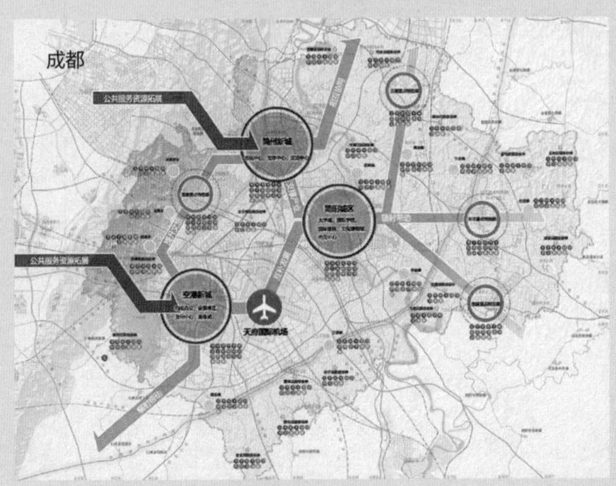

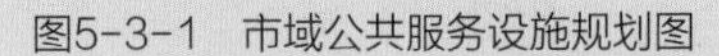
图5-3-1　市域公共服务设施规划图

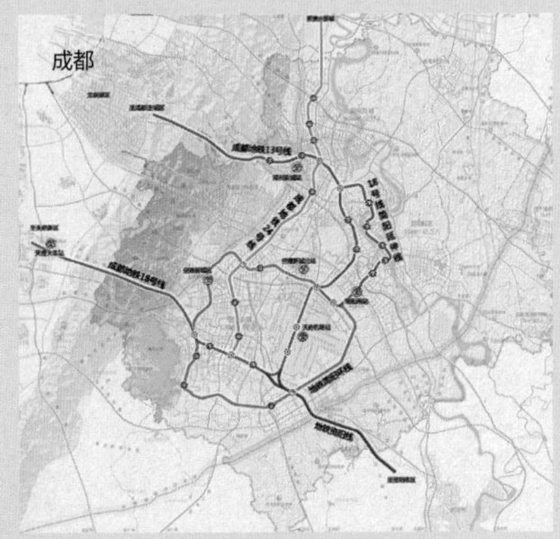

图5-3-2　市域轨道交通规划图

简阳市位于成都东南部，与成都中心城区隔龙泉山相望。简阳市在市域城镇体系规划中，提出了与成都市在空间拓展、轨道交通、公共服务设施建设等方面进行协调的建议。

（资料来源：四川省城乡规划设计研究院）

二、确定保护与利用的要求

确定生态环境、土地和水资源、能源、自然和历史文化遗产等方面的保护与利用的综合目标和要求，提出空间管制原则和措施。

案例:《乐山市城市总体规划(2011—2030年)》

乐山市城市总体规划中，除了在土地、水资源、能源等方面提出了保护与利用的要求外，还针对乐山自身特点，强调了对峨眉山自然遗产和乐山大佛文化遗产的保护。同时，对市域内的风景名胜区等也提出了相应的保护要求。

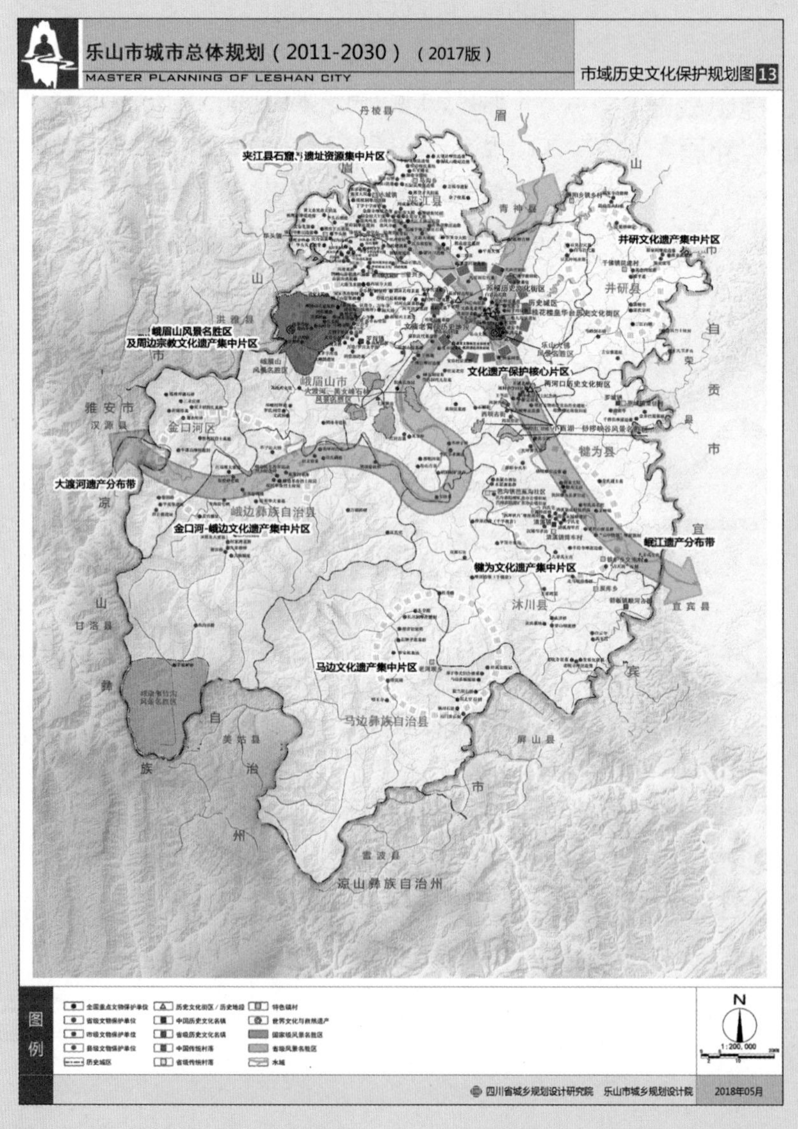

图5-3-3 市域历史文化保护规划图

（资料来源：四川省城乡规划设计研究院）

三、确定“三结构”

预测市域总人口及城镇化水平，确定各城镇人口规模、职能分工、空间布局和建设标准。

（一）确定城镇空间结构

在确定“三结构”之前，应先预测区域内的城镇人口，继而确定城镇空间结构。

案例：乐山市城镇化率预测与城镇空间结构

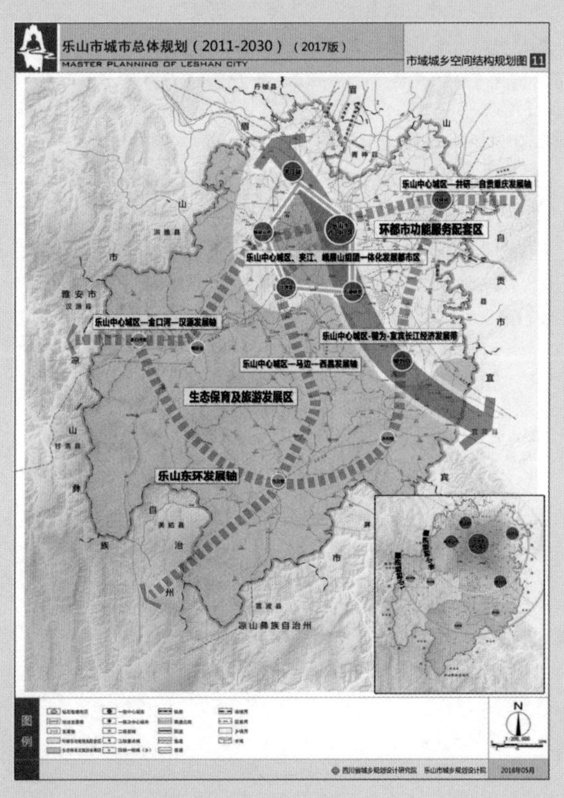

图5-3-4　市域城镇空间结构规划图

图5-3-5　乐山2000—2016年常住城镇化率变动情况

城镇化率预测结论：

- 预计2020年乐山市常住城镇人口将达到196万人，城镇化率为57%。
- 预计2030年乐山市常住城镇人口将达到259万人，城镇化率为67%。

乐山市城镇空间结构：

构建“一核、一带、四轴、两区”的城乡空间结构规划，通过设施、功能延伸提升，形成环都市区半小时经济圈和全域一小时经济圈，促进区域多点发展。

“一核”：指以乐山、夹江、峨眉山组团一体化发展的钻石型都市区核心。

“一带”：对接成德绵和长江的沿岷江经济发展带。

“四轴”：指乐山—金口河—汉源、乐山—沙湾—马边—西昌、乐山—井研—自贡、重庆和东南半环城乡发展轴。

（资料来源：四川省城乡规划设计研究院）

（二）确定等级和规模结构

编制城镇体系规划，除明确城镇空间结构外，还应明确区域内各城镇的等级和规模结构。

案例：乐山市城镇规模等级结构

城镇等级	城市（镇）数量	规模	城市（镇）
中心城市	1	140	乐山市中心城区
次中心城市	4	10-50	峨眉山市、犍为县、夹江县、井研县
一般县城	4	5-10	峨边县城、沐川县城、马边县城、金口河区城区
重点镇	23	2-5	中心城区（6）：市中区（茅桥镇、土主镇）、五通桥（牛华镇、金山镇、西坝镇）、沙湾区（牛石镇） 峨眉山市（4）：桂花桥镇、符溪镇、罗目镇、高桥镇 犍为县（3）：罗城镇、芭沟镇、清溪镇 井研县（2）：马踏镇、竹园镇 夹江县（2）：甘江镇、新场镇 沐川县（2）：利店镇、舟坝镇 峨边彝族自治县（2）：黑竹沟镇、大堡镇 马边彝族自治县（1）：荣丁镇 金口河区（1）：金河镇
一般镇			其余镇

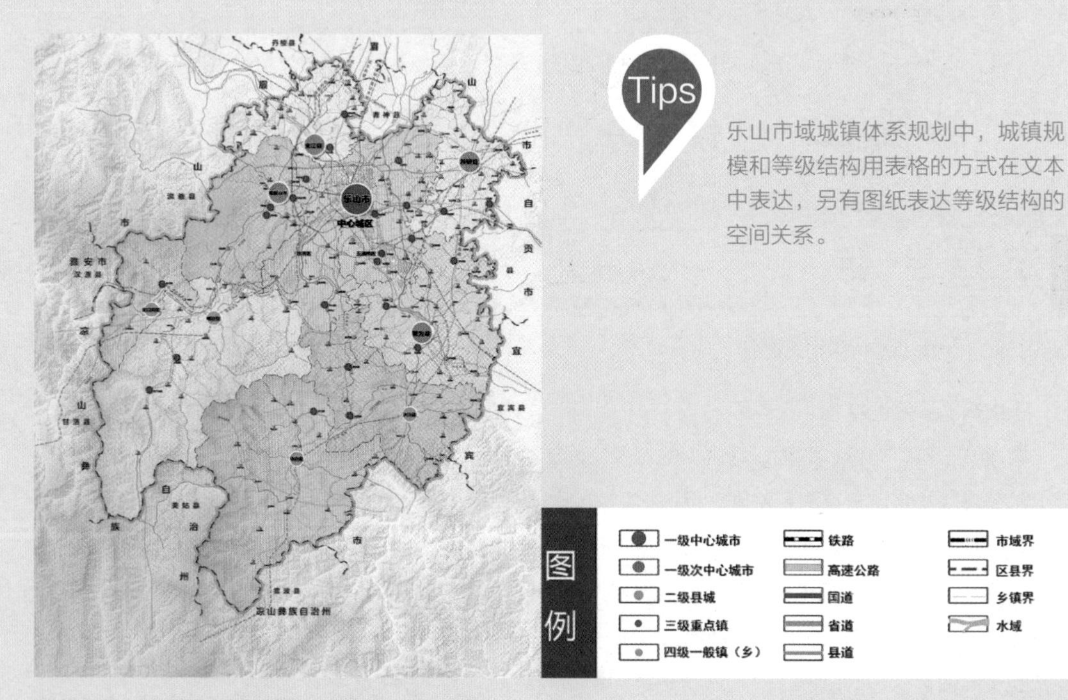

图5-3-6　市域城镇城镇体系规划等级结构示意图　（资料来源：四川省城乡规划设计研究院）

案例：广元市城镇规模等级结构

相较于“表格+图纸”分别表达等级和规模的方式，用一张图表达**等级和规模结构**的方式较为直观。

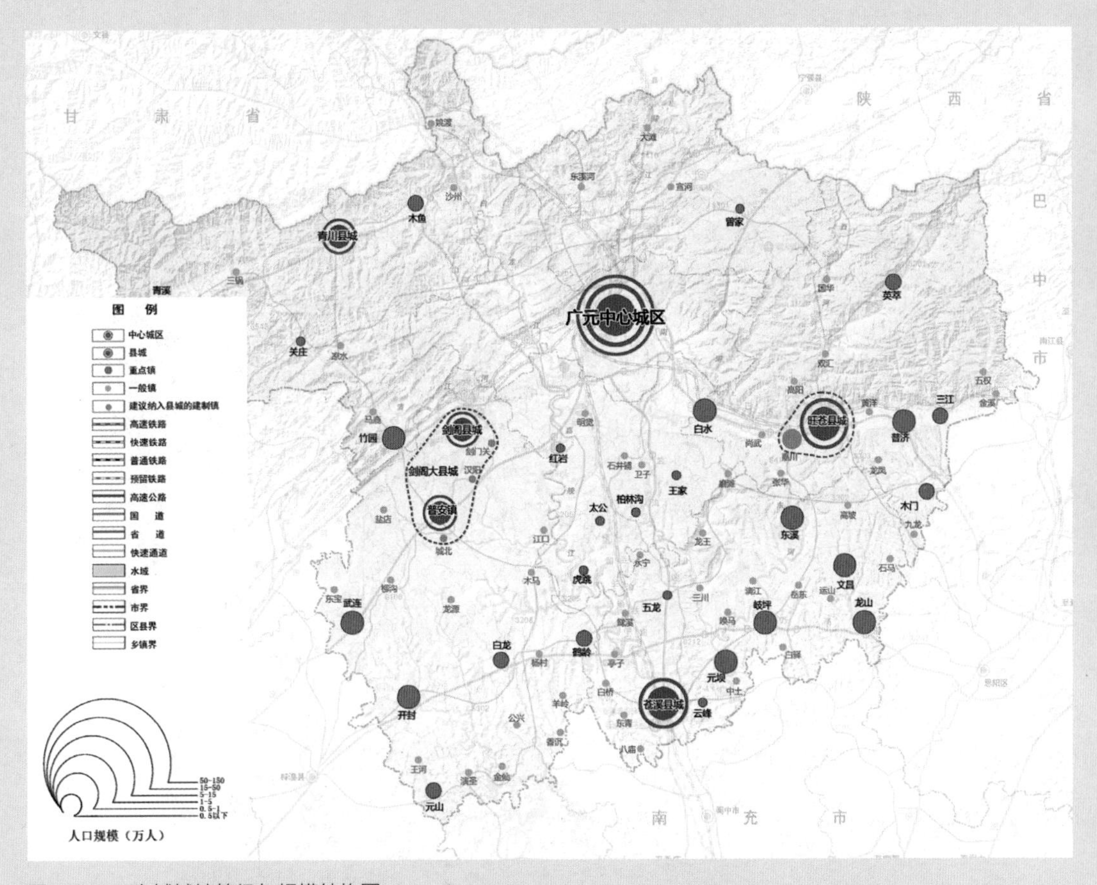

图5-3-7　市域城镇等级与规模结构图

广元市域城镇体系规划中，城镇规模和等级结构除用表格的方式在文本中表达外，图纸中也通过不同的图例来表达各城镇的等级，通过图例大小的不同来表达各城镇的规模，相对比较直观。

（资料来源：中国城市规划设计研究院）

（三）确定各城镇职能结构

在城镇体系规划中，依据城镇在一定区域内发挥的作用和承担的分工，一般将区域内的主要城镇划分为综合服务型、交通商贸型、工矿型、旅游型城镇等类别。

案例：乐山市城镇职能结构

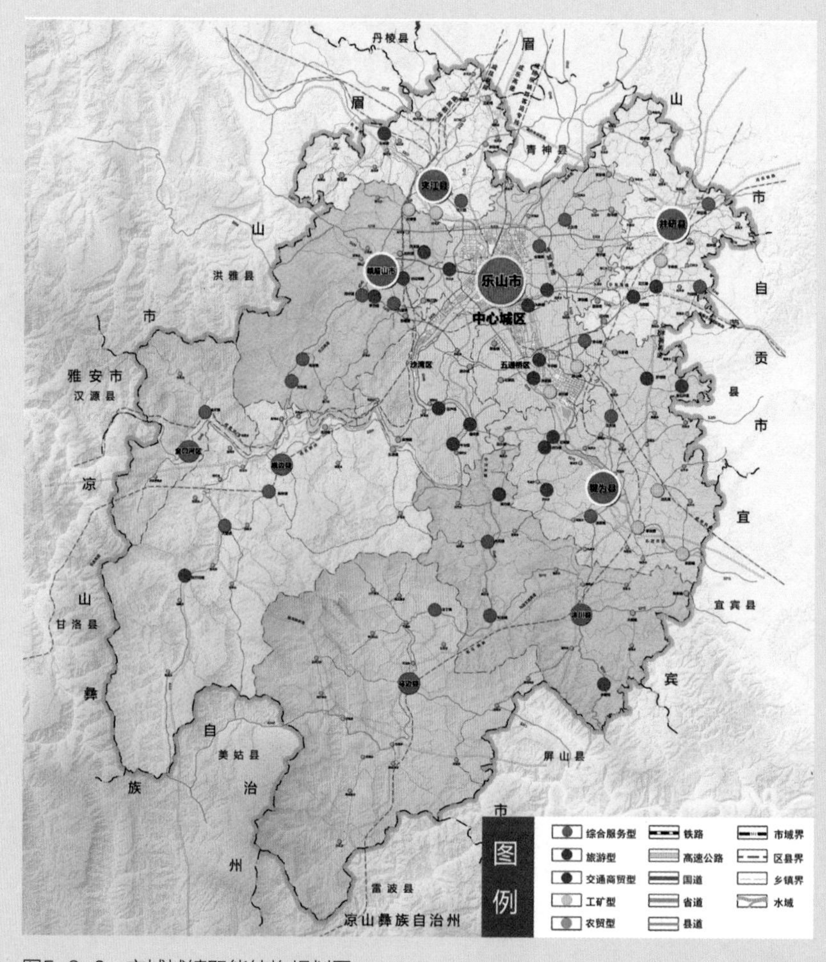

图5-3-8　市域城镇职能结构规划图

不同的规划设计机构，对城镇类型的叫法有所区别，但本质上都是按城镇在一定地域内的作用和分工来划分职能的。

如：在乐山市城镇体系规划中，主要城镇被划分为综合服务型、交通商贸型、工矿型、旅游型城镇等类型。在广元市城镇体系规划中，主要城镇划被分为综合型、商贸物流型、旅游休闲型等类型。

（资料来源：四川省城乡规划设计研究院）

四、城镇发展指引

提出重点城镇的发展定位、用地规模和建设用地控制范围。

案例：《泸州市城市总体规划》

泸州市域城镇体系规划，分别针对县城和重点镇给出了具体的指引。

规划提出了泸县、合江、叙永、古蔺四个县城的定位、发展目标、规模、主导产业、建设用地控制范围等内容，针对通滩、护国、尧坝、福宝等重点镇各自特点，提出了发展定位、建设用地控制范围等内容。

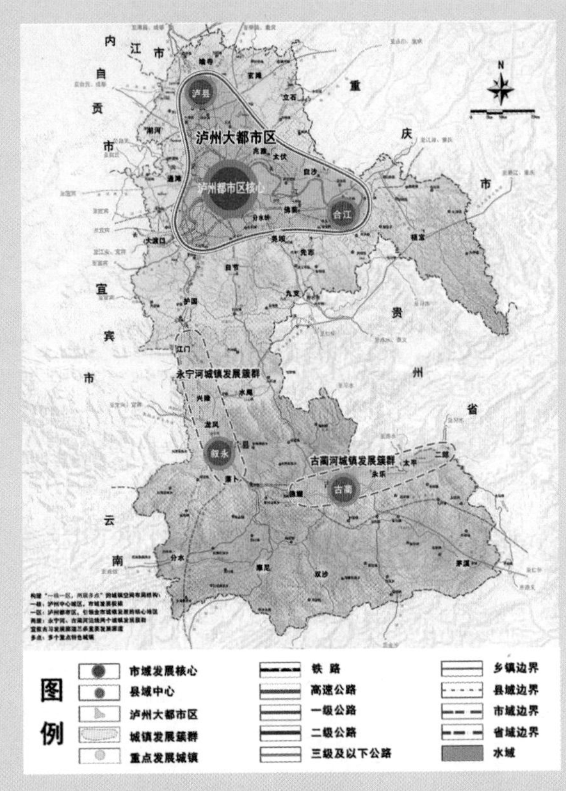

图5-3-9　市域城镇空间布局结构图

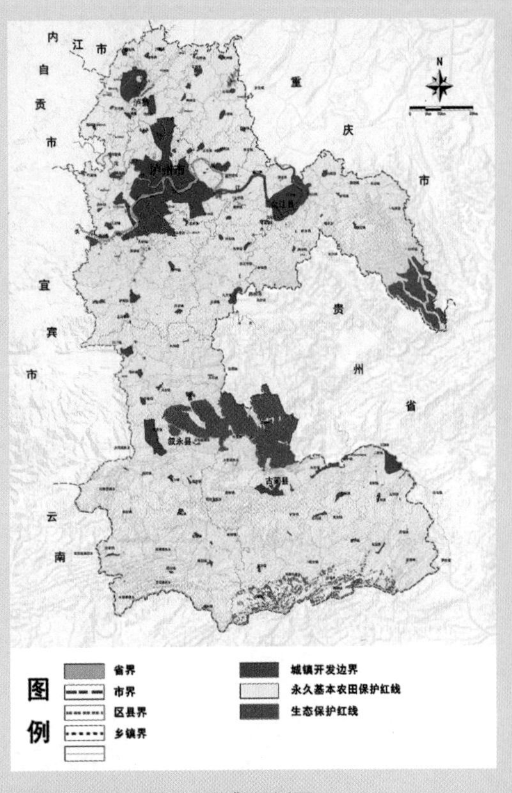

图5-3-10　市域“三线”规划图

泸州总规对泸县的指引如下：

发展定位：泸州都市区北部副中心，以发展医药、食品、临空、临港商贸物流产业和文化旅游为主的现代化新城……

人口规模：规划2020年，约20~25万人；2035年，约30~35万人。

随着城市规划编制方法的不断演进，“建设用地控制范围”的表现形式也演变为“城镇开发边界”。

（资料来源：四川省城乡规划设计研究院）

五、确定“一网络”

在体系规划中，应确定市域交通发展策略；原则确定市域交通、通信、能源、供水、排水、防洪、垃圾处理等重大基础设施，重要社会服务设施，危险品生产储存设施的布局。俗称确定交通与市政设施网络。

案例：《乐山市城市总体规划》

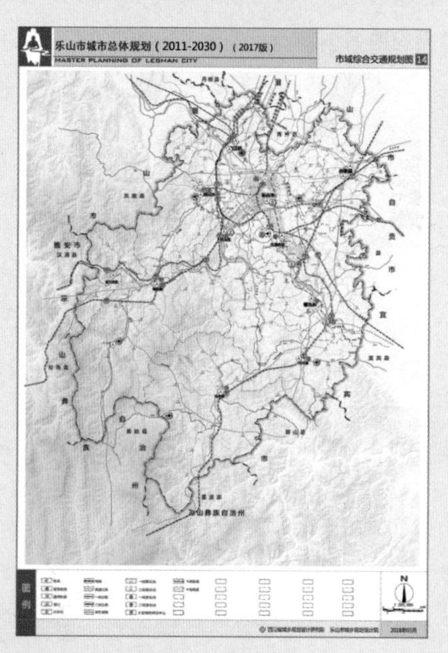

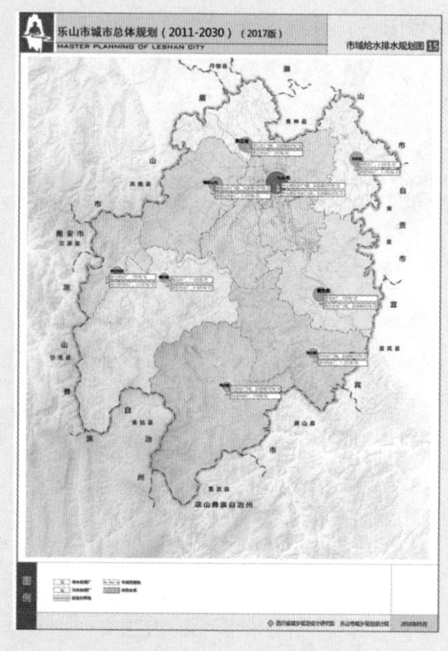

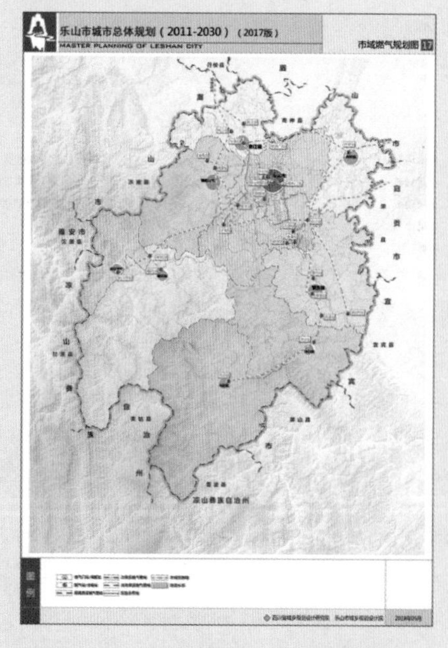

乐山市域城镇体系规划，从市域交通体系规划、供电、供气、给排水、环境保护等多个方面共同构建了乐山市域的交通和市政设施网络。

A：市域综合交通规划图　B：市域给水排水规划图
C：市域燃气规划图

图5-3-11　市域交通与市政设施规划图

（资料来源：四川省城乡规划设计研究院）

六、划定城市规划区

根据城市建设、发展和资源管理的需要划定城市规划区。城市规划区的范围应当位于城市的行政管辖范围内。

七、提出实施建议

编制城镇体系规划时，应根据实际情况，提出实施规划的措施和有关建议。

城市规划区划定案例

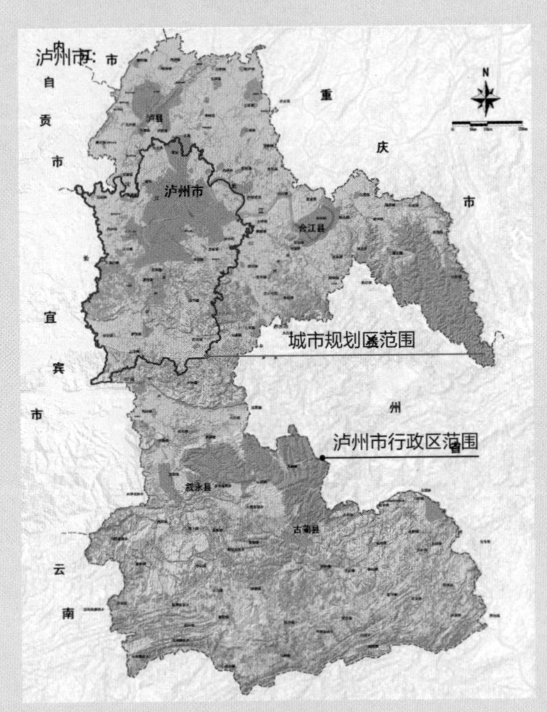

图5-3-12　泸州市城市规划区示意图

《泸州市城市总体规划（2017—2035年）》将市辖三区范围全部划入了城市规划区。

图5-3-13　夹江县城市规划区示意图

《夹江县城市总体规划（2017—2030年）》将县城建成区周边一定范围划为城市规划区。

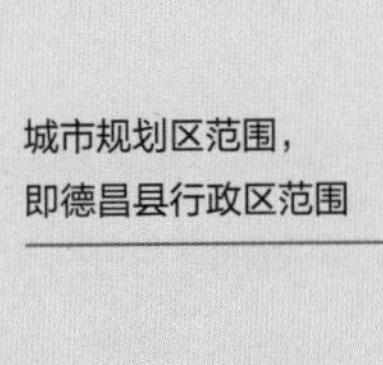

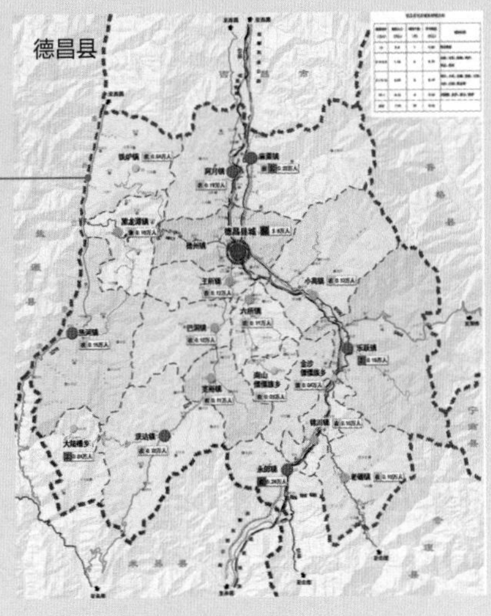

《德昌县城市总体规划（2017—2035年）》将整个县域范围划为城市规划区。

图5-3-14　德昌县城市规划区示意图

（资料来源：四川省城乡规划设计研究院）

城市规划区的划定依据不同城市不同情况，可因地制宜地采用不同的划定方式。例如泸州将市辖区作为城市规划区，夹江将县城及周边区域作为城市规划区，而德昌则以县域范围作为城市规划区。

八、其他内容

（一）划定保护和发展两类空间

编制城镇体系规划时，应根据实际情况，合理划定保护类空间和发展类空间。其中保护类空间包括生态空间和农业空间，发展类空间即城镇空间。

划定这几类空间的同时应明确各类空间规模与占比。

案例：苍溪县保护类空间和发展类空间的划定

图5-3-15 苍溪县保护与发展空间划定图

- 保护类空间——生态空间

将法律法规明确需要保护的区域和维护生态安全格局需要控制的区域统一划入生态空间，包括森林、草原、湿地、荒地、河流水体、各类地质灾害危险性大区、坡度大于25度的地区和生态安全控制区等，约占全县域面积的34.0%。

- 保护类空间——农业空间

是指农业生产和农村居民生活为主体功能的国土空间，含基本农田、一般农田、农村建设用地等，约占全县域面积的62.8%。

- 发展类空间——城镇空间

指城镇现状及规划建设用地、乡集镇建设用地、独立工矿区等，约占全县域面积的3.2%。

（资料来源：四川省城乡规划设计研究院）

（二）划定控制和开发两类边界

编制城镇体系规划时，应结合环保部门规划、国土规划综合分析城镇现状与发展趋势，合理划定控制和开发两类控制线。其中控制类边界包括生态红线和基本农田控制线，开发类边界即城镇开发边界。

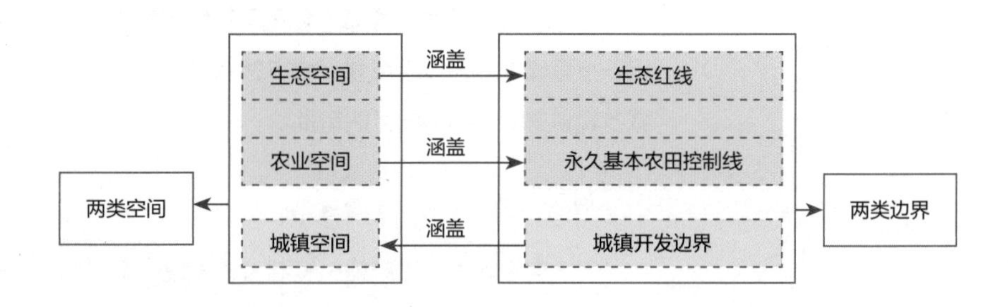

案例：苍溪县控制和开发两类边界的划定

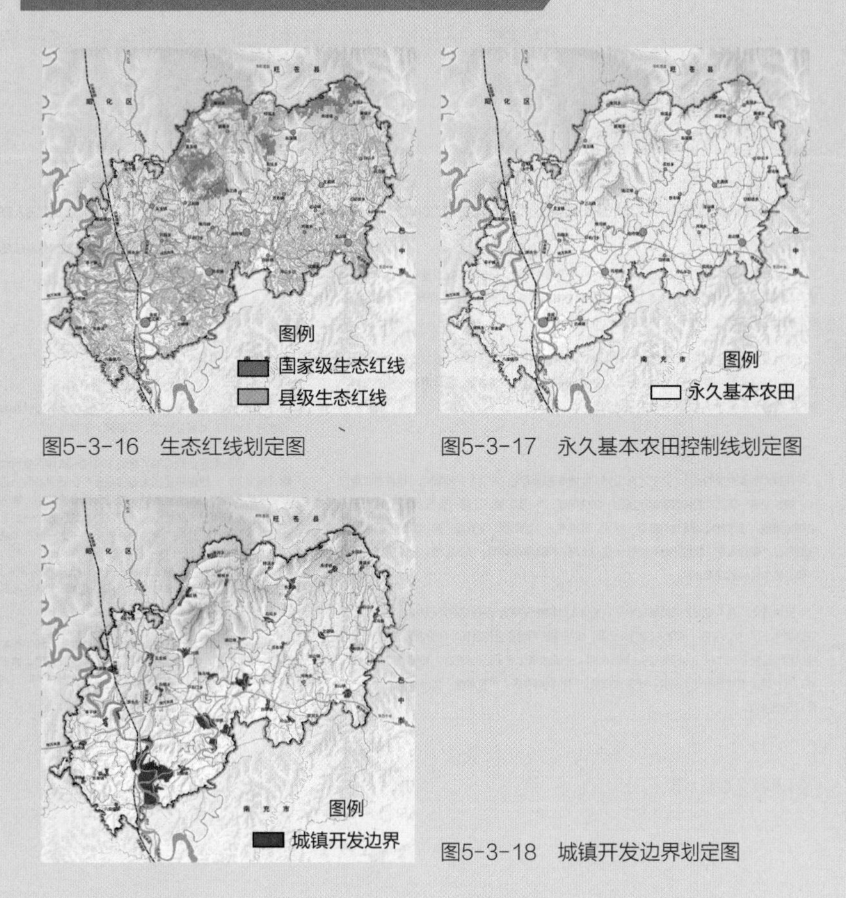

图5-3-16 生态红线划定图

图5-3-17 永久基本农田控制线划定图

图5-3-18 城镇开发边界划定图

（资料来源：四川省城乡规划设计研究院）

第四节 城镇体系规划的组织与审批

全国城镇体系规划

国务院城乡规划主管部门会同国务院有关部门组织编制全国城镇体系规划，用于指导省域城镇体系规划、城市总体规划的编制。全国城镇体系规划由国务院城乡规划主管部门报国务院审批。

省域城镇体系规划

省、自治区人民政府组织编制省域城镇体系规划，报国务院审批。

市域城镇体系规划、县域村镇体系规划

市域城镇体系规划、县域村镇体系规划由城市人民政府组织、县人民政府组织编制，一般结合城市总体规划、县城总体规划统一编制，并报总体规划审批机关审批。

江苏城镇体系规划获国务院批复 城里人将增2000万

2015-08-11 07:22:05 来源：新华日报

《江苏省城镇体系规划(2015-2030年)》7月经国务院同意，获住房和城乡建设部批复。根据该《规划》，至2030年，我省城镇化水平将达80%左右，城镇人口约7200万；将形成2个特大城市，城市发展摒弃“一味贪大”思路，更追求质量和内涵。

作为省本级“多规合一”的空间规划，《规划》由省住建厅组织编制，省发改委、国土厅、交通厅、环保厅等全面参与。《规划》实现全省城镇、交通、生态保护、重大基础设施的空间一张图，是指导全省城镇化空间布局的法定依据。

2030年全省城镇化水平达80%左右

住建部给省政府的批复，要求江苏坚持“协调推进城镇化、区域发展差异化、建设模式集约化、城乡发展一体化”的新型城镇化道路，加快构建“一带二轴，三圈一极”(即沿江城市带、沿海城镇轴、沿东陇海城镇轴与南京、徐州、苏锡常三个都市圈，淮安增长极)城镇化空间格局，远期形成“带轴集聚、腹地开敞”的区域空间格局，构建特色鲜明、布局合理、生态良好、设施完善、城乡协调的城镇体系。

批复原则同意《规划》对城镇化水平、城镇人口和建设用地规模的指导性意见。到2020年全省城镇化水平达72%左右，城镇人口约6120万，城镇建设用地总量控制在7730平方公里以内，城乡建设用地控制在16730平方公里以内。到2030年，全省城镇化水平达80%左右，城镇人口约7200万，城乡建设用地总量有效控制。提高城镇建设用地利用效率，严控增量，盘活存量，合理布局，保护耕地。

图5-4-1 江苏城镇体系规划批复相关报道
（资料来源：新华日报）

四川省人民政府

关于德阳市市域城镇体系规划和城市总体规划的批复

川府函〔2018〕16号

德阳市人民政府：

你市《关于报送审批〈德阳市市域城镇体系规划和德阳市城市总体规划（2016—2030）〉的请示》（德府〔2017〕35号）收悉。经研究，现批复如下。

一、原则同意修改后的《德阳市市域城镇体系规划和德阳市城市总体规划（2016—2030）》（以下简称《规划》）。德阳市是国家高端装备产业创新发展示范基地，成都平原城市群副中心城市，以古蜀文化和工业遗产为特色的文化名城，生态田园典范城市。德阳的城镇体系结构，是“一主五副、两片、三轴”的市域城镇空间结构形态，即以中心城区为“一主”、五个县（市、区）城区为五副，以东南部丘陵片区和西部龙门山片为“两片”，以“成—德—绵”“成—中—南”“成—什—绵”发展轴为“三轴”。

二、重视城乡统筹发展。在《规划》确定的661平方公里规划区范围内，实行城乡规划统一管理。按照因地制宜、城乡统筹发展要求，根据市域内不同地区条件，重点发展县城和基础条件好、发展潜力大的建制镇，优化城镇布局，促进乡村振兴发展。

三、合理控制城市规模。规划控制目标为：2030年中心城区城市人口规模120万人，中心城区城市建设用地120平方公里。城市用地终极规模200平方公里，城市终极人口规模240万人。根据德阳市资源、环境实际条件，重视集约和节约利用土地，有效控制220平方公里的城市开发边界，切实保护好耕地特别是基本农田。

图5-4-2 德阳市城镇体系规划批复文件
（资料来源：四川省人民政府网站）

第六章
城市总体规划

第一节 什么是城市总体规划

一、概念

城市总体规划是对一定时期内城市性质、发展目标、发展规模、土地利用、空间布局以及各项建设的综合部署和实施措施。[1]

二、作用

城市总体规划是我国法定规划体系中的重要构成。其作为指导城市发展的战略性和纲领性文件，是在国家发展战略的大格局中对城市发展蓝图和目标的谋划，是指导城市下层次规划编制的法定依据，也是城市建设和规划管理的基本依据。

三、特点

城市总体规划是落实国家和区域发展战略的重要手段和综合政策，是指导城市建设的法定依据、引领城市发展的战略蓝图、统筹城市行动的共同纲领、协调各类发展空间需求、优化资源配置、整合城市政策的空间平台，具有战略引领和刚性控制的特征。

城市总体规划作为对城市发展的综合谋划、对城市空间资源的统筹利用，不仅是部门事务，更是整个城市的事务，是政府依法行政的依据。

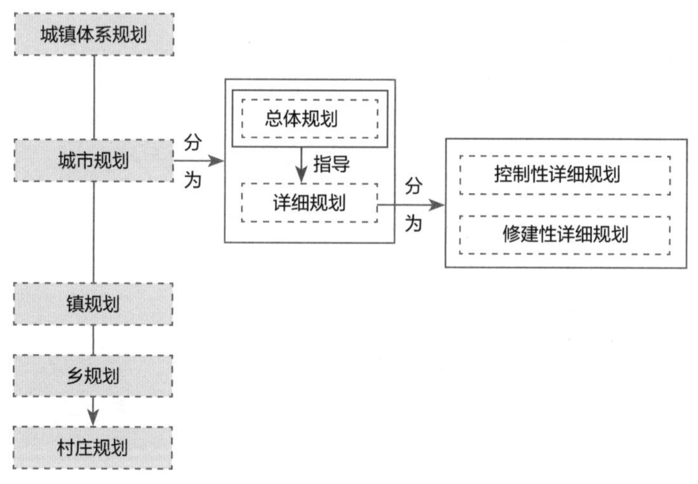

图6-1-1 城市总体规划在法定城乡规划体系中的位置
（资料来源：夏太运绘）

1 中华人民共和国建设部. GB/T50280-98城市规划基本术语标准[S]. 北京：中国建筑工业出版社.

第二节　城市总体规划重要术语

一、城市职能

城市职能是指城市在一定地域内的经济、社会发展中所发挥的作用和承担的分工。[1]

城市不论大小，均属于某级政府所在地，均在一定区域内发挥着政治、经济、文化、生活等方面的作用，这些作用则成了城市职能的基本构成。

城市是一定地域范围内的中心，各个城市由于所处的地位和担负的责任不同，其职能也有所不同。城市功能的综合性决定了城市职能往往是多方面的，概括起来有行政职能、经济职能、交通职能、生态职能和历史文化、风景旅游、边贸口岸等特殊职能等。

以各级行政中心职能可划分为：首都、省会城市、地区中心城市、县城、片区中心镇等。这些城市一般具有行政、经济、文化、交通中心等功能。

以经济职能划分可分为综合性中心城市和特殊经济职能城市。

综合性中心城市如上海、广州、成都等，既有经济、信息、交通等方面的中心职能，也有政治、文化、科教等非经济机构的主要职能，这些城市一般相比周边城市规模较大，服务业发达，在用地组成与布局上较为综合复杂。

特殊经济职能城市可分为：工业城市，如攀枝花、大庆、平顶山市等，这类城市以工业生产职能为主，一般工业用地及道路与交通设施用地占较大比例；商贸城市，如义乌市；交通城市，如徐州、连云港、宜昌市等，这类城市由对外交通运输发展起来，道路与交通设施用地及由此发展的工业用地比重突出。

以其他特殊职能划分的城市有：历史文化名城，如西安、洛阳、阆中等；风景旅游城市，如桂林市、三亚市、黄山市等；边贸城市，如满洲里、景洪市等；经济特区城市，如深圳市、珠海市等。[2]

1　中华人民共和国建设部. GB/T50280-98城市规划基本术语标准[S]. 北京：中国建筑工业出版社.

2　同济大学，吴志强，李德华主编. 城市规划原理（第四版）[M]. 北京：中国建筑工业出版社，2010.

二、城市性质

城市性质是指城市在一定地区、国家以至更大范围内的政治、经济与社会发展中所处的地位和所担负的主要职能。[1]

简而言之，城市性质就是城市的战略定位和主要职能。

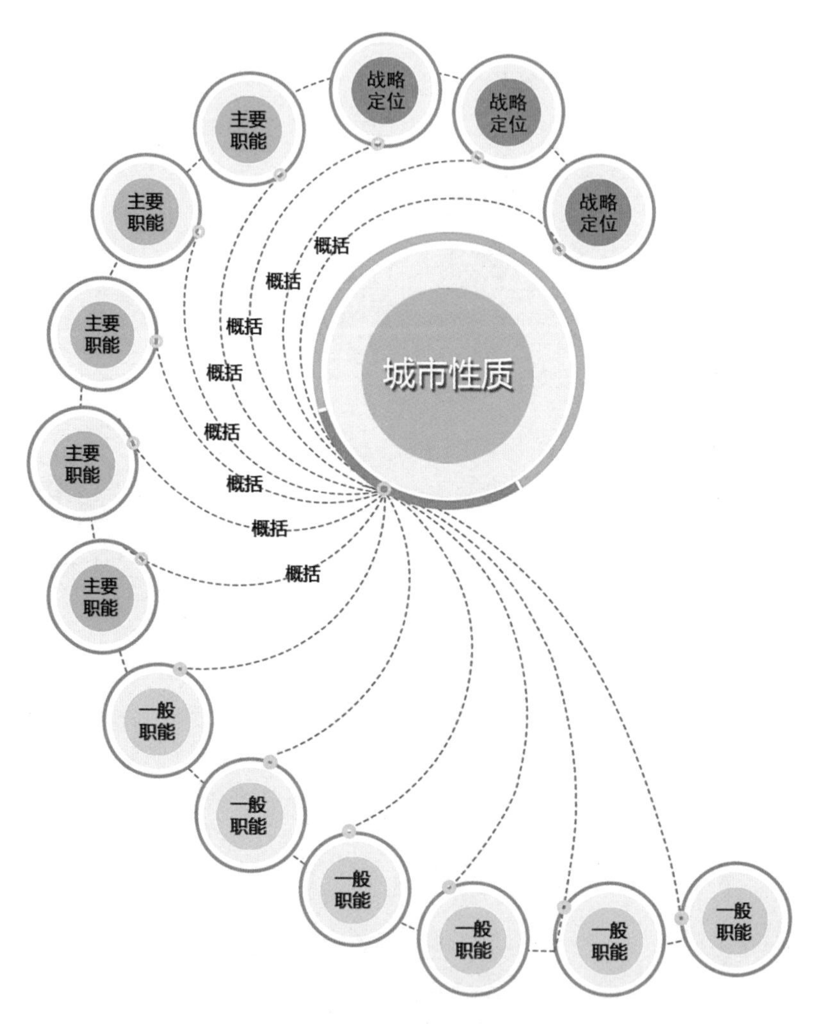

图6-2-1 城市性质与城市职能及其战略定位关系示意图
（资料来源：夏太运绘）

一般而言，对城市性质的确定主要在于从区域层面确定其战略定位和主要职能。

1 中华人民共和国建设部. GB/T50280-98城市规划基本术语标准[S]. 北京：中国建筑工业出版社.

三、城市规模

城市规模是以城市人口和城市用地总量所表示的城市大小。[1]

Tips

城市规模包括人口规模和用地规模两个维度。

城市人口规模：

城市人口规模是指城区常住人口规模，即居住在城区内半年以上的常住人口规模，一般以“万人”为单位。我国城市规模划分标准一般采用人口规模划分。

城市用地规模：

城市用地规模是指城区各项城市建设用地的总量，一般以“平方千米（km^2）”为单位（也有采用“平方公里”作为单位的情况），包括居住用地、公共管理与公共服务设施用地、商业服务业设施用地、工业用地、物流仓储用地、道路与交通设施用地、公用设施用地、绿地与广场用地八大类。为区域服务的机场、铁路编组站、能源设施以及风景名胜区等不计入城市用地。

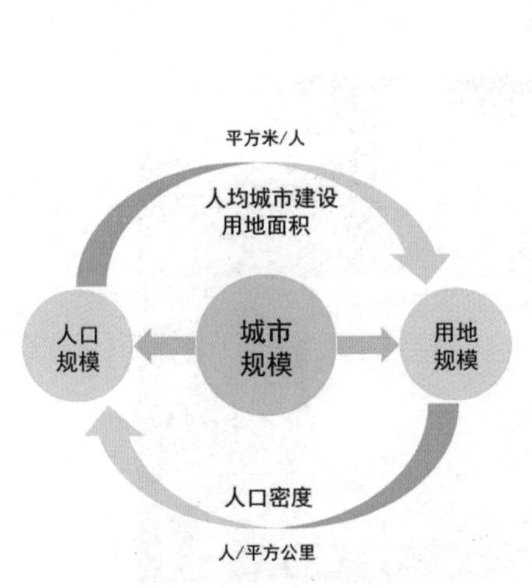

图6-2-2　城市规模构成示意图
（资料来源：李珂绘）

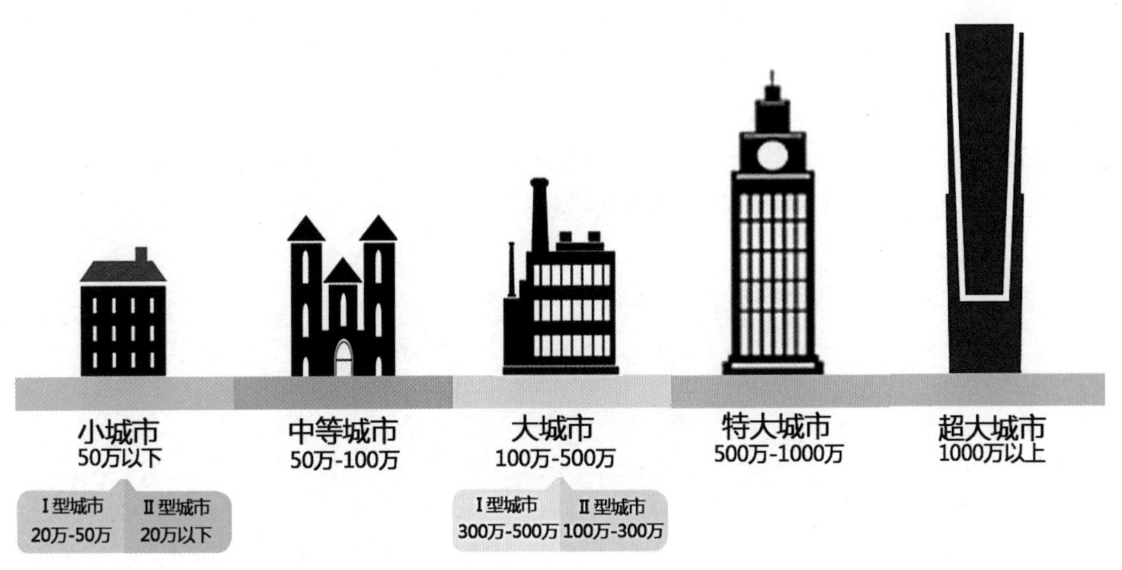

图6-2-3　我国城市规模划分标准示意图
（按2014年国务院发布的《关于调整城市规模划分标准的通知》划分）

1　中华人民共和国建设部. GB/T50280-98城市规划基本术语标准[S]. 北京：中国建筑工业出版社.

四、城市绿线

绿线是指城市各类绿地范围的控制线。[1]

五、城市蓝线

蓝线是指城市规划确定的江、河、湖、库、渠和湿地等城市地表水体保护和控制的地域界线。[2]

图6-2-4 蓝线划定城市水体——洱海界桩（唐密拍摄）

六、城市紫线

紫线是指国家历史文化名城内的历史文化街区和省、自治区、直辖市人民政府公布的历史文化街区的保护范围界线，以及历史文化街区外经县级以上人民政府公布保护的历史建筑的保护范围界线。[3]

七、城市黄线

黄线是指对城市发展全局有影响的、城市规划中确定的、必须控制的城市基础设施用地的控制界线。[4]

简而言之，“绿线”划定城市中的公共绿地、防护绿地等；“蓝线”划定城市水面；“紫线”划定历史文化街区和部分历史建筑；黄线划定城市主要的基础设施。

《城市黄线管理办法》中明确的城市基础设施包括：城市公共交通设施、城市供水设施、城市环境卫生设施、城市供燃气设施、城市供热设施、城市供电设施、城市通信设施、城市消防设施、城市防洪设施、城市抗震防灾设施以及其他对城市发展全局有影响的城市基础设施。

---

1 中华人民共和国建设部. 城市绿线管理办法[Z]. 2002-09-23
2 中华人民共和国建设部. 城市蓝线管理办法[Z]. 2005-11-28
3 中华人民共和国建设部. 城市紫线管理办法[Z]. 2003-12-17
4 中华人民共和国建设部. 城市黄线管理办法[Z]. 2005-12-20

城市绿线、蓝线、紫线和黄线已在城乡规划管理中制定了专门的管理办法进行管理，如《城市紫线管理办法》等。

为加强城市管理，部分城市在上述“四线”的基础上衍生出“五线”“七线”“九线”等。除“四线”外的其他色线还未出台专门的管理办法，因而不同城市对这些色线有着不尽相同的诠释。

案例：大理市“九线”规划

大理“四线”与国家“四线”的关系

	四线（国家）	九线（大理）	
绿地范围控制线	绿线	绿线	生态空间保护线
水域及保护控制线	蓝线	蓝线	水域及保护控制线
基础设施用地控制线	黄线	黄线	基础设施用地控制线
历史文化名城及历史建筑保护范围线	紫线	紫线	历史文化保护线
		黑线、红线、粉线、橙线、褐线	灾害防护、交通设施、公共设施、建设用地和安全防护控制线

大理市依据实际情况，以生态保护、用地发展控制、城乡文脉传承、一体化的城乡公共产品四大问题为导向，归纳整合四线管控空间。

其中：蓝线、黄线与国家要求一致；**绿线在国家要求的基础上将生态空间全部纳入；紫线在历史文化街区和历史建筑保护范围线的基础上，纳入文物保护单位保护范围等拓展为历史文化保护线。**

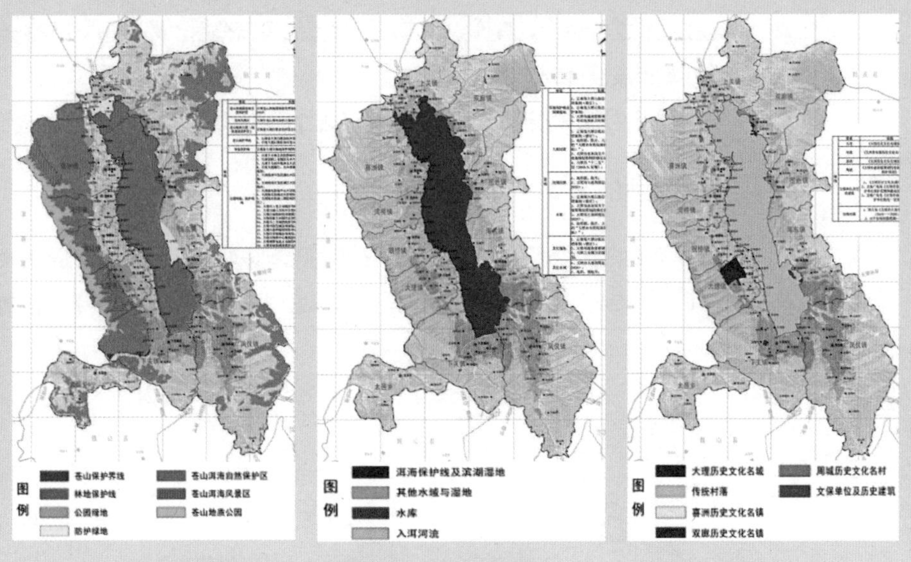

图6-2-5　大理市绿线规划图、蓝线规划图、紫线规划图

（本页资料来源：云南省设计集团）

第三节 城市总体规划主要内容

城市总体规划一般包括城镇/镇村体系规划和中心城区规划两大部分。因体系规划部分的内容与本书前一章类似，故此处不再赘述。

城市总体规划，涉及城市的政治、经济、文件、社会、交通、环保等方方面面，是整个城乡规划序列中最为复杂的规划。其核心内容可以概括为：城市性质与规模、空间布局和设施支撑等几个方面。

为便于阅读，本着“从法、从新、从简”的原则，从以下方面介绍城市总体规划的主要内容。

一、分析确定城市性质、职能和发展目标

确定城市性质是总体规划的首要内容。城市性质代表了城市的个性、特点和发展方向，不同的城市性质决定着不同城市的特征和工作重点。

（一）战略定位与城市性质

战略定位是对城市经济、社会、环境的发展所作的全局性、长远性和纲领性的谋划，是从区域层面对城市的研究，为城市性质的确定提供依据。战略定位是过程，一般依托城市发展战略规划进行研究。城市性质是结论，是城市战略定位与主要职能的综合，其作为城市发展目标的高度概括，是城市发展的总纲，也是制定城市发展计划的基本依据。

城市性质的确定，应重点把握其区域性、特色性以及阶段性三个方面的特征。

城市性质的区域性

区域性是城市性质的首要特征。在我国当前以城市群为主体形态推进城镇化的背景下，要求我们在确定城市性质时，必须以区域为着眼点，找准城市在其中的地位。

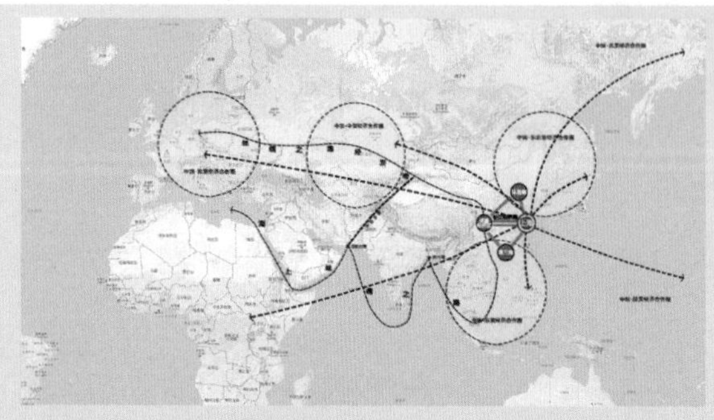

图6-3-1 上海城市性质的区域特征

（资料来源：余云绘）

- 上海的城市性质为：上海是我国直辖市之一、国家历史文化名城，国际经济、金融、贸易、航运、科技创新中心。
- 上海城市性质的确定，立足全国、放眼全球，突出以国际视野谋划卓越全球城市的目标。

城市性质的特色性

特色性是城市性质的核心特征。城市性质应凸显城市的个性，反映其所在区域的政治、经济、社会、地理、自然等因素的特点。同时应反映其最主要的职能，而不是罗列一般的职能。

图6-3-2　北京新华门（唐密拍摄）

北京城市性质：

北京是中华人民共和国的首都，是全国政治中心、文化中心、国际交往中心、科技创新中心。

北京城市性质的核心是祖国首都。

图6-3-3　海滨城市三亚一角（邱建拍摄）

三亚城市性质：

三亚是具有热带海滨风景特色的国际旅游城市。

三亚城市性质的特色在于其是国际旅游城市，其旅游资源特征是热带海滨风景。

图6-3-4　从锦屏山看阆中古城格局（熊胜伟拍摄）

阆中城市性质：

阆中是国家历史文化名城，国际知名的休闲度假旅游目的地，以风水文化为特色的山水园林城市。

阆中城市性质的特色在于其风水文化。

城市性质的阶段性

城市性质是对城市未来职能与地位的描述，具有阶段性特征，并非一成不变。同一城市在不同的发展阶段，其城市性质会随社会价值取向与城市发展基础呈现动态变化的特征，但在每一个阶段，都是引领城市发展的总纲。

北京：从工业基地向“四大中心”的演变

1949
- 我国政治经济文化中心
- 现代化工业基地
- 科学技术中心

1992
- 中华人民共和国首都
- 我国政治文化中心
- 世界著名古都

2004
- 全国的政治文化中心
- 世界著名古都
- 现代国际城市

2017
- 全国政治中心
- 文化中心
- 国际交往中心
- 科技创新中心

成都：从轻工业城市向综合功能城市的演变

1954
- 四川省省会
- 轻工业城市

1982
- 四川省省会
- 历史文化名城
- 重要科学文化中心

1996
- 四川省省会
- 国家级历史文化名城
- 西南科技、金融、商贸中心
- 西南交通、通信枢纽
- 旅游中心城市

2011
- 四川省省会
- 国家历史文化名城
- 高新技术产业基地
- 商贸物流中心
- 综合交通枢纽
- 西部地区重要的中心城市

攀枝花：从重工业城市向旅游宜居城市的演变

1978
- 以钢铁冶金为主的工业城市

1997
- 我国西部以资源综合开发利用为主的现代工业城市
- 川滇交界毗邻地区的区域性中心城市
- 南亚热带风光山水园林城市

2011
- 川滇交界毗邻地区中心城市
- 具有南亚热带风光的宜居城市
- 以资源综合开发利用为主的特色工业城市

2017
- 本轮规划城市性质未做调整

（二）明确城市职能

综合考虑城市未来发展趋势，并结合国家大政方针政策，合理确定城市在本区域内的作用，并明确其职能分工。

图6-3-5　广元市城市一角（金艺豪拍摄）

“广元市城市总体规划（2017—2035年）”根据国家战略部署和自身特色优势，确立了广元城市六大职能：

休闲康养中心；
旅游集散中心；
商贸物流中心；
医疗职教中心；
综合交通枢纽；
绿色制造基地。

图6-3-6　泸州市沱江沿岸景色（朱晥拍摄）

“泸州市城市总体规划（2017—2035年）”根据国家战略部署和自身特色优势，确立了泸州城市六大职能：

全国重要的区域性综合交通枢纽、川滇黔渝结合部区域航运物流中心；
国家重要的先进制造业基地；
长江上游产业转型升级示范区；
西部内陆国际化发展双向开放新口岸和自由贸易服务新平台；
川滇黔渝结合部现代服务业中心；
长江上游重要生态屏障和生态文明建设标杆；
泸州市政治、经济、文化中心。

图6-3-7　北川新县城纪念碑（邱建拍摄）

最新一版“北川县城市总体规划”确立了北川新县城五大职能：

当代文化遗产、城建工程标志；
区域性旅游接待中心和旅游目的地；
绵阳科技城的重要组成部分；
北川及周边地区社会公共服务中心；
具有羌族特色的现代宜居城区，城镇化人口主要转移地。

（三）制定发展目标

城市发展目标需落实国家发展新理念和战略部署要求，尊重城市发展客观规律，立足城市自身资源禀赋和发展条件，体现城市一定时期内社会、经济、环境发展应选择的方向和预期达到的目标。

城市总体规划发展目标一般分为总体目标和分阶段目标。分阶段目标一般与国家阶段目标划分相对应，体现地方对国家战略的落实。

案例：《北京城市总体规划（2016—2035）》

《北京城市总体规划（2016—2035）》在提出“建设国际一流的和谐宜居之都”总体发展目标的基础上，分阶段制定了2020年发展目标、2035年发展目标、2050年发展目标，分别与国家重要发展目标阶段相对应。

（资料来源：北京市人民政府官网）

案例：《北川羌族自治县城市总体规划（2015—2030年）》

总体目标是把北川建设成为“九环魅力节点，中国幸福羌城”。

（1）九环魅力节点

打通交通瓶颈，寻求多方向、多方式融入九环线，以交通发展带动相关地区旅游、生态资源的充分发挥，实现从当前交通边缘区位向九环节点区位的转变。

（2）中国幸福羌城

保护历史文化遗产、民族文化遗产以及自然文化遗产，注重羌族特色风貌的保护与传承，将文化资源与现代生活方式、休闲方式相结合，充分发挥文化资源的内在潜力。

通过旅游全域发展以及工业特色发展，带动非农岗位的增加以及集中建设区人气的集聚，通过特色职能推动服务人口的增加，提高北川人民的幸福感。

（资料来源：中国城市规划设计研究院）

案例：《广元市城市总体规划（2017—2035年）》

总体目标：

与国家“两个一百年”奋斗目标和全省“一个愿景、两大跨越”战略目标相适应，以满足人民群众美好生活需要为核心，以推动治蜀兴川再上新台阶为指引，将广元建设成为川陕甘结合部的现代化中心城市，功能定位包括川陕甘结合部区域中心，连接西南西北的综合交通枢纽，川东北绿色产业基地，生态康养旅游名市。

分阶段目标：

2025年发展目标：川陕甘结合部现代化中心城市地位基本确立，完成扶贫攻坚任务，同步全面建成小康社会。

2035年发展目标：基本建成川陕甘结合部现代化中心城市，全市经济实力不断跃升，基本实现社会主义现代化。

2050年发展目标：全面建成富强民主文明和谐美丽的川陕甘结合部现代化中心城市，现代化建设走在全国同类山区市前列。

（资料来源：中国城市规划设计研究院）

二、合理确定城市规模

确定城市规模，要先预测城市人口规模，以城市人口规模和人均建设用地指标来确定城市建设用地规模，进而在空间上明确其建设用地范围。

城市人口规模需综合考虑城市资源环境承载能力、社会城镇化进程以及人口综合增长脉络等要素，结合城镇体系规划等上位规划，合理确定人口规模。

根据“木桶定律”，城市人口规模应由其短板要素决定。如水资源紧缺的城市，其人口规模上限一般由水资源决定；土地资源紧缺的城市，其人口规模一般由土地资源决定；处于生态环境敏感区域的城市，其人口规模一般由生态环境容量决定。

城市规模是对城市性质的重要支撑。城市规模不是越大越好，应与城市战略定位相匹配，其确定应综合考虑服务保障能力、人口资源环境和城市布局要求等因素。

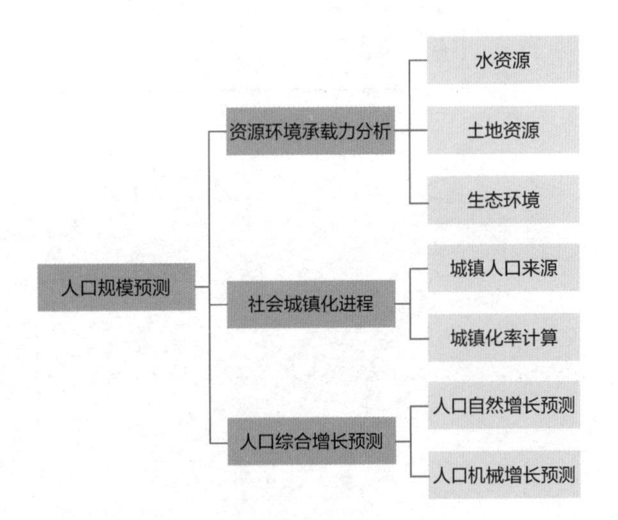

图6-3-8　城市人口规模预测要素关系示意图

三、制定空间管制措施

为保护资源和生态环境，实现国土空间的合理利用和有效管控，总规应划定禁建区、限建区、适建区和已建区，并制定空间管制措施。

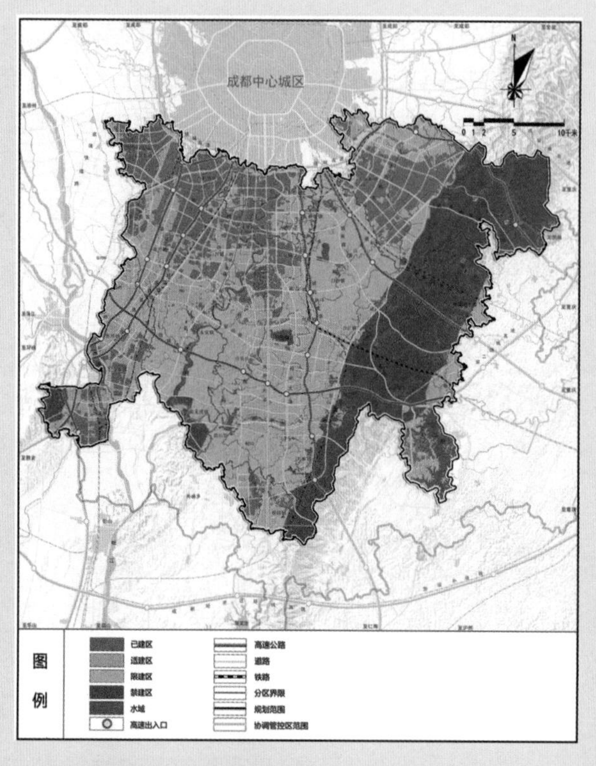

《四川天府新区总体规划（2010—2030年）》根据建设用地适宜性评价结果，结合发展目标和规模，划定天府新区的禁建区、限建区、已建区和适建区，并分别制定空间管制策略，作为今后天府新区城市建设和管理的前提和依据。

图6-3-9 四川天府新区总体规划（2010—2030年）空间管制图
（资料来源：四川省住房和城乡建设厅）

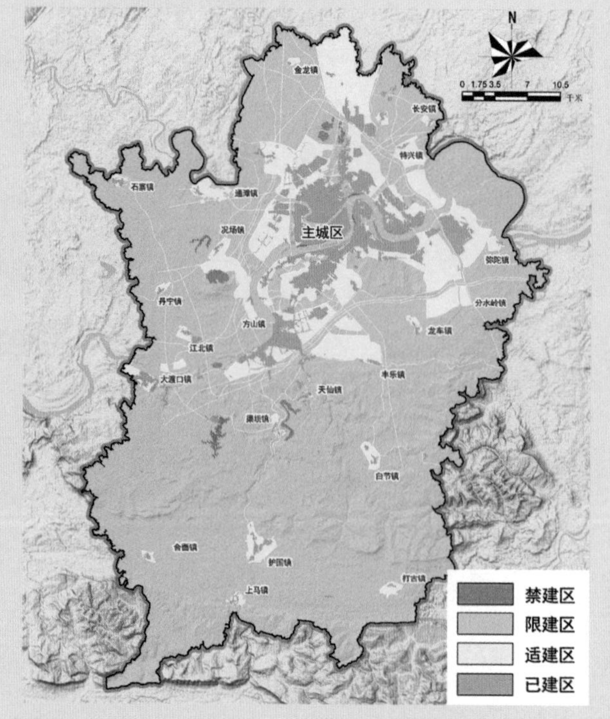

《泸州市城市总体规划（2017—2035年）》通过用地适宜性综合评价，结合泸州城市长远发展目标，在城市规划区范围划定了禁建区、限建区、适建区和已建区，并分别提出相应的空间管制措施。

图6-3-10 泸州城市规划区空间管制图
（资料来源：四川省城乡规划设计研究院）

四、确定村镇发展与控制的原则和措施

在城市总体规划阶段，中心城区的规划应确定发展与控制的原则和措施，同时确定需要发展、限制发展和不再保留的村庄，提出村镇建设控制标准。

为保障城市总体规划发展目标、空间蓝图的顺利实现，提升城市整体形象和建设品质，分阶段有序落实总体规划各项举措，推动城市高质量发展和建设，需将中心城区周边镇村纳入总体规划进行统筹规划和管理，提出镇村发展与控制的原则和措施，制定镇村建设控制标准，分类型提出村庄建设引导和控制的要求。

案例：泸州市江阳区街道、镇发展指引

图6-3-11 况场街道（朱晥拍摄）

图6-3-12 况场街道（朱晥拍摄）

图6-3-13 分水岭镇（朱晥拍摄）

街道、镇	发展指引
南城街道	中心城区组成部分，配套设施、完善城市功能，大力发展现代服务业
北城街道	中心城区组成部分，配套设施、完善城市功能，大力发展现代服务业
大山坪街道	中心城区组成部分，配套设施、完善城市功能，大力发展现代服务业
茜草街道	中心城区组成部分，配套设施、完善城市功能，大力发展现代服务业重点保护长江观音寺水源地和街道南部生态功能区。
邻玉街道	中心城区重点拓展区域，注重生态安全格局，划定生态控制线，依托邻玉酒文化特色产业园发展白酒及关联产业。
蓝田街道	中心城区重点拓展区域，注重生态安全格局，划定生态控制线。街道南部发展都市农业，街道东部为杨桥湖景区，应保护杨桥湖生态环境
华阳街道	中心城区组成部分，配套设施、完善城市功能，重点保护长江五渡溪水源地。
泰安街道	中心城区重点拓展区域，注重生态安全格局，划定生态控制线。
弥陀镇	保护镇域中部水系，镇域北部注重与黄舣镇建设区域生态隔离，全镇以都市农业为主，优化建设弥陀镇区。
况场街道	中心城区重点拓展区域，注重生态安全格局，划定生态控制线，重点保护方山风景名胜区。
通滩镇	以都市农业为主，镇区北部、沱江南岸为优化建设区域。
江北镇	中心城区重点拓展区域，积极发展临港产业、现代农业等。
方山镇	中心城区重点拓展区域、重点保护方山风景名胜区。
黄舣镇	中心城区重点拓展区域，注重生态安全格局，划定生态控制线，积极发展都市农业。
分水岭镇	以都市农业为主，城镇建设以现状镇区向外拓展，加强对镇域水库的保护。
石寨镇	以都市农业为主，建设区域位于镇域北部，由现状镇区向中外拓展。
丹林镇	以都市农业为主，加强对镇域中部水库的保护。
张坝街道	中心城区组成部分，配套设施、完善城市功能。

五、安排建设用地、农业用地、生态用地和其他用地

在近年空间规划改革的背景下，建立统一空间规划体系，对全域国土空间进行合理利用和有效管控已逐渐成为共识。

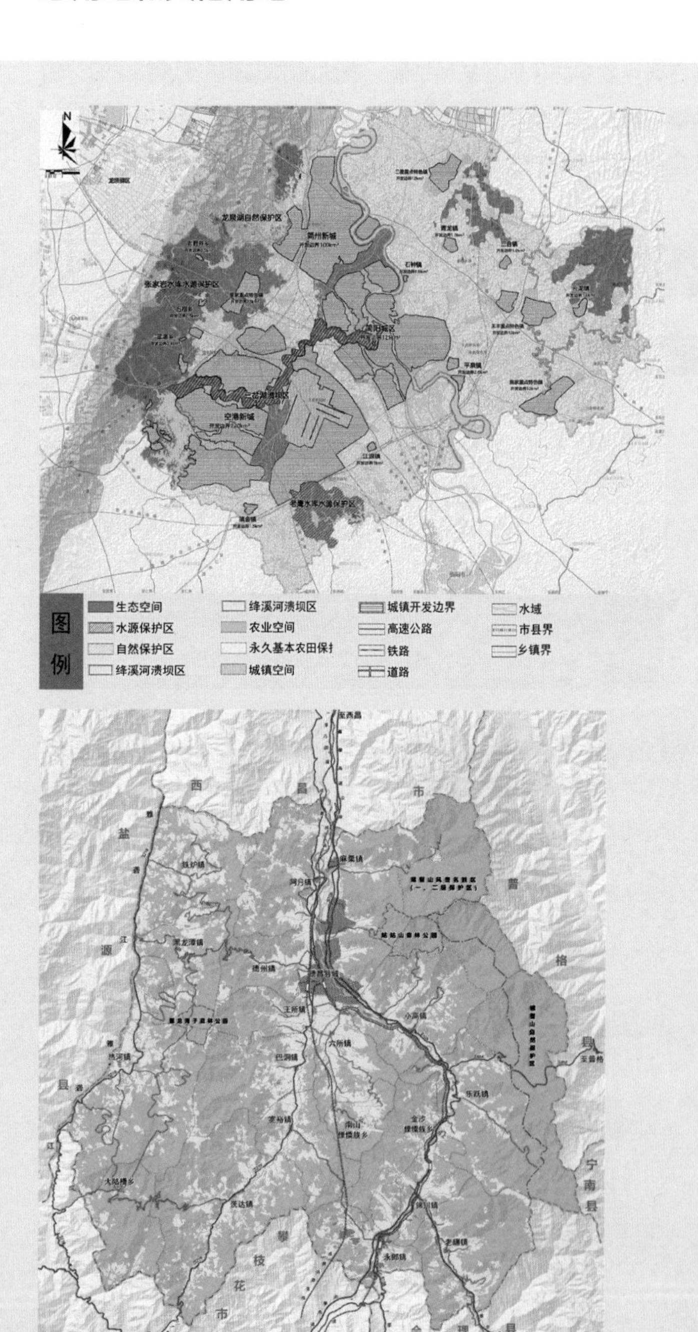

简阳市在规划区范围划定了生态、农业、城镇空间。

其中生态空间内划定了包括沱江、绛溪河、三岔湖等重要水域、老鹰水库保护区、张家岩水库保护区、龙泉湖自然保护区、绛溪河溃坝区等生态保护区。农业空间内划定了永久基本农田保护区。

图6-3-14　简阳市域空间规划图

《德昌县城市总体规划（2017—2035年）》在规划区范围内通过对经济、人口、水资源、土地资源、基本农田、环境容量、地质灾害、生态脆弱性和重要性等多种因子综合分析的基础上，划分了城镇空间、农业空间和生态空间。

图6-3-15　德昌县“三区”规划图

（本页资料来源：四川省城乡规划设计研究院）

六、确定建设用地规模，划定建设用地范围

总规应研究城市空间增长边界，确定建设用地规模，划定建设用地范围。

依据国家提出的要集约高效利用土地资源，保护耕地和保障粮食安全，保护自然资源和生态环境，推动城镇化发展由外延扩张式向内涵提升式转变，防止城市建设无序蔓延和管理失控的要求，城市总体规划应研究城市发展方向、确定城市空间增长边界、明确建设用地规模。

《上海市城市总体规划（2017—2030年）》按照规划建设用地总规模负增长要求，划定了城市开发边界，控制城市无序蔓延。

至2035年，上海市域规划建设用地总规模控制在3200km²以内，并作为2050年远景控制目标。

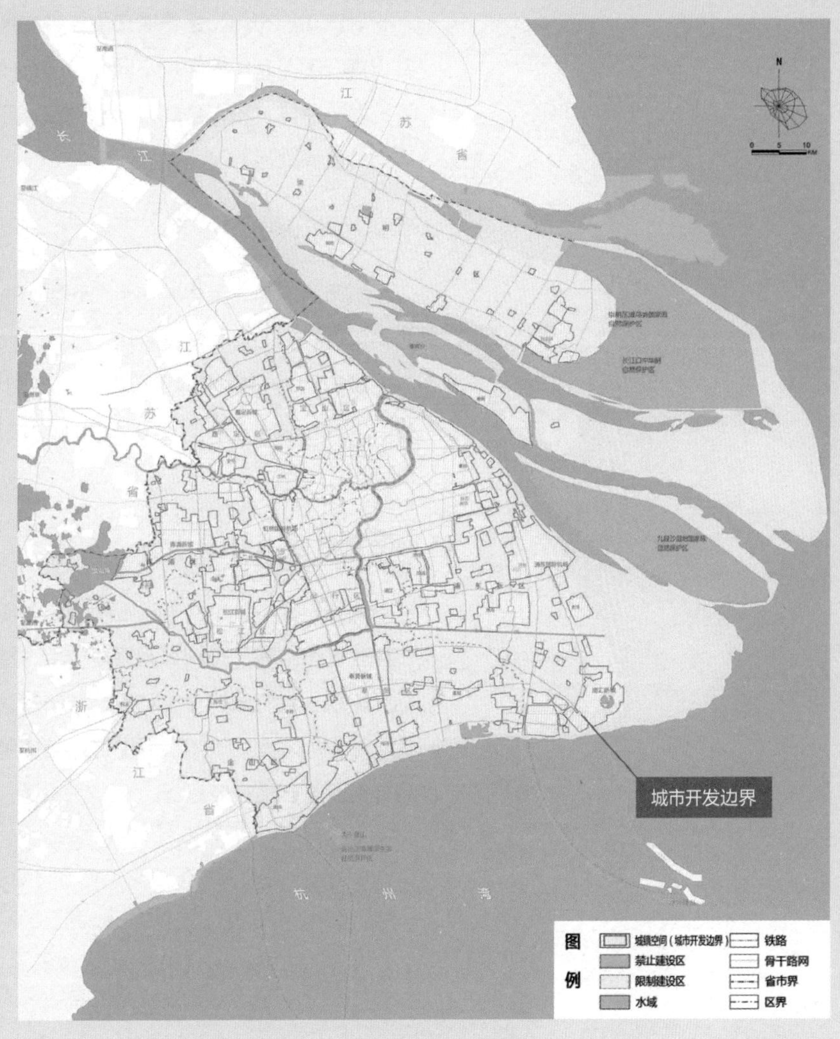

图6-3-16　上海市域城镇空间（城市开发边界）规划图
（资料来源：上海市人民政府官网）

七、明确空间布局，提出管控要求

确定城市空间布局是总体规划工作的重要内容。**总规应确定建设用地的空间布局，提出土地使用强度管制区划和相应的控制指标。**

空间结构和功能布局

规划城市结构主要是确定城市空间结构和功能布局。

城市空间结构是对城市整体和内部各组成部分在空间地域分布状态的概括性总结。城市空间结构的确定应结合城市的重要设施、生态要素、发展方向等因素整体体现，应反映城市空间组织的主要逻辑。

城市功能布局，是将城市中各种物质要素，如住宅、工厂、公共设施、道路、绿地等按不同功能进行分区布置，组成一个相互联系的有机整体。城市功能分区的确定，应结合各片区的地理界线、功能特色而提出。

各类用地布局

城市用地布局是将城市土地利用结构的空间组织及其形态通过分类用地布局的形式进行表达。

城市用地布局的确定应按照城市用地分类标准，结合城市规模、空间结构及功能分区，统筹考虑城市各项服务设施配置综合制定。

强度管制区划

为达到保护城市生态景观资源、落实发展目标和功能结构、塑造优美城市空间形态和景观风貌特色、提升人居环境品质的目的，同时实现土地资源的集约利用、城市各项功能活动的高效运转，需在总体规划层面对城市空间进行土地使用强度分区，并提出各分区具体的开发强度控制指标。

案例：空间结构与功能布局

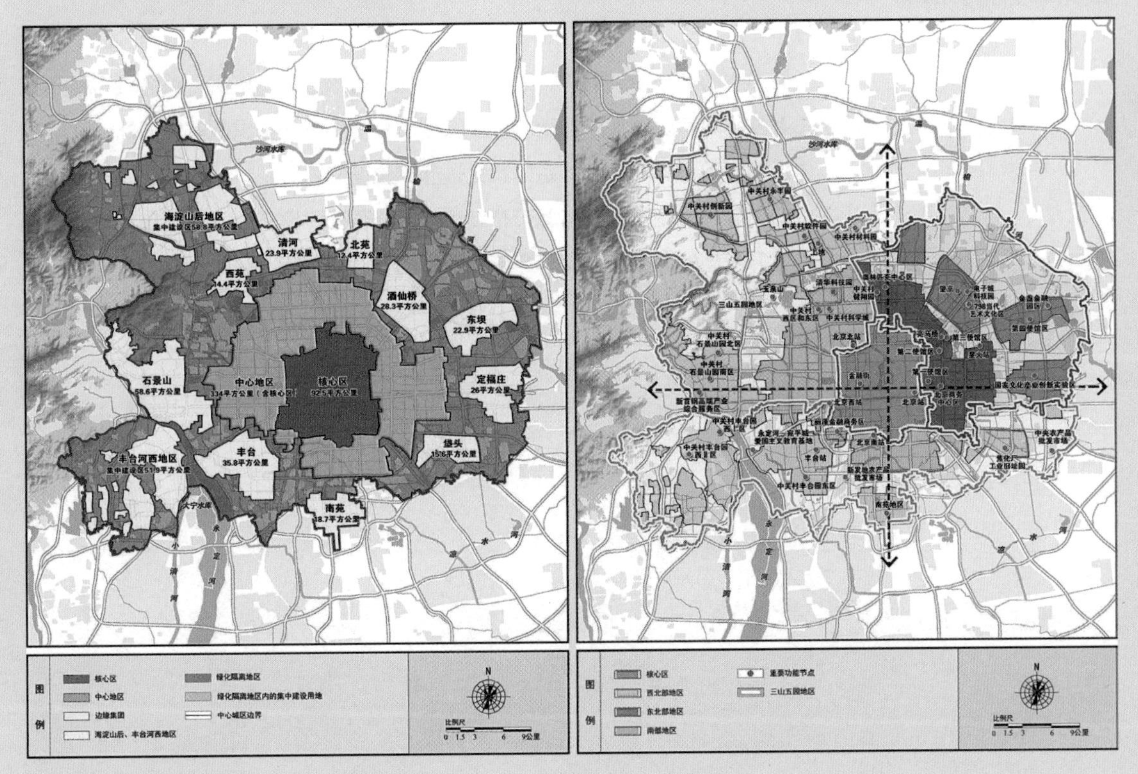

图6-3-17　集中布局型——北京城市空间结构（左）与功能分区（右）

（资料来源：北京市人民政府官网）

案例：用地布局和强度管制区划

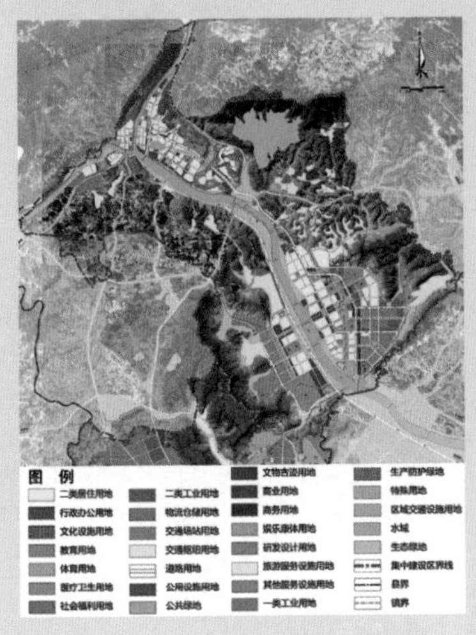

图6-3-18　北川县城用地布局规划图

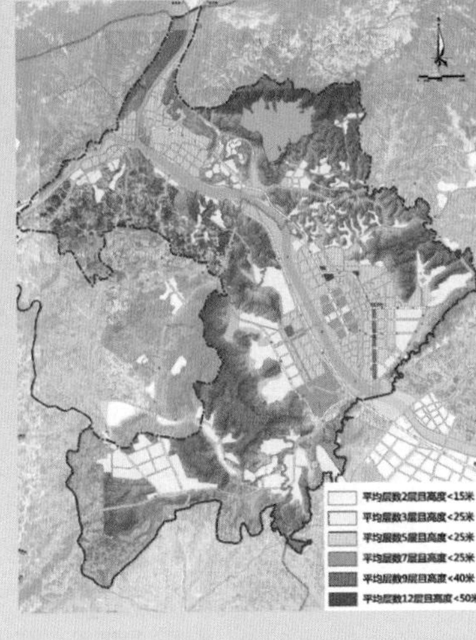

图6-3-19　北川县城建筑高度控制分区图

图6-3-20　北川县城开发强度控制分区图

（资料来源：中国城市规划设计研究院）

八、确定主要公共服务设施的布局

城市总规应构建中心体系，确定市级和区级中心的位置和规模，提出主要公共服务设施的布局。

城市中心或节点共同构成的中心体系在促进核心功能集聚、整合城市空间发展关系方面具有引领性的作用，会影响城市空间的整体组织效率，因此，在城市总体规划中促进城市中心体系的聚合是非常关键的内容。

城市公共设施的分布与城市布局结构形态存在对应关系，城市总体规划需从公共服务设施的分类布局和分级集聚两方面来进行系统布局。

一般而言，城市规模越大，城市中心体系就越复杂。许多大城市会在多中心网络基础上，形成中心体系主次结构和若干专业化的中心。中小城市的城市中心功能相对集中，有利于增强城市公共服务功能的影响力。

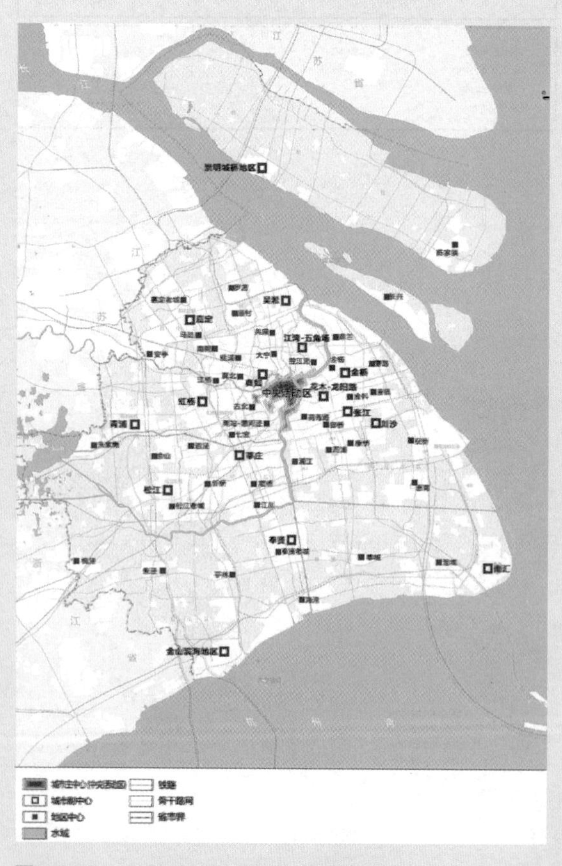

图6-3-21　上海市公共活动中心网络规划图
（资料来源：上海市人民政府官网）

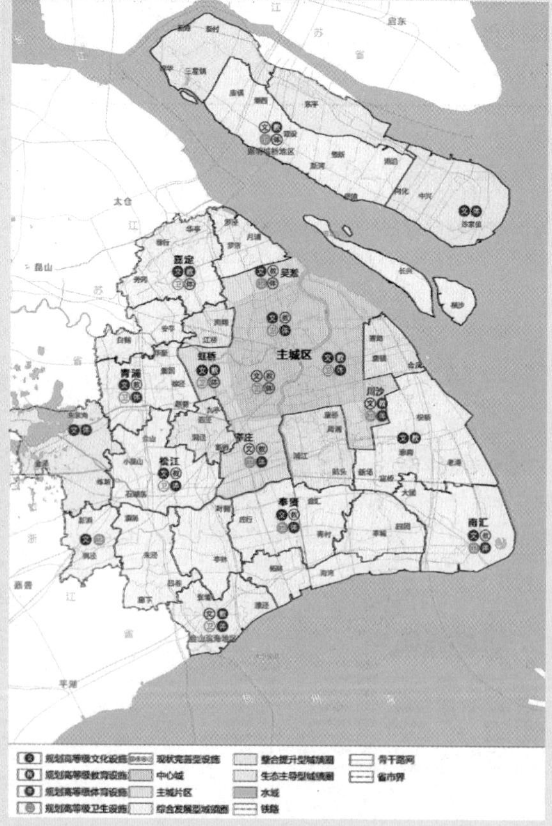

图6-3-22　上海市高等级公共服务设施布局引导图
（资料来源：上海市人民政府官网）

九、确定交通体系，布局交通设施

确定交通发展战略和城市公共交通的总体布局，落实公交优先政策，确定主要对外交通设施和主要道路交通设施布局。

在城市总体规划中，城市道路与交通体系规划占有非常重要的地位，需认真研究提出城市综合交通发展战略，明确交通发展目标；确定对外交通设施和城市道路系统，提出公共交通、慢行系统、静态交通设施布局等，落实公交优先政策，确定城市公共交通的总体布局。

城市形成发展与城市交通的形成发展之间有着非常密切的关系，城市交通是城市用地空间联系的体现，必须与用地布局规划协调统一，既要提高城市交通的效率，又要减少交通对城市生活的干扰，创造更加宜居的城市环境。

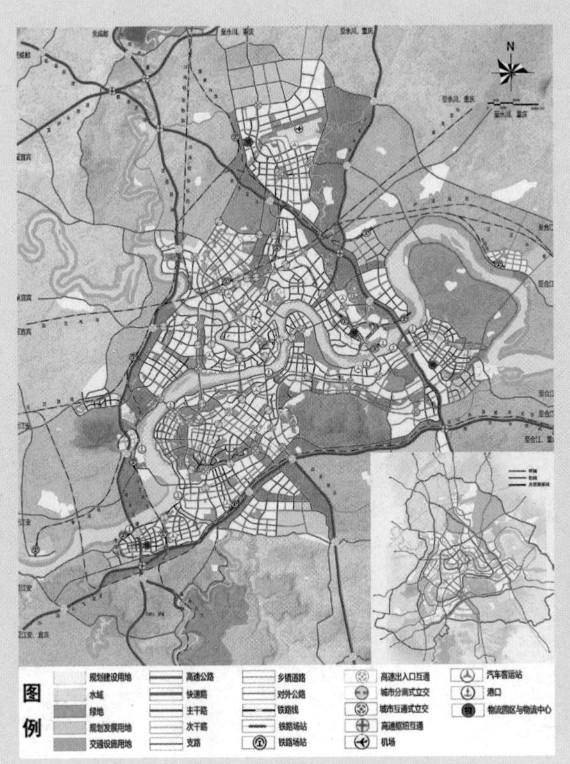

图6-3-23　泸州市中心城区道路交通规划图
（资料来源：四川省城乡规划设计研究院）

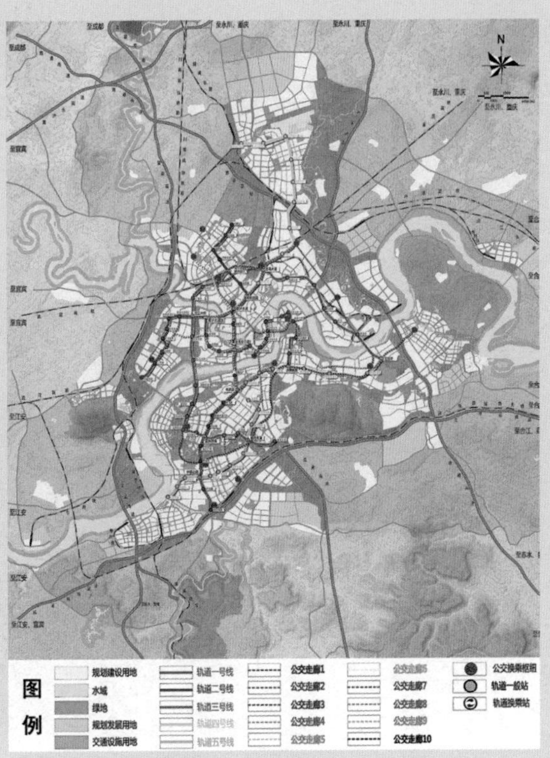

图6-3-24　泸州市中心城区大容量快速公交规划图
（资料来源：四川省城乡规划设计研究院）

十、明确蓝、绿用地布局

确定绿地系统的发展目标及总体布局，划定各种功能绿地的保护范围（绿线），划定河湖水面的保护范围（蓝线），确定岸线使用原则。

在生态文明和新型城镇化发展背景下，城市绿地系统是构建城市总体空间格局、营造宜居环境、塑造城市魅力特色和高品质城市形象的重要因素。在城市总体规划层面，需制定绿地系统发展目标，对各类绿地进行总体规划布局；划定城市级公园、片区级公园等大型公园绿地绿线；划定骨干河流水体城市蓝线，并明确管控要求；同时提出在详细规划层面划定全部城市绿线和蓝线的相关要求。

案例：泸州市蓝、绿用地布局

泸州城市总体规划提出了“生态优先、健康发展、系统建设、多样平衡、方便实施、突出特色”的绿地系统规划原则。规划形成了“两江连多脉、四屏嵌多园”的布局结构，确定了公园绿地、防护绿地、附属绿地以及其他绿地的布局及规模。另外划定了长江、沱江等城市主要河流水体的蓝线范围，并提出了管控要求。

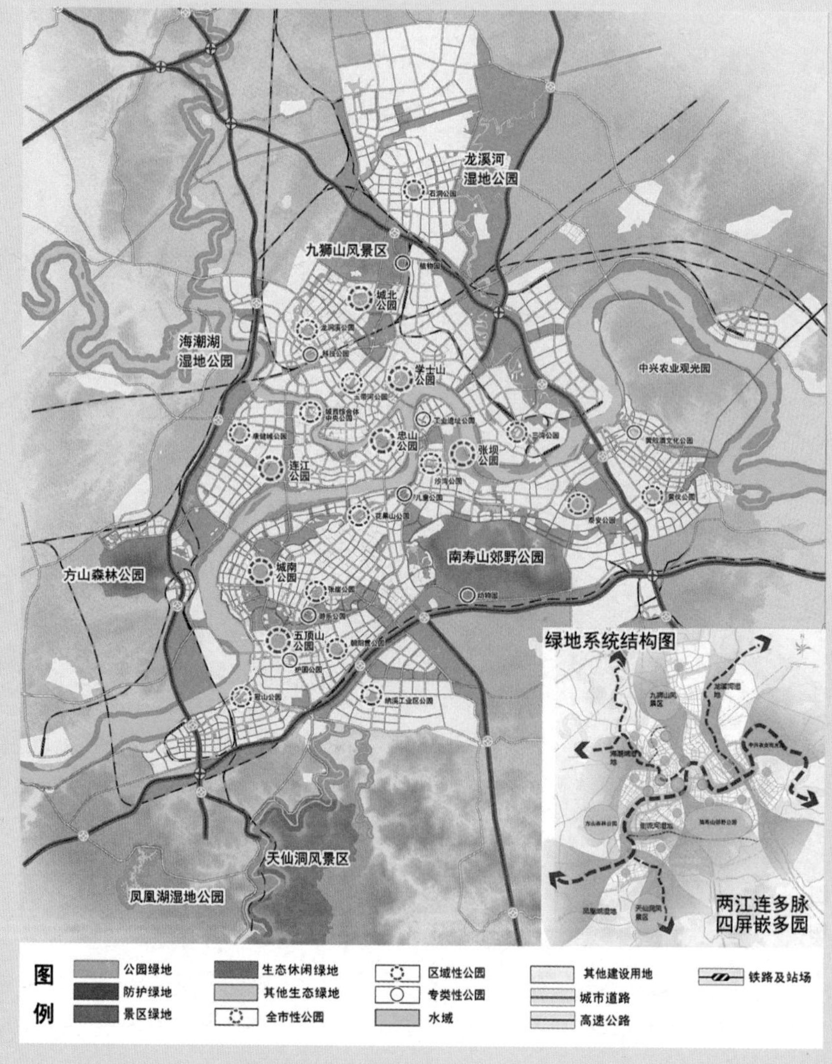

图6-3-25　泸州市中心城区绿地系统规划图
（资料来源：四川省城乡规划设计研究院）

十一、明确城市历史文化保护要求

确定历史文化保护及地方传统特色保护的内容和要求，划定历史文化街区、历史建筑保护范围（紫线），确定各级文物保护单位的范围；研究确定特色风貌保护重点区域及保护措施。

城市历史文化遗产保护是塑造城市魅力特色的基础。在城市总体规划中，需加强历史文化遗产资源保护，提出历史文化名城、名镇、名村、历史文化街区、历史建筑、非物质文化遗产以及与历史资源密切相关的自然生态环境、文化生态环境的保护内容和要求，划定保护范围，研究确定保护措施。

案例：乐山历史文化名城保护

乐山是国家历史文化名城，历史悠久厚重，文化内涵丰富，历史文化遗产众多。

乐山市城市总体规划明确了保护目标和原则，确定了城市自然山水环境格局、世界遗产——乐山大佛、历史城区、3处历史文化街区、45处文物保护单位、54处历史建筑、工业遗产以及非物质文化遗产等保护内容，并对各项保护内容提出了相应的保护要求。

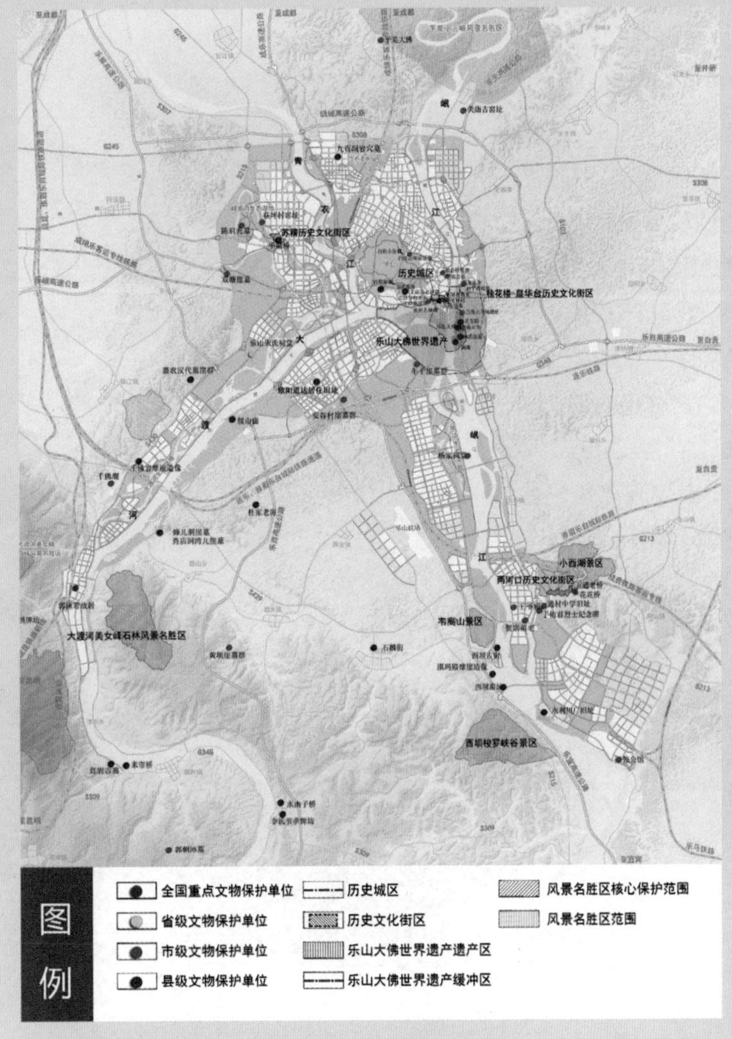

图6-3-26　乐山市中心城区历史文化保护规划图
（资料来源：四川省城乡规划设计研究院）

十二、制定住房政策，落实居住用地布局

研究住房需求，确定住房政策、建设标准和居住用地布局；重点确定经济适用房、普通商品住房等满足中低收入人群住房需求的居住用地布局及标准。

城市总体规划中居住用地布局应根据城市功能结构，充分结合自然景观环境、生产及服务功能布局、基础设施条件等，研究住房需求，确定住房政策、建设标准和居住用地布局。为强化民生保障，应重点确定经济适用房、普通商品住房等满足中低收入人群住房需求的居住用地布局及标准，保护弱势群体利益，努力实现人民群众住有所居。

案例：北川县居住用地布局

《北川羌族自治县城市总体规划（2015—2030年）》从居住用地布局、配套设施要求、居住用地开发指标控制、保障性住房建设和商品房建设五个方面提出了规划要求。

北川县集中建设区规划居住用地共276.3hm^2，人均居住用地19.2m^2，形成了16个居住单元。

其中保障性住房用地规模130.4hm^2，经济适用房每套建筑面积控制在40~80m^2，以60m^{2}左右的户型为主，廉租房每套建筑面积控制在50m^{2}左右。

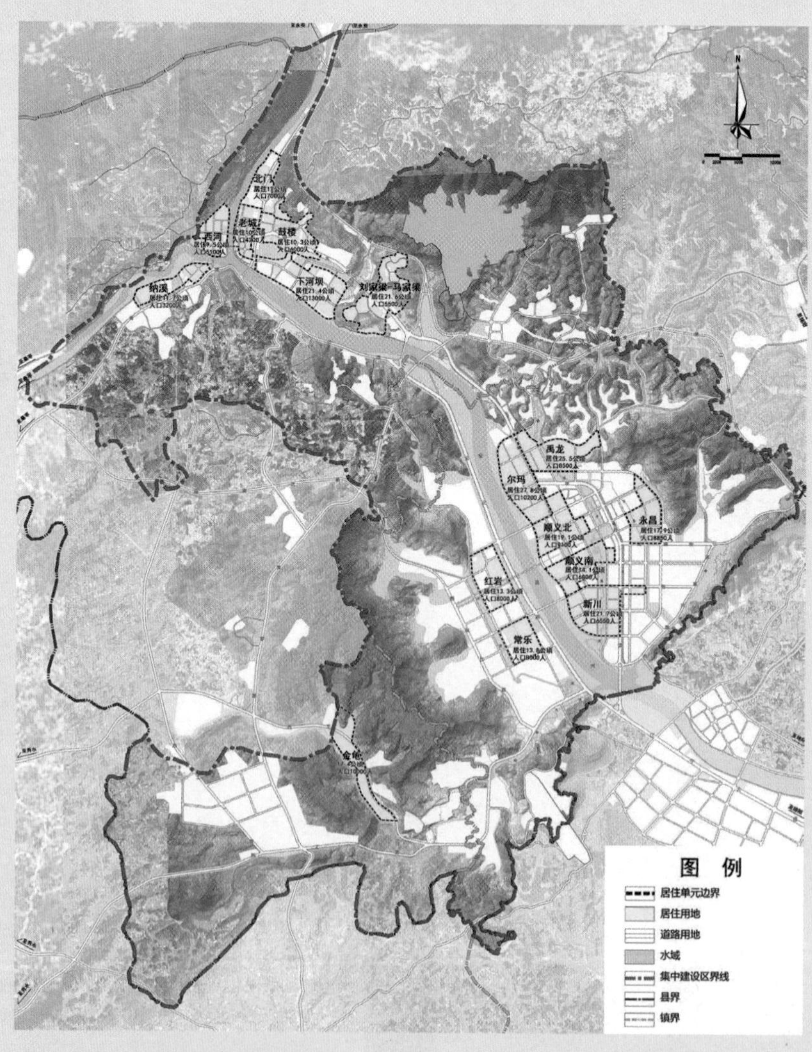

图6-3-27 北川县居住单元分布图
（资料来源：中国城市规划设计研究院）

十三、确定公用工程设施发展目标及重大设施总体布局

确定电信、供水、排水、供电、燃气、供热、环卫发展目标及重大设施总体布局。

城市供水、排水、电力、燃气、供热、通信、垃圾处理等市政基础设施是维持城市高效运行的重要支撑系统，对城市用地布局也会产生影响。在总体规划中，对电厂、大型变电站、燃气站、水厂、污水处理厂、垃圾处理厂等大型基础设施的选址布局需认真研究，应充分结合城市近远期发展建设时序，注重保护环境和资源，避免对城市其他功能和生产、生活安全造成不利影响。

案例：泸州市基础设施规划

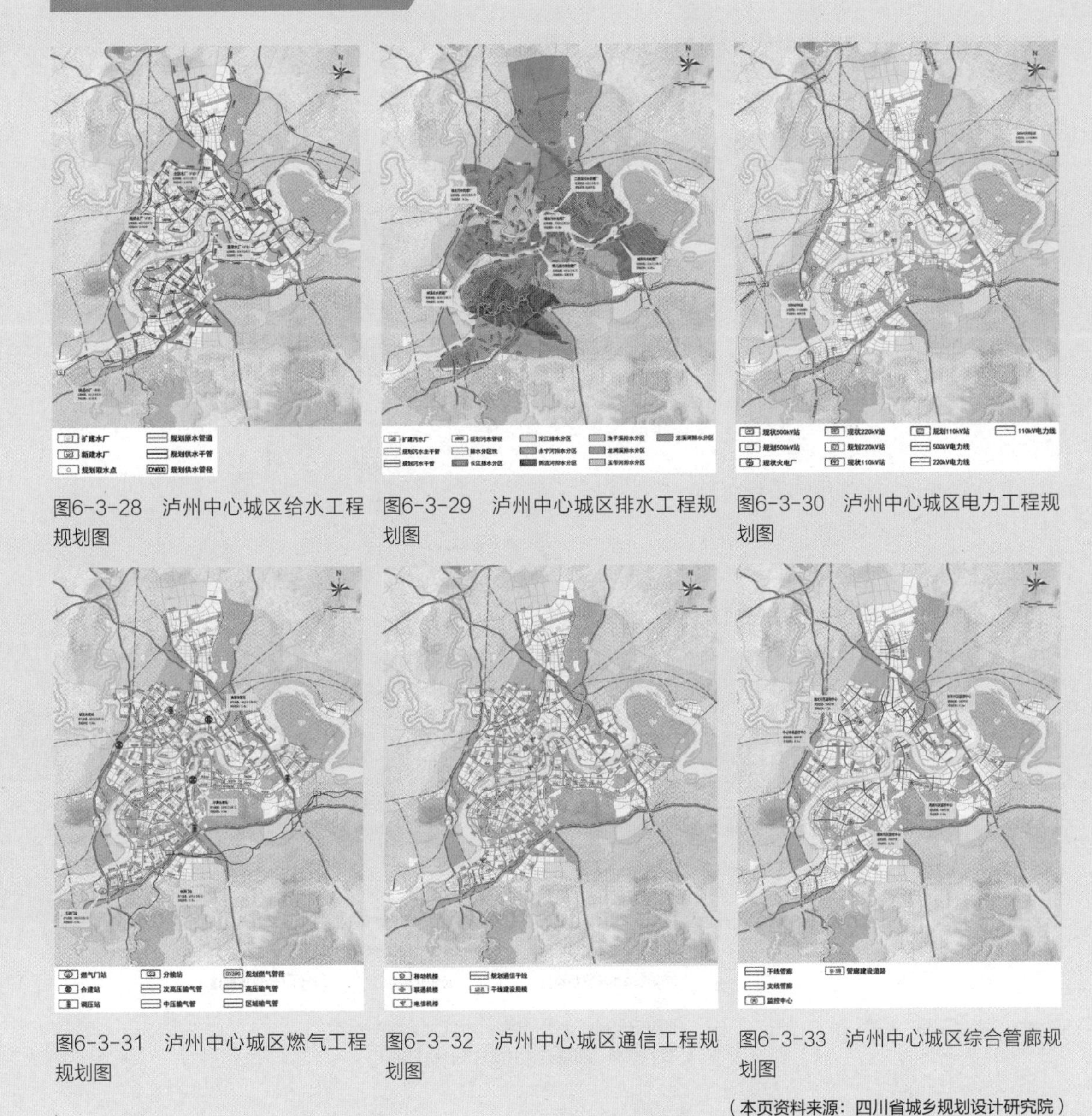

图6-3-28　泸州中心城区给水工程规划图

图6-3-29　泸州中心城区排水工程规划图

图6-3-30　泸州中心城区电力工程规划图

图6-3-31　泸州中心城区燃气工程规划图

图6-3-32　泸州中心城区通信工程规划图

图6-3-33　泸州中心城区综合管廊规划图

（本页资料来源：四川省城乡规划设计研究院）

十四、环境保护与污染治理

城市规划必须包括环境保护及污染治理内容，并以专章形式表达，核心是确定生态环境保护与建设目标，提出污染控制与治理措施。

生态与环境资源不仅影响城市规模，也影响城市布局形态和人居环境品质。城市总体规划功能布局要有利于城市生态环境的保护与改善，要确定生态环境保护与建设的目标和重点，制定各项环境保护的指标要求，提出污染控制与治理。

案例：泸州市环境保护规划

泸州市城市总体规划针对环境保护提出了分阶段保护目标，同时对水环境、大气环境、声环境保护及固体废弃物整治分项保护与治理要求和措施。

环境保护目标：

到2020年，主要污染物排放量显著减少，主要河流及饮用水源水质常年达标，水环境质量阶段性改善，空气环境质量得到好转，生态系统稳定性增强，农村面源污染得到遏制，环境风险得到有效管控，生态文明制度体系基本建立，生态文明美丽泸州建设取得实效。

到2035年，城市水环境质量总体改善，环境空气质量明显改善，生态系统运行稳定、状态良好，环境风险总体较低，经济社会发展与环境保护基本协调，生态文明水平全面提高。

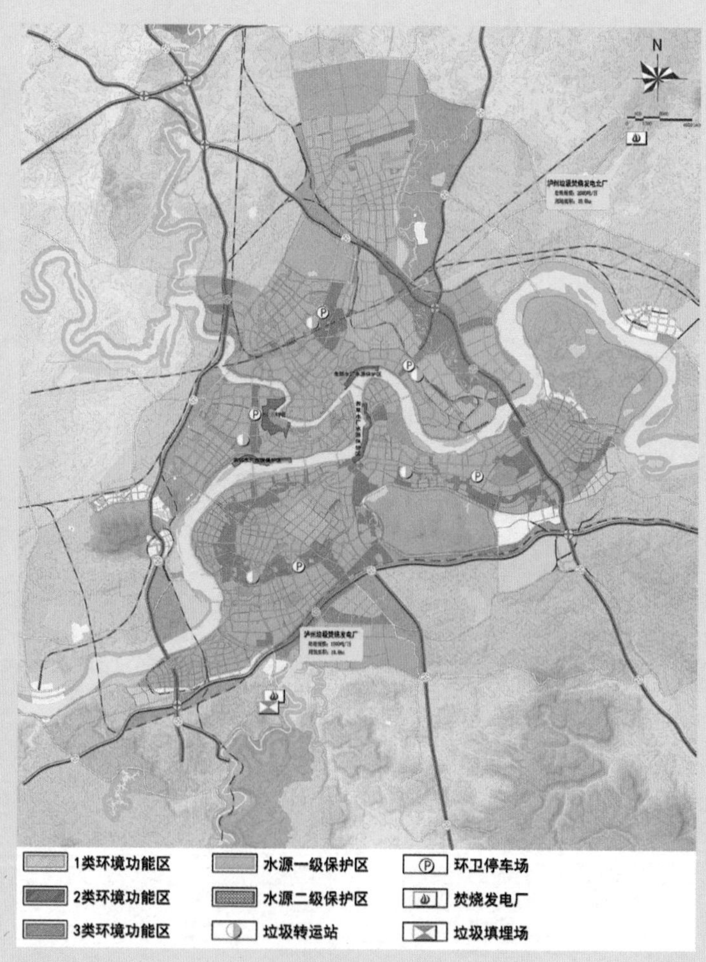

图6-3-34 泸州市中心城区环境保护规划图
（资料来源：四川省城乡规划设计研究院）

生态文明建设是关系中华民族永续发展的根本大计。党的十八大以来，党中央将生态文明建设与经济建设、政治建设、文化建设和社会建设作为“五位一体”总体布局的有机组成部分加以统筹推进、协调推进。因此，城市规划尤其是城市总体规划，必须进一步加强对城市环境保护内容的研究，将其成果纳入到城市总体规划环境保护专章，进行全局性安排，并就城市生态环境保护与建设相关目标、要求、措施等提出具体要求，在下一层次规划中还要逐级传导。

案例:《北京城市总体规划（2016年—2035年）》

《北京城市总体规划（2016年—2035年）》的第五章“提高城市治理水平，让城市更宜居”对着力“攻坚大气污染治理，全面改善环境质量”提出了具体的要求和部署。其中提到要坚持源头减排、过程管控与末端治理相结合，多措并举、多方联动、多管齐下，以环境倒逼机制推动产业转型升级。综合运用法律、经济、科技、行政等手段，强化区域联防联控联治，推动污染物大幅减排，全面改善环境质量。努力让人民群众享受到蓝天常在、青山常在、绿水常在的生态环境。

（资料来源：北京市人民政府官网）

案例:《上海市城市总体规划（2017—2030年）》

《上海市城市总体规划（2017—2030年）》第七章生态环境和城市安全对“环保”进行了专章论述。从气候变化应对、生态格局、环境保护等方面内容提出了要求与措施，致力于锚固国土生态基本格局，保护城市生态基底，推进绿色低碳发展，建设多层次、成网络、功能复合的生态空间体系；加强环境保护和整治，构建政府为主导、企业为主体、社会组织和公众共同参与的环境治理体系，治理大气、水、土壤、固废等污染。

（资料来源：上海市人民政府官网）

案例:《乐山市城市总体规划（2011—2030）》

《乐山市城市总体规划（2011—2030）》的第十五章中心城区环境保护规划特别针对中心城区的环境保护内容进行了专章论述，给出了大气环境、水环境、声环境、固体废物治理的分项环境保护目标，并提出相应的保护对策与减免措施。

（资料来源：四川省城乡规划设计研究院）

十五、确定综合防灾与公共安全保障体系

确定综合防灾与公共安全保障体系，提出防洪、消防、人防、抗震、地质灾害防护等规划原则和建设方针。

提高城市的安全韧性是现代城市发展的趋势，总体规划应根据城市自然环境、灾害区划和城市地位，提出防洪、消防、人防、抗震、地质灾害防护等规划原则和建设方针，确定城市各项防灾标准和各项防灾设施的等级、规模，科学布局各项防灾设施，提出防灾设施统筹建设、综合利用和防护管理等方面的要求。

案例：金阳县综合防灾规划

金阳总规的综合防灾规划提出了防洪、消防、抗震、人防的设防标准、防治措施及防灾设施布局规划，并针对地区较严重的地质灾害隐患专门划定了防治分区，提出了相应的防治措施和防治重点。

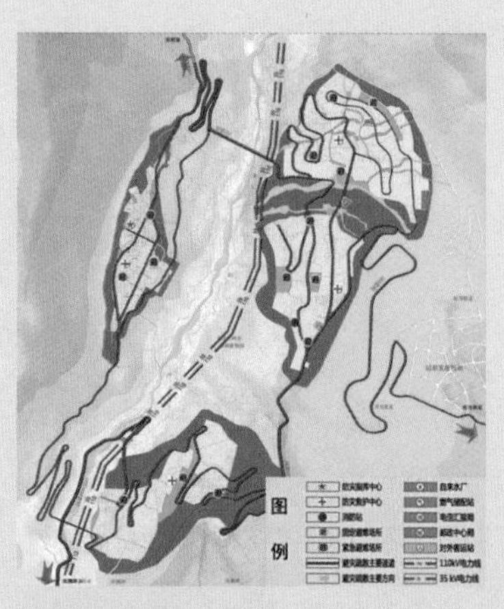

图6-3-35 金阳县综合防灾规划图

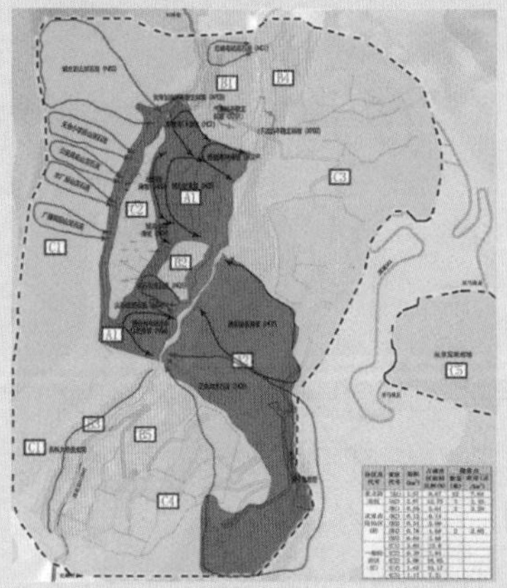

图6-3-36 地质灾害防治规划图

案例：康定市综合防灾规划

康定市城市总体规划对防洪、消防、地灾防治等提出了设防标准、防灾设施等规划。同时依据《地震断层空间定位报告》划定了地震活断层控制带（如图6-3-37所示），针对隐患较大的地震灾害提出了防治措施。

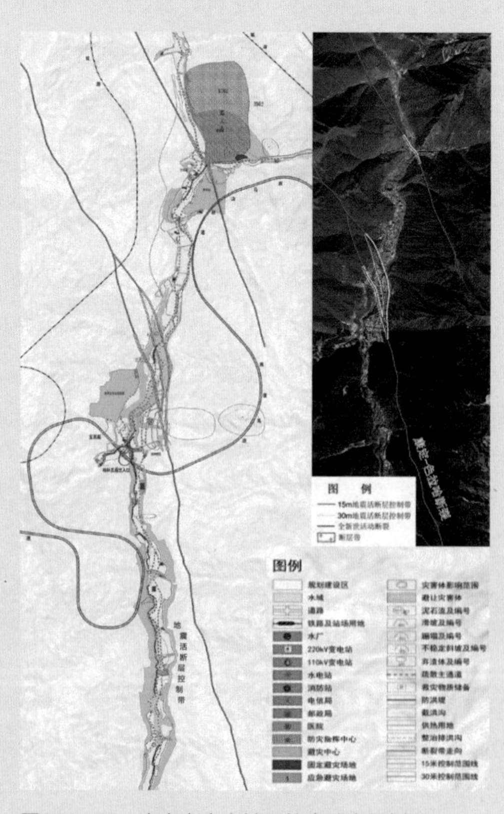

图6-3-37 康定市中心城区综合防灾规划图

（本页资料来源：四川省城乡规划设计研究院）

十六、确定旧区有机更新规划

划定旧城区范围，确定旧城区有机更新的原则和方法，提出改善旧城区生产、生活环境的标准和要求。

经过改革开放快速城镇化发展，我国进入城市社会，旧城区等存量用地更新变得日益重要。在总体规划中应明确旧城区范围，确定旧区有机更新的原则和方法，提出保护和延续文脉、优化提升功能、改善环境和完善配套设施的标准和要求。

《金阳县城市总体规划（2013—2030年）》根据用地布局要求，结合现状特点和主要问题，有针对性地进行旧区改造和整治，提出了“合理安排城市各项建设，疏解旧区功能，疏散旧区人口，控制建筑密度，保持城市活力，使旧城成为生态环境良好、交通通畅方便、居住条件得到明显改善的城市组团”的更新目标。

在此基础上，确定了旧城功能定位与布局结构，提出了旧城更新的建设重点及措施，梳理了重点项目。

图6-3-38　金阳县城市总体规划旧城现状和更新规划图
（资料来源：四川省城乡规划设计研究院）

十七、提出地下空间开发利用的原则和建设方针

城市地下空间开发利用是集约节约高效利用土地、整合地上地下资源、缓解交通矛盾、改善城市环境、提升城市综合防灾减灾能力的重要措施，城市总体规划应提出地下空间利用的原则、思路和建设措施。

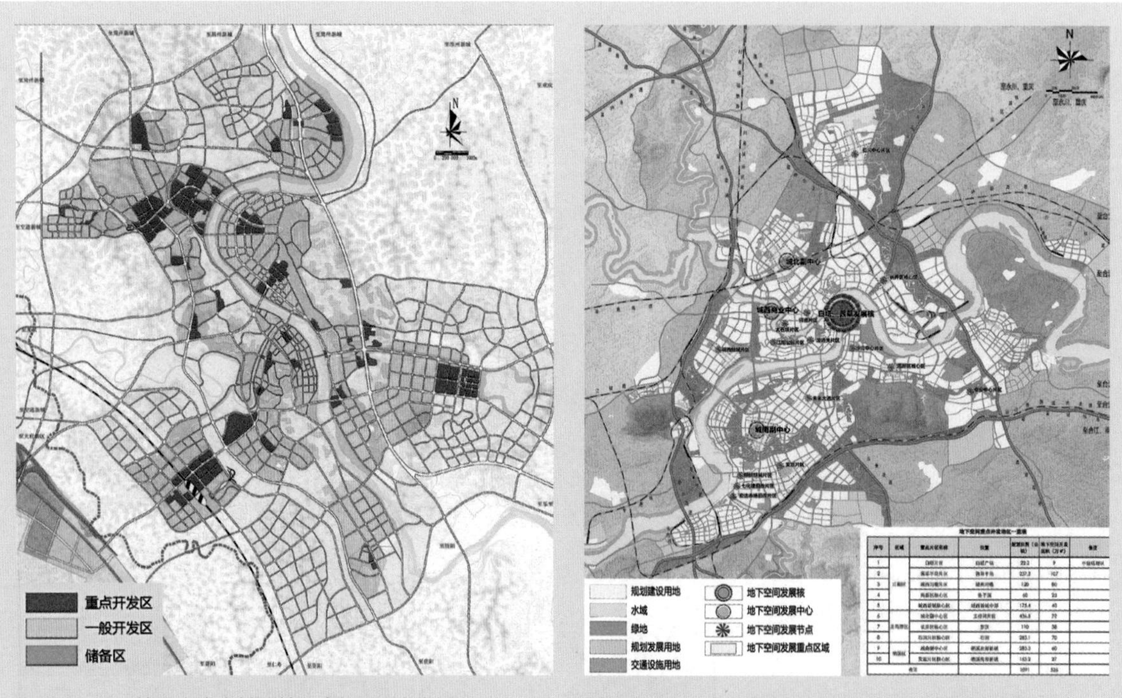

图6-3-39　简阳市中心城区地下空间利用规划图
（资料来源：四川省城乡规划设计研究院）

图6-3-40　泸州市中心城区地下空间利用规划图
（资料来源：四川省城乡规划设计研究院）

简阳市城市总体规划（2016—2035年）将城市地下空间划分为重点开发区、一般开发区和储备区三种类型。

其中重点开发区主要指城市公共互动聚集、开发强度高、轨道交通站点密集区、城市中心地区等地下空间。

一般开发区指储备区和重点开发区以外的地区，包括一般住宅、产业区及配套设施用地等。

储备区包括城市生态控制区、水域、城市公共绿地等区域的地下空间。

泸州市城市总体规划明确了促进重点地区地下空间的连通和整体开发，整合地上、地下资源，优化地下空间网络节点，形成以地下交通设施、地下公共设施、地下防灾减灾设施和地下市政设施组成的复合型、现代化的地下空间综合利用体系的地下空间利用规划目标，提出了“一核三心、十片多点”的地下空间中心联结式布局结构，形成“点、线、面结合，上下结合，功能集聚、空间一体”的整体网络结构体系。

十八、确定空间发展时序，提出规划实施步骤、措施和政策建议

分期建设是保障城市总体规划有序实施、落实城市分阶段发展目标的重要手段。

城市总体规划应结合分阶段发展目标，确定城市空间发展时序。城市近期建设必须以城市远期规划为指引，以使方向明确，同时在各规划期内保持城市总体布局的相对完整性，直至远期规划顺利实现。

案例：广元市城市总体规划（2017—2035年）

广元市城市总体规划近期为2017—2025年，规划中心城区城镇人口为85万人，城镇建设用地规模85km^2。

2025年发展目标为**川陕甘结合部现代化中心城市地位基本确立，完成扶贫攻坚任务，同步全面建成小康社会。**

图6-3-41　广元市城市总体规划近期（2017—2025年）规划图

远期为2026—2035年，规划中心城区城镇人口为106万人，中心城区城镇建设用地106km^2。

2035年发展目标为**基本建成川陕甘结合部现代化中心城市，全市经济实力不断跃升，基本实现社会主义现代化。**

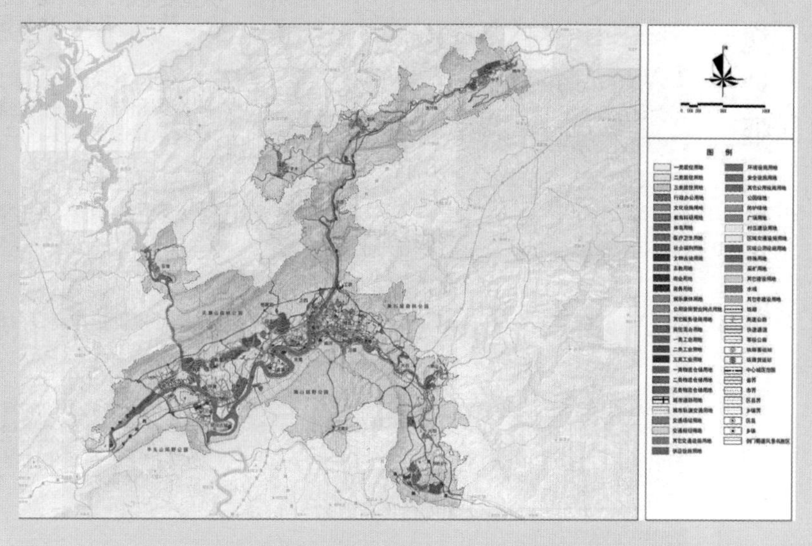

图6-3-42　广元市城市总体规划近期（2026—2035年）规划图

（资料来源：中国城市规划设计研究院）

第四节 城市总体规划强制性内容

一、概念

城市总体规划强制性内容是城市总体规划的必备内容，是在规划的编制和实施过程中必须要保证的核心内容，是对城市总体规划实施进行监督检查的基本依据。应当在图纸上有准确标明，在文本上有明确、规范的表述，并应当提出相应的管理措施。

二、主要构成

依据《中华人民共和国城乡规划法》（2015年修正版），城市总体规划强制性内容主要包括城市规划区范围、规划区内城市建设用地规模、基础设施和公共服务设施用地、水源地和水系、基本农田和绿化用地、环境保护、自然与历史文化遗产保护以及防灾减灾等内容。

城市总体规划强制性内容主要构成

城市规划区范围	城市、镇、村庄的建成区，以及因城乡建设和发展需要，必须实行规划控制的区域。规划中应有明确的表述和图示。
规划区内建设用地规模	规划期限内城市建设用地的发展规模。
基础设施和公共服务设施	城市干道系统网络、城市轨道交通网络、交通枢纽布局；大型变电站、燃气储气站等重大市政基础设施布局；文化、教育、卫生、体育等方面主要公共服务设施布局等。
水源地和水系	水源地及其保护区范围；城市规划确定的江、河、湖、库、渠和湿地等城市地表水体保护和控制的地域界线，以及其管控要求等。
基本农田和绿化用地	基本农田保护区；城市各类绿地的总规模和布局等。
环境保护	生态环境保护与建设目标，污染控制与治理措施等。
自然与历史文化遗产	包括历史文化保护的具体控制指标和规定；历史文化街区、历史建筑、重要地下文物埋藏区的位置和界线。自然保护区、风景名胜区，湿地等生态敏感区，地下矿产资源分布地区等。
防灾减灾	包括城市防洪标准、防洪堤走向；城市抗震与消防疏散通道；城市人防设施布局；地质灾害防护规定等。

城市规划区范围

城市规划区内的建设活动应当符合规划要求。

如图6-4-1所示，广元市的城市规划区范围在文本中有明确的文字表述，并且在图纸中有明晰的图示表达。

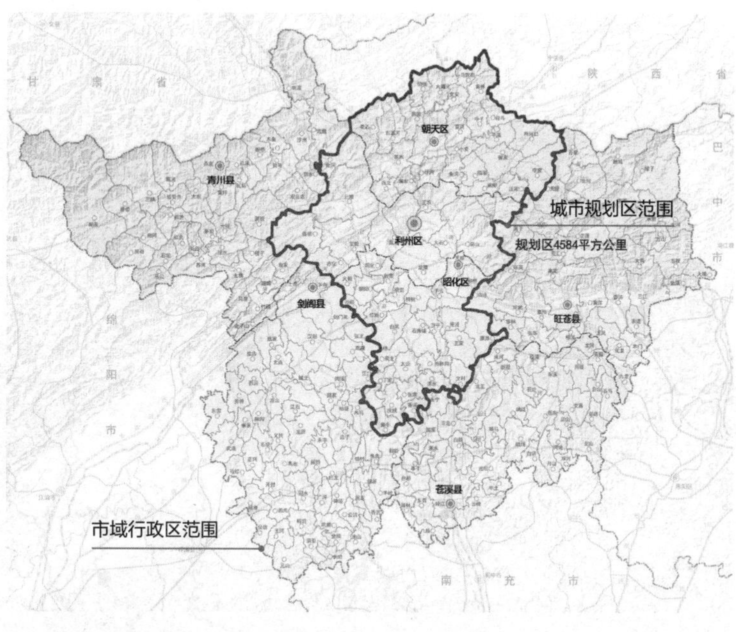

图6-4-1　广元市城市总体规划划定的城市规划区范围
（资料来源：中国城市规划设计研究院）

规划区内建设用地规模

城乡规划主管部门不得在城乡规划确定的建设用地范围以外做出规划许可。

广元市城镇建设用地规模控制：2025年，中心城区城镇建设用地85km²，人均城镇建设用地100m²；2035年，中心城区城镇建设用地106km²，人均城镇建设用地100m²。

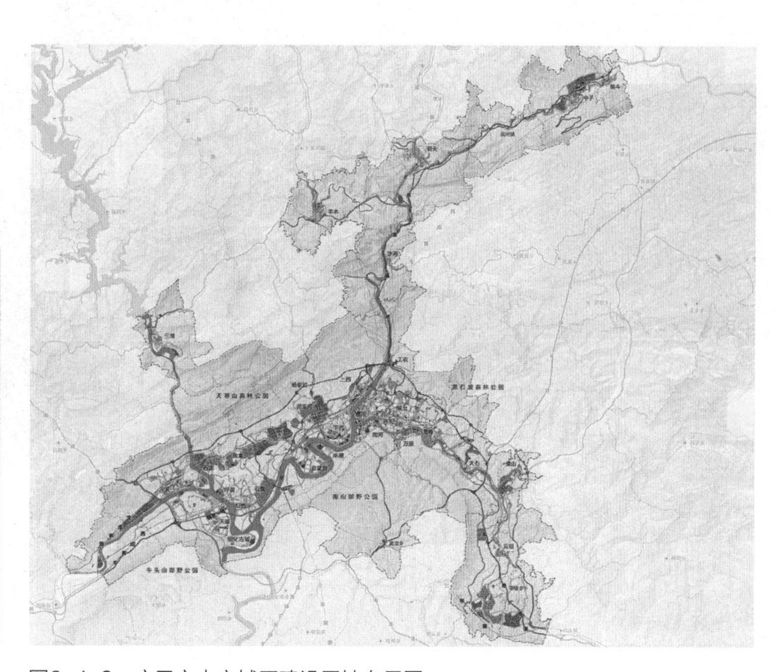

图6-4-2　广元市中心城区建设用地布局图
（资料来源：中国城市规划设计研究院）

基础设施和公共服务设施

Tips

限于城市总体规划比例尺度，基础设施和公共服务设施强制性内容是指大型的、主要的设施布局。

在总体规划阶段，基础设施和公共服务设施部分的强制性内容更侧重于规模控制和布局原则的确定，具体的空间布局在下一阶段中细化和落实。

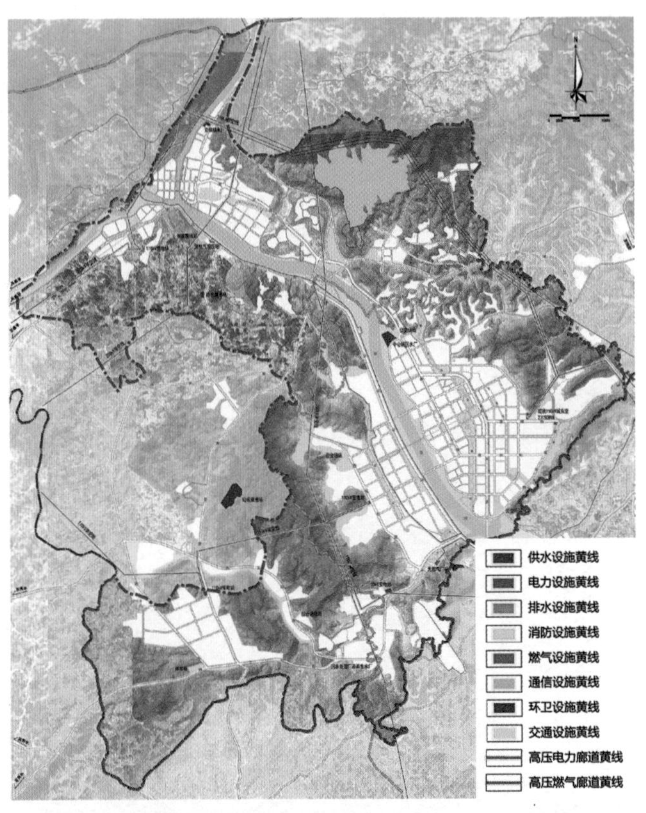

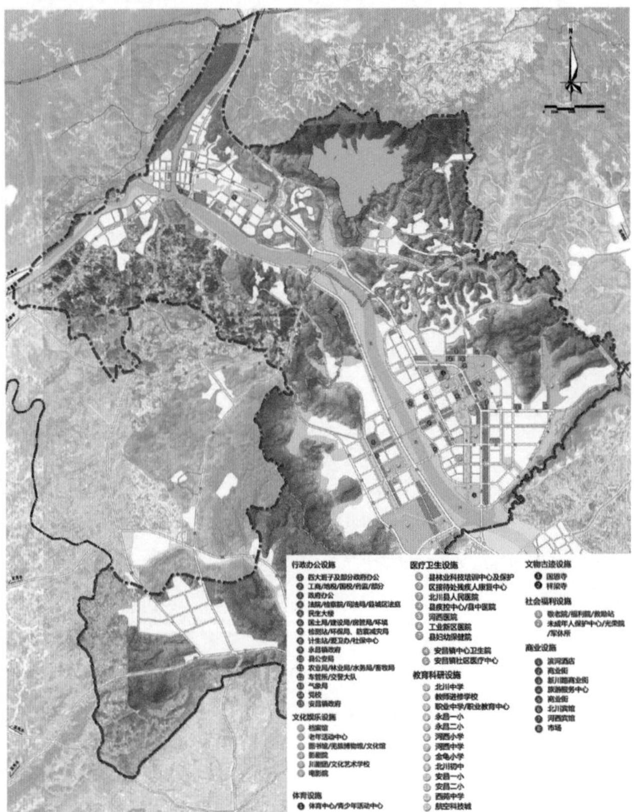

图6-4-3

图6-4-4

图6-4-3　北川县城基础设施规划图
（资料来源：中国城市规划设计研究院）

图6-4-4　北川县城公共服务设施规划图
（资料来源：中国城市规划设计研究院）

水源地和水系

城市总体规划阶段，应明确水源地保护与控制措施，并对大型水体、河流等提出蓝线划定和管理要求。

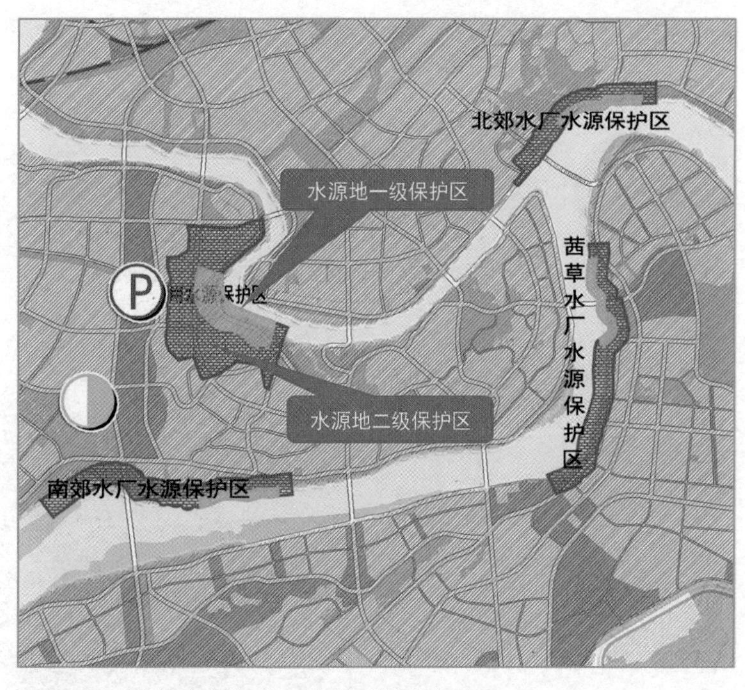

图6-4-5　泸州市中心城区饮用水水源地保护规划图
（资料来源：四川省城乡规划设计研究院）

Tips

城市总体规划中水系强制性内容指骨干河道、大型集中水体等控制范围（蓝线），下一层级的蓝线将在详细规划层面划定。

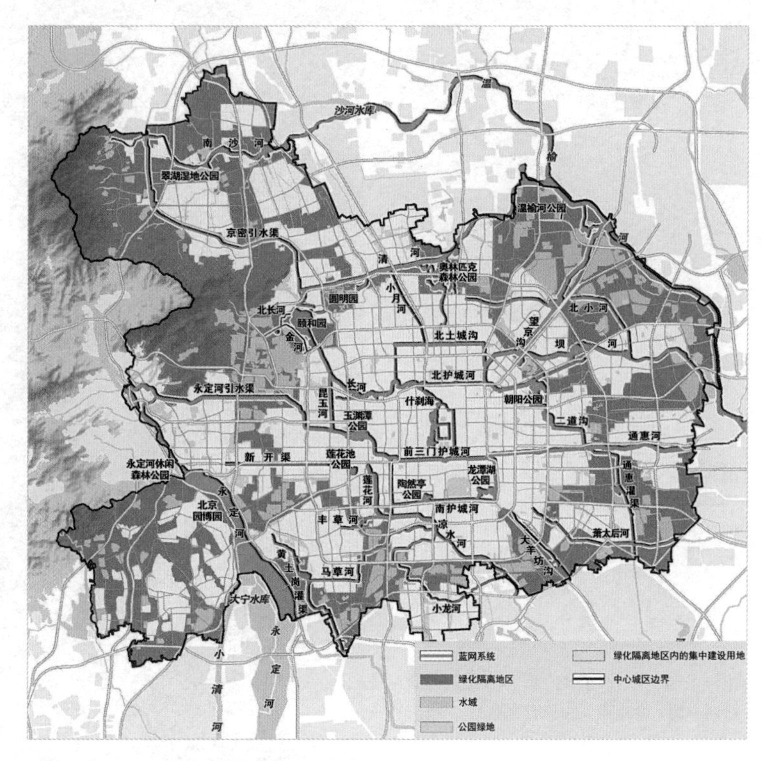

图6-4-6　北京中心城区蓝网系统规划图
（资料来源：北京市人民政府官网）

基本农田与绿化用地

Tips

城市总体规划划定的基本农田保护区、城市各类园林和绿地应作为强制性内容。

基本农田是按照一定时期人口和社会经济发展对农产品的需求，确定的不得占用的耕地，在土地利用总体规划中进行落实。

城市总体规划阶段应当确定城市绿化目标和布局，确定大型公共绿地、防护绿地等的绿线。以此为据，详细规划阶段应在遵循总体规划强制性内容的基础上，进一步落实不同类型绿地的用地界线的具体坐标、规定绿化率控制指标，提出绿化配置原则或方案等。

图6-4-7

图6-4-8

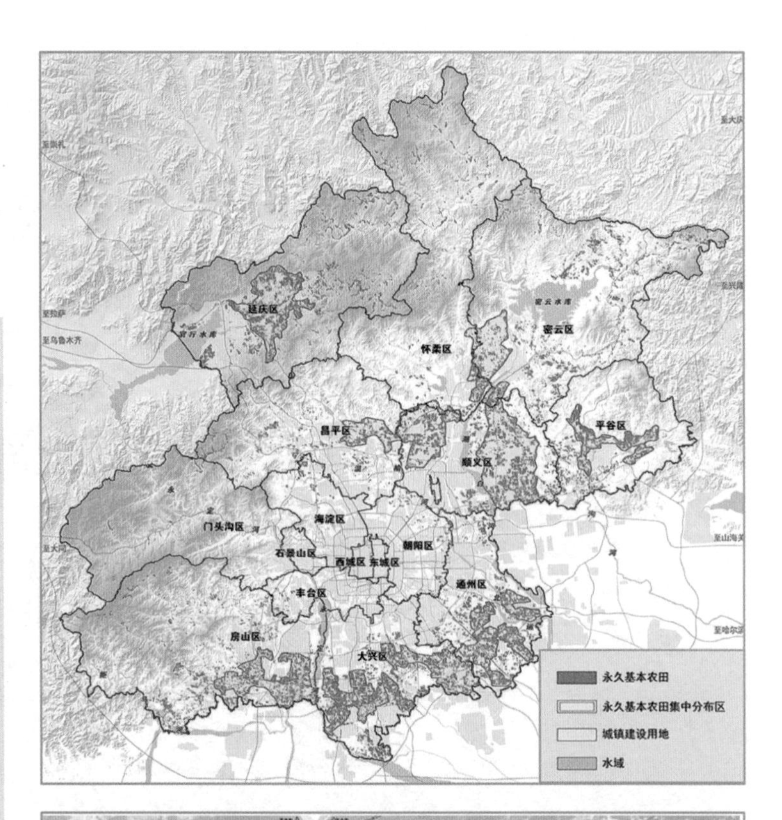

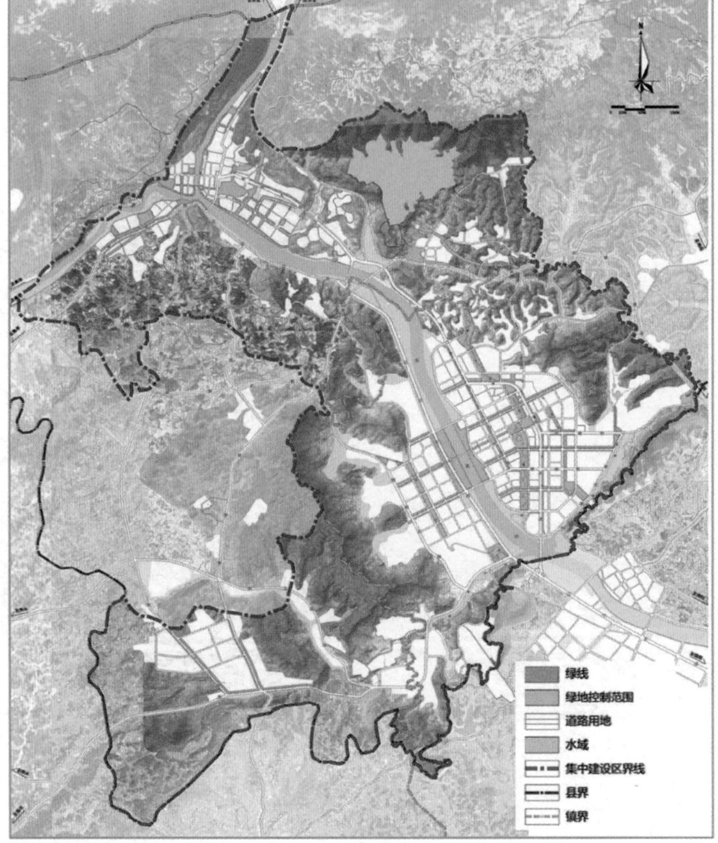

图6-4-7　北京市永久基本农田规划图
（资料来源：北京市人民政府官网）

图6-4-8　北川县城绿线规划图
（资料来源：中国城市规划设计研究院）

自然与历史文化遗产

该部分强制性内容包括历史文化保护的具体控制指标和规定；历史文化街区、历史建筑、重要地下文物埋藏区的位置和界线；自然保护区、风景名胜区、湿地等生态敏感区的界限；地下矿产资源分布地区等。

城市总体规划应从空间管制和历史文化保护等维度来落实自然与历史文化遗产的保护。

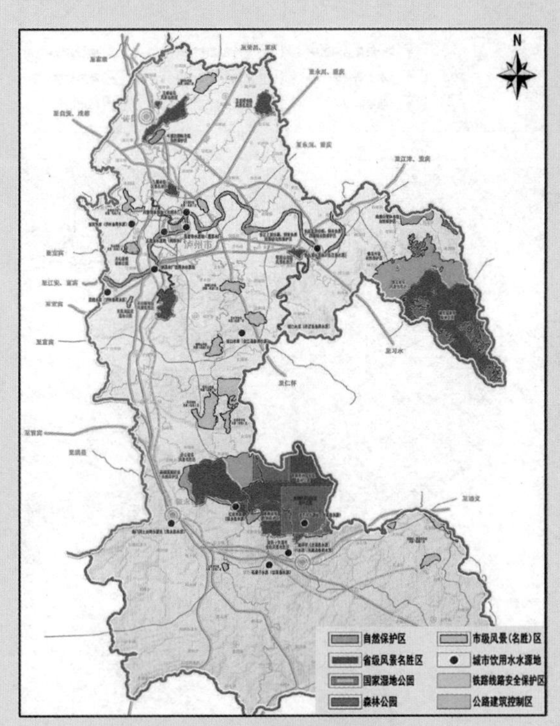

图6-4-9　泸州市域空间管制规划图
（资料来源：四川省城乡规划设计研究院）

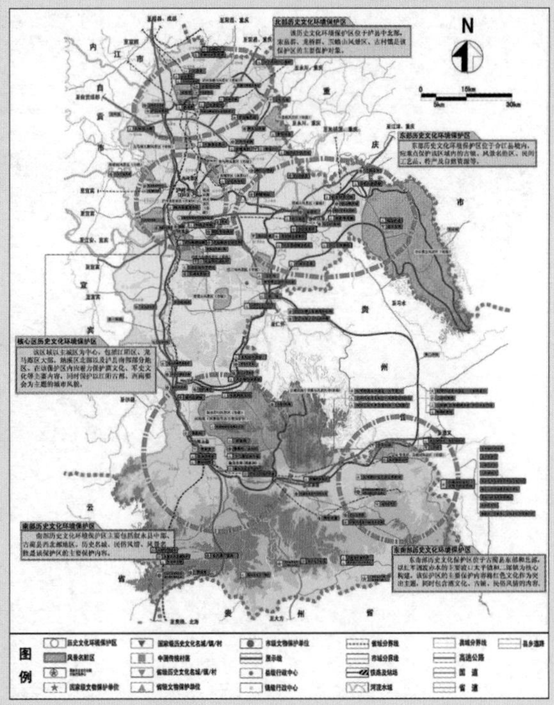

图6-4-10　泸州市域历史文化保护规划图
（资料来源：四川省城乡规划设计研究院）

防灾减灾

城市总体规划防灾减灾强制性内容包括：城市防洪标准、防洪堤走向；城市抗震与消防疏散通道；城市人防设施布局；地质灾害防护规定等。

Tips

泸州市城市总体规划将防洪排涝设防标准、抗震设防标准、地震灾害防治要求、人防建设标准要求等内容列为强制性内容。

其中防洪堤走向、中心避难场所、防灾指挥中心等有相应图示。

北川县城市总体规划将防洪排涝标准、抗震设防标准、疏散通道设置原则、消防站布局列为强制性内容。

其中应急指挥中心、消防站、疏散通道等有相应图示。

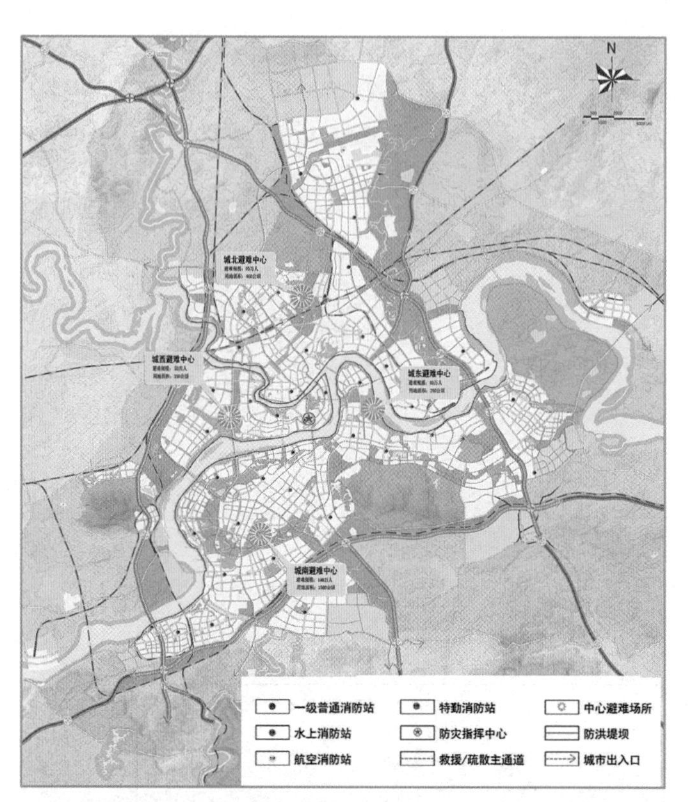

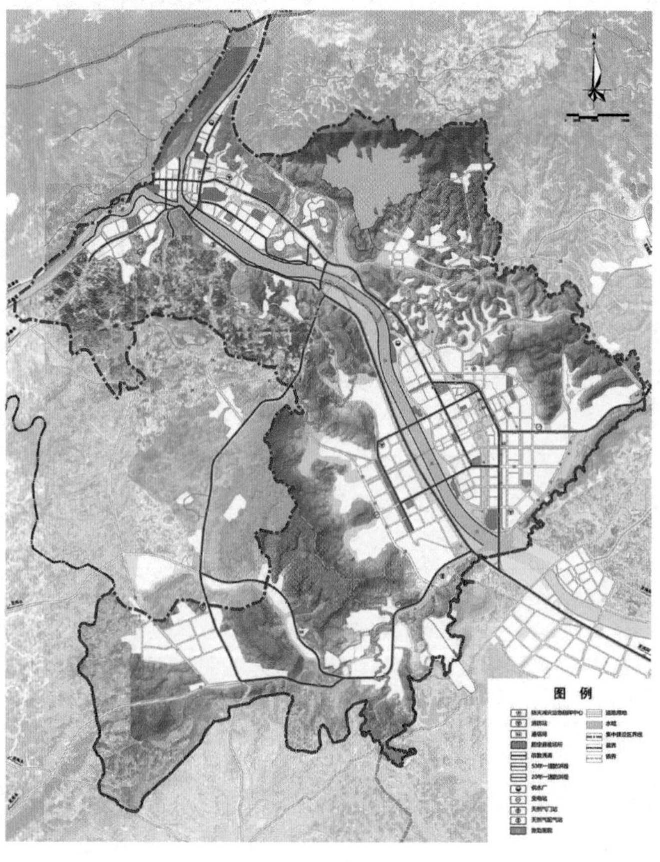

图6-4-11

图6-4-12

图6-4-11 泸州市中心城区综合防灾规划图
（资料来源：四川省城乡规划设计研究院）

图6-4-12 北川县综合防灾规划图
（资料来源：中国城市规划设计研究院）

第五节　城市总体规划编制的组织与审批

一、组织编制

组织编制主体

城市人民政府组织编制城市总体规划，具体工作由城市人民政府城乡规划主管部门承担。

编制程序

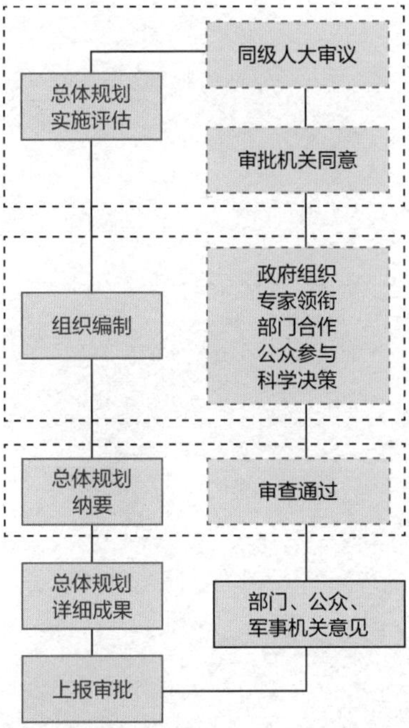

城市人民政府提出编制城市总体规划前，应当对现行城市总体规划以及各专项规划的实施情况进行总结，形成评估报告并获得同级人大审议通过，经上级城乡规划主管部门同意后方可组织编制。

城市人民政府应先组织编制城市总体规划纲要，从土地、水、能源和环境等城市长期的发展保障出发，依据全国城镇体系规划和省域城镇体系规划，着眼区域统筹和城乡统筹，对城市的定位、发展目标、城市功能和空间布局等战略问题进行前瞻性研究，作为城市总体规划编制的工作基础。城市总体规划纲要应按规定提请审查。审查通过后方可进行总体规划详细成果编制。

在城市总体规划的编制中，对于涉及资源与环境保护、区域统筹与城乡统筹、城市发展目标与空间布局、城市历史文化遗产保护等重大专题，应当在城市人民政府组织下，由相关领域的专家领衔进行研究。

在城市总体规划的编制中，应当在城市人民政府组织下，充分吸取政府有关部门和军事机关的意见。

在城市总体规划报送审批前，城市人民政府应当依法采取有效措施，充分征求社会公众的意见。

总体规划实施评估
同级人大审议
审批机关同意
组织编制
政府组织
专家领衔
部门合作
公众参与
科学决策
总体规划纳要
审查通过
总体规划详细成果
部门、公众、军事机关意见
上报审批

图6-5-1　编制程序示意图
（资料来源：夏太运绘）

二、审批

分三类报批

直辖市的城市总体规划由直辖市人民政府报国务院审批。

省、自治区人民政府所在地的城市以及国务院确定的城市的总体规划，由省、自治区人民政府审查同意后，报国务院审批。

其他城市的总体规划，由城市人民政府报省、自治区人民政府审批。

第七章 详细规划

第一节　控制性详细规划

一、什么是控制性详细规划

Tips

城市规划的用地开发条件主要通过控制性详细规划来制定。

（一）概念

依总体规划或分区规划，确定建设用地的土地使用性质和使用强度的指标、道路和工程管线控制性位置以及空间环境控制的规划要求。[1]

（二）特征

- 控制性详细规划具有法律效应
- 具有控制性和引导性（既有刚性又有弹性）
- 通常通过图则来标定
- 与城市设计相结合

（三）作用

- 承上启下，强调规划的延续性
- 与管理结合、与开发衔接，作为城市规划管理的依据
- 是城市政策的载体

Tips

控制性详细规划的管理是通过指标的制定来实现的，其核心内容是其各项控制指标，可以分为规定性控制指标和引导性控制指标2大类、13小项，见表7-1-1。

控制性详细规划指标控制表　　表7-1-1

编号	指标	分类	注解
1	用地性质	规定性	
2	用地面积	规定性	
3	建筑密度	规定性	
4	容积率	规定性	
5	建筑高度/层数	规定性	用于一般建筑/住宅建筑
6	绿地率	规定性	
7	公建配套项目	规定性	
8	建筑后退道路红线	规定性	用于沿道路的地块
9	建筑后退用地边界	规定性	用于地块之间
10	社会停车场库	规定性	用于城市分区、片的社会停车
11	配建停车场库	规定性	用于住宅、公建、地块的配建停车
12	地块出入口方位、数量和允许开口路段	规定性	
13	建筑形体、色彩、风格等城市设计内容	引导性	主要用于重点地段、文物保护区、历史街区、特色街道、城市公园以及其他城市开敞空间周边地区

1　中华人民共和国建设部. GB/T50280-98城市规划基本术语标准[S]. 北京：中国建筑工业出版社.

二、重要术语

（一）容积率

一定地块内，总建筑面积与建筑用地面积的比值。[1]

（二）建筑密度

一定地块内，所有建筑的基地总面积占用地面积的比例。[1]

（三）绿地率

城市一定地区内各类绿化用地总面积占该地区总面积的比例。[1]

容积率 = 总建筑面积/用地面积

$$容积率=\frac{总建筑面积（BA1+BA2+BA3+\cdots BAn）}{地块总面积（PA）}$$

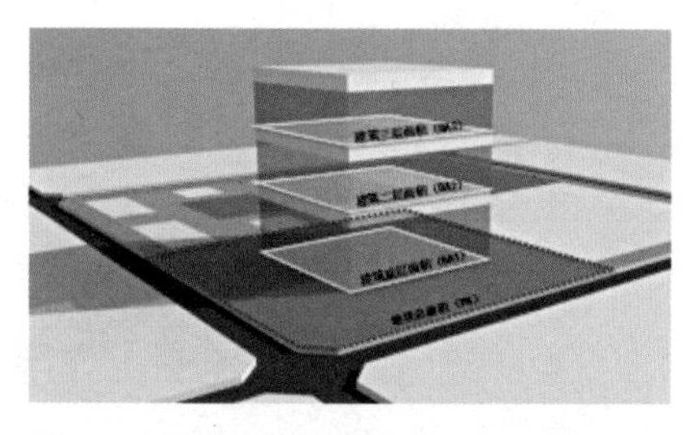

图7-1-1　容积率示意图

建筑密度 =（建筑基底面积之和/用地面积）×100%

$$建筑密度=\frac{建筑A基底面积+建筑B基底面积}{地块面积（PA）}$$

（其中：建筑基底面积为建筑正投影面积）

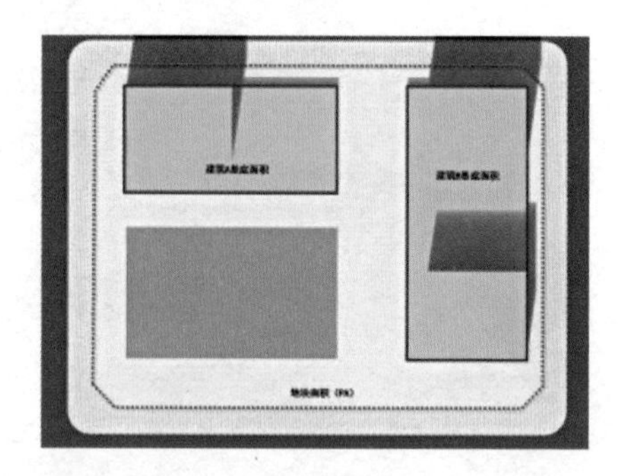

图7-1-2　建筑密度示意图

绿地率 =（地块内绿地面积/地块面积）× 100%

$$绿地率=\frac{地块内绿地面积}{地块面积（PA）}$$

（其中：绿地面积为地块内各类绿地面积总和）

（本页资料来源：丁晓杰、李虓虓绘）

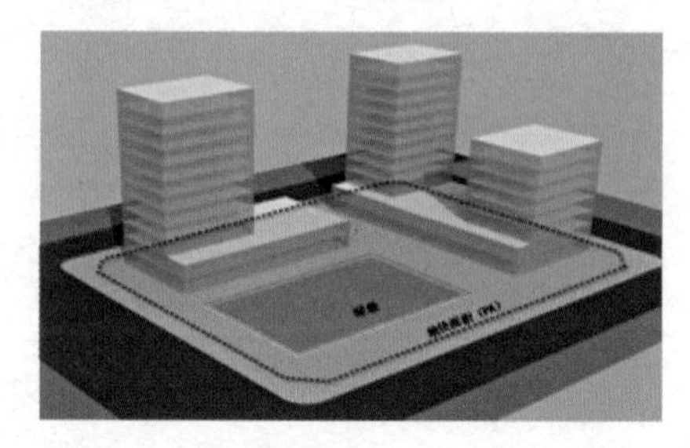

图7-1-3　绿地率示意图

1　中华人民共和国建设部. GB/T50280-98城市规划基本术语标准[S]. 北京：中国建筑工业出版社.

（四）建筑红线

城市道路两侧控制沿街建筑物或构筑物（如外墙、台阶等）靠临街面的界线。又称建筑控制线。[1]

（五）道路红线

规划的城市道路路幅的边界线。[1]

（六）日照标准

根据各地区的气候条件和居住卫生要求确定的，居住建筑正面向阳房间在规定的日照标准日获得的日照量，是编制居住区规划确定居住建筑间距的主要依据。[1]

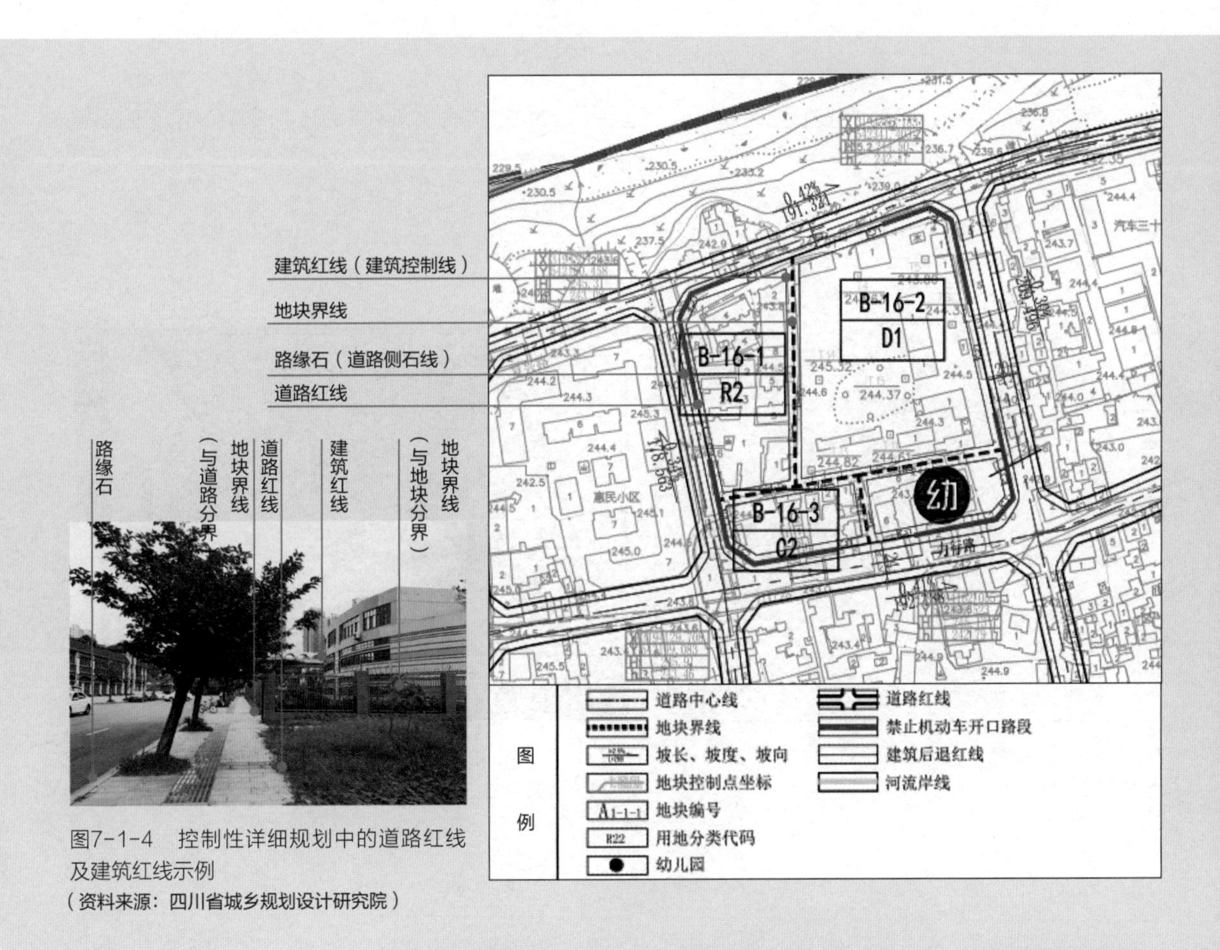

图7-1-4　控制性详细规划中的道路红线及建筑红线示例
（资料来源：四川省城乡规划设计研究院）

1　中华人民共和国建设部．GB/T50280-98城市规划基本术语标准[S]．北京：中国建筑工业出版社．

三、主要编制内容

控制性详细规划是在总体规划或分区规划的指导下，应用指标量化、条文规定、图则标定等方式对各控制要素进行定性、定量、定位和定界的控制和引导。

控制性详细规划的主要内容包括**明确规划目标定位及发展规模，细化功能结构及用地布局，地块的土地使用控制、地块容量控制、建筑建造控制与城市设计引导、配套设施要求、道路交通规划、公用工程规划，以及综合防灾和环境保护规定**。

控制性详细规划一般简称控规或控详。

控规为各地块制定相关的规划指标，作为法定的技术管理工具，直接控制和引导控制地块内的各类开发建设活动。

江油市旧城区及三合场片区控制性详细规划，是在《江油市城市总体规划（2014—2030年）》的指导下，对旧城及三合场片区的定性、定量、定位、定界的控制和引导。

图7-1-5 《江油市城市总体规划（2014—2030年）》用地布局规划图

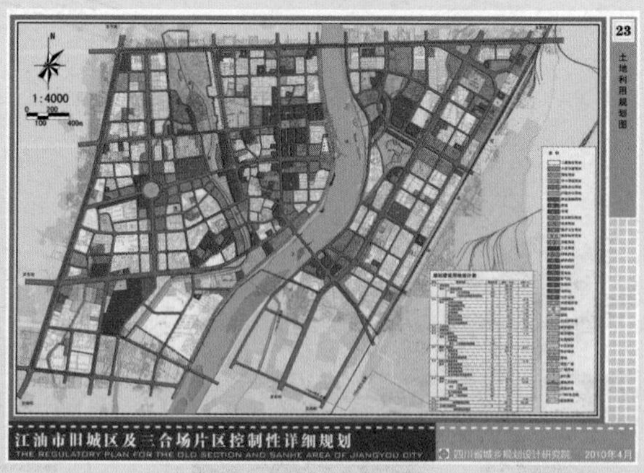

图7-1-6 《江油市旧城区及三合场片区控制性详细规划》用地布局规划图

（资料来源：四川省城乡规划设计研究院）

（一）明确规划目标定位及发展规模

控规应与上位规划（城市总体规划或分区规划）中的相应内容相衔接，确定该地区在城市中的分工，明确规划区的发展定位。

依据发展定位，综合考虑现状问题、已有规划、周边关系、未来挑战等因素，确定本片区发展规模。

（二）细化功能结构及用地布局

控规应确定本片区的用地结构与功能布局，明确主要用地的分布和规模。

控规应说明本规划范围的各类用地详细情况。首先说明总用地情况，包含城市建设用地和非建设用地。然后分项说明每一类用地的面积、所占比例及详细情况。

如图7-1-7所示，总体规划将城市不同片区定位为工业集中区或居住集中区，片区控制性详细规划对总规的定位及规模进行了明确和落实。

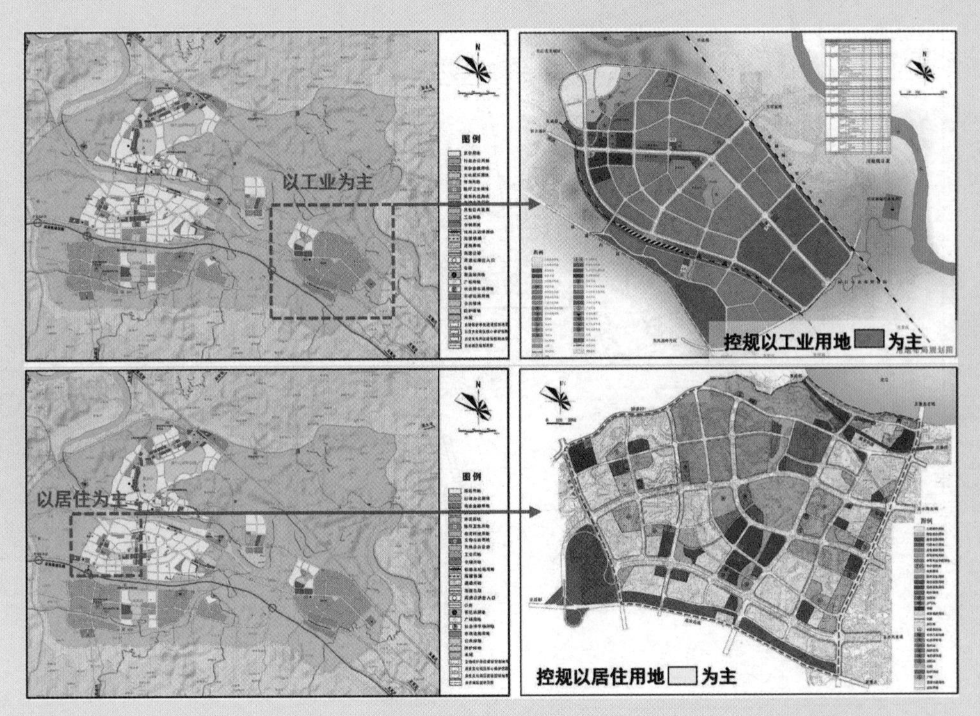

图7-1-7　某城市控制性详细规划对城市总体规划的落实
（资料来源：四川省城乡规划设计研究院）

（三）构建控制体系

1. 土地使用控制

土地使用控制，是对建设用地的建设内容、位置、面积和边界范围等方面作出规定，其具体控制内容包括土地使用性质、土地使用兼容性、用地边界和用地面积等。

用地面积：指建设用地面积，是指由城乡规划行政部门确定的建设用地边界线所围合的用地水平投影面积，包括原有建设用地面积及新增建设用地面积，不含代征用地的面积。

用地边界：是规划用地道路或其他规划用地之间的分界线，用来划分用地的范围边界。

用地性质：是对城市规划区内的各类用地所规定的使用用途。

土地使用兼容性：包括两方面含义，一是指不同土地使用性质在同一土地中供出的可能性。二是指同一土地使用性质的多种选择与置换的可能性。[1]

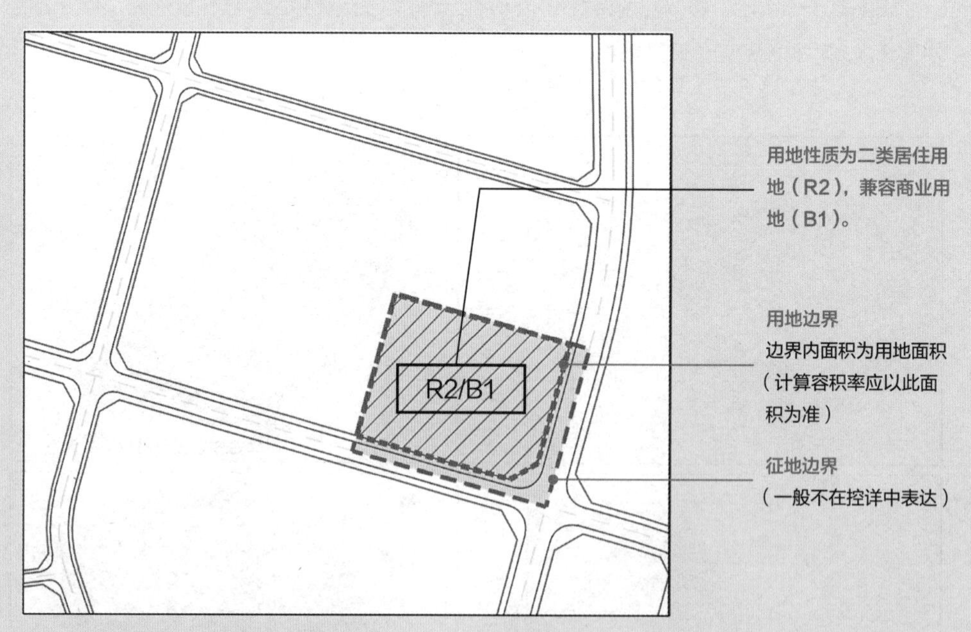

图7-1-8 用地边界与用地性质示意图
（资料来源：朱晥绘）

1 同济大学，吴志强，李德华主编. 城市规划原理（第四版）[M]. 北京：中国建筑工业出版社，2010.

为了保证良好的城市环境质量，一般情况下容积率和建筑密度是控制上限，绿地率是控制下限。

2. 地块容量控制

地块容量控制是对建设用地能够容纳的建设量和人口聚集量作出合理规定，其控制内容包括容积率、建筑密度、人口密度、绿地率等。其中容积率是一个综合性的指标，涉及经济利益、开发强度、环境质量、基础设施等多种因素。

同一地块不同容积率下的相似建筑形态对比

容积率1.8

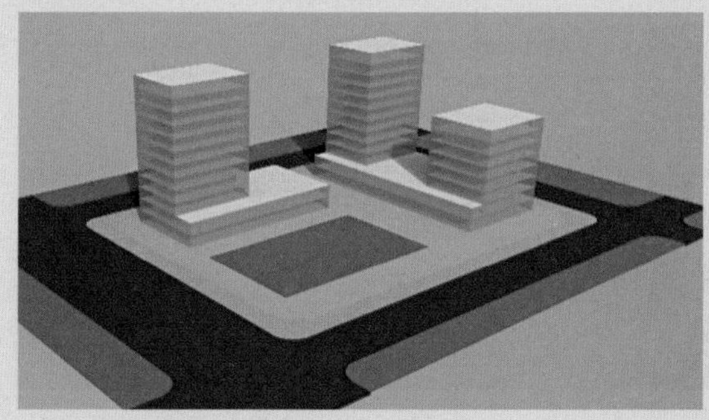

容积率3.6

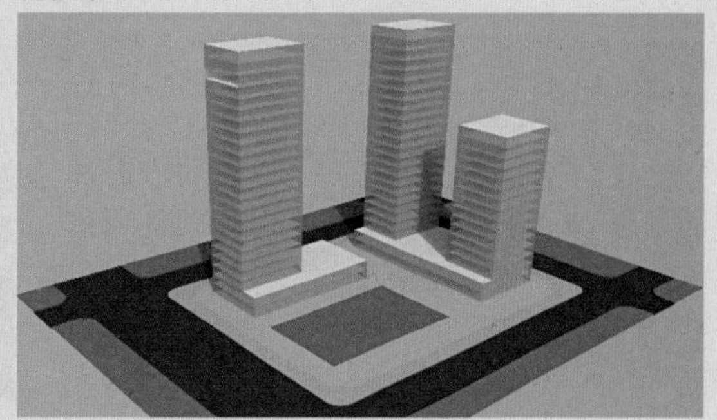

在建筑密度、绿地率相同情况下，地块容积率越高表明建筑限高越高，可建设建筑面积越大。

同一地块相同容积率下的不同建筑形态对比

容积率4.5，建筑密度约20%；

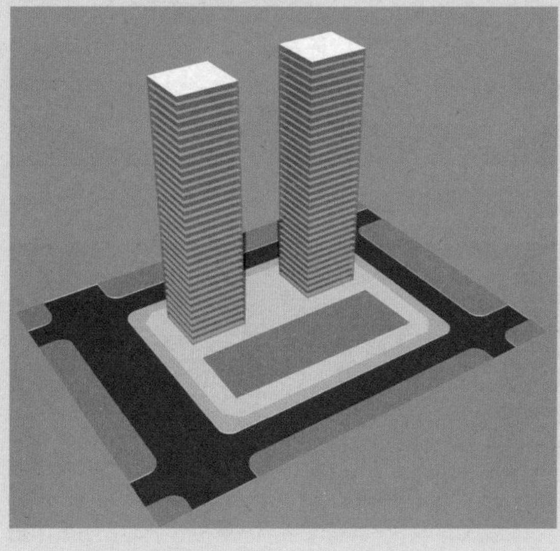

容积率4.5，建筑密度约35%；

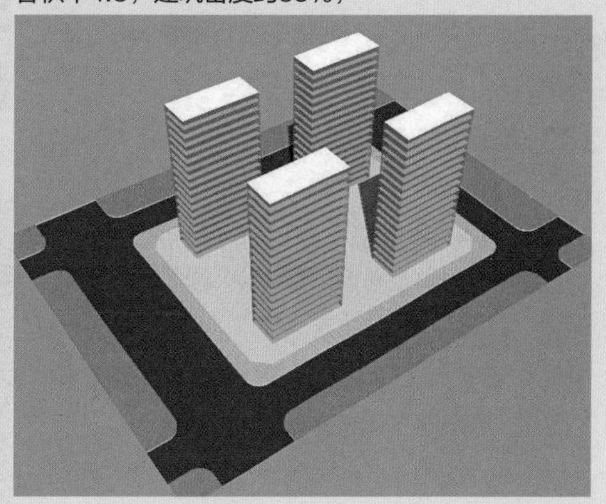

在容积率相同的地块，不同建筑高度、建筑密度的组合可以形成不同的建筑群形态。建筑密度越小，地块的开敞空间越大。

图7-1-9　地块容量控制示意图
（资料来源：丁晓杰、李虓虓绘）

Tips

建筑高度一般指建筑物室外地面到其檐口与屋脊的平均高度（坡屋顶）或屋面面层（平屋顶）的高度。

3. 建筑建造控制

建筑建造控制是为了满足生产、生活所需的良好环境条件，对建设用地上的建筑物布置和建筑物之间的群体关系作出必要的技术规定。一般通过建筑限高、建筑后退、建筑间距等指标进行控制。

建筑限高：根据建筑物所处不同区位及其对城市整体空间环境的影响程度，规划部门需要对建筑建造提出一个许可的最大限制高度（上限），就是建筑限高。

建筑后退：建筑物相对于规划地块边界和各种规划控制线的后退距离，通常以后退距离的下限进行控制。

建筑间距：是指两栋建筑物或构筑物外墙之间的水平距离。[1]

建筑限高的确定中应考虑到这些因素造成的建筑高度限制：机场、气象台、微波通道、安全保密、日照、视线通廊等。

图7-1-10 建筑限高示意图

建筑后退是为了避免城市建设过程中产生混乱，建筑物必须后退用地红线一定距离；为了保证良好的城市公共空间及绿地景观，建筑物必须后退公共绿地、水面等；同时为了保证城市安全，还应考虑消防、环保等安全方面要求进行建筑后退。

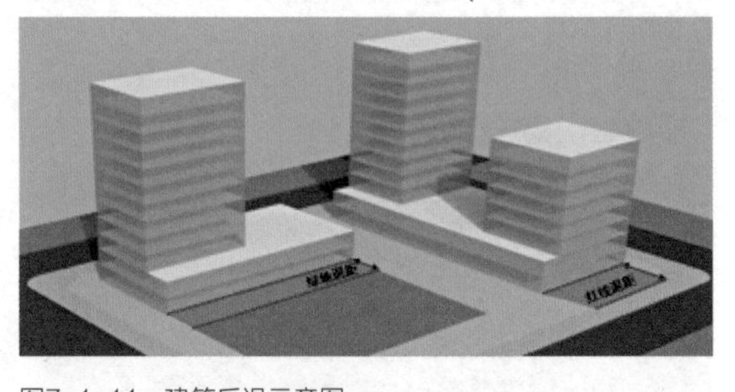
图7-1-11 建筑后退示意图

建筑间距的控制是使建筑物之间保持必要的距离，以满足防火、防震、日照、通风、采光、视距、防噪、绿化、卫生、管线敷设、建筑布局以及节约用地等方面的基本要求。

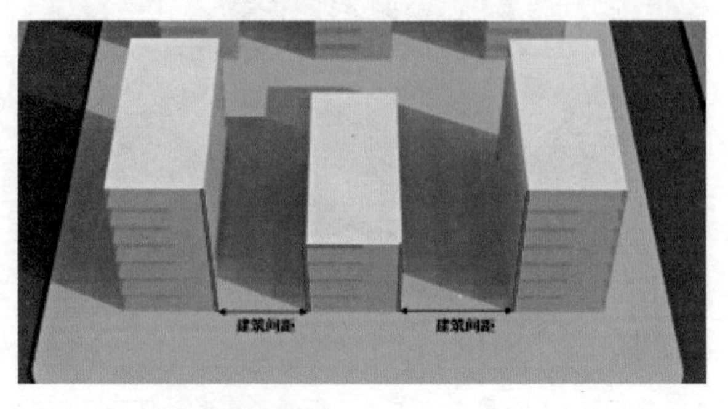

图7-1-12 建筑间距示意图

（本页资料来源：丁晓杰、李虓虓绘）

1 同济大学，吴志强，李德华主编. 城市规划原理（第四版）[M]. 北京：中国建筑工业出版社，2010.

4. 城市设计引导

为了创造美好的城市环境，依照空间艺术处理和美学原则，从城市空间环境塑造要求等角度出发，应对建筑单体和建筑群体之间的空间关系提出指导要求和建议。

这些要求和建议一部分转移为各项控制指标，纳入到控规成果中，另一部分表现为设计导引，以图则或文字的形式弥补到控规成果中，必要时可用具体的城市设计方案进行示意与引导，一般称为城市设计引导。

控制性详细规划的指标中，涉及城市设计引导的内容主要包括建筑体量、建筑形式、建筑色彩、建筑空间组合、建筑小品等。

建筑体量

建筑体量指建筑物在空间上的体积，包括其长、宽、高。一般从建筑竖向尺度、横向尺度和形体三方面提出控制引导要求。

建筑体量大小对城市空间有着显著的影响。建筑所处的空间环境不同，其体量大小给人的感受也不同。

建筑体量的控制还应考虑地块周边环境的不同，比如临近传统商业街坊，一般采用若干小体量建筑，而非单个大体量建筑。

案例：功能相似，但体量、形式及色彩不同的建筑及建筑群

图7-1-13　亚洲最大单体建筑成都环球中心（唐密拍摄）

图7-1-14　小体量建筑群成都太古里（朱晥拍摄）

建筑形式

建筑形式应根据具体的城市特色、具体的地段环境风貌要求，从整体上考虑城市风貌的协调性，对建筑形式与风格进行引导与控制。

建筑形式的统一并不意味着强调某种单一形式，过于整齐划一的形式也会使得城市景观单调乏味。

案例：卢浮宫玻璃金字塔

20世纪80年代初，在卢浮宫的扩建工程中，贝聿铭用现代建筑材料在卢浮宫的拿破仑庭院内建造了一座玻璃金字塔。

玻璃金字塔成为新卢浮宫美术馆的大门，其设计让历史与现代完美融合，成为体现现代艺术风格与历史风貌融合的典范。

图7-1-15　巴黎卢浮宫前广场玻璃金字塔（邱建拍摄）

案例：上海浦东陆家嘴建筑

上海浦东陆家嘴片区的规划设计，要求陆家嘴每栋建筑的屋顶采用不同的形式。

图7-1-16　上海浦东陆家嘴建筑群（邱建拍摄）

建筑色彩

为保证城市的整体性和景观的协调性，控规应对城市色彩进行引导和控制。

案例：天府新区龙泉高端制造产业功能区色彩引导控制

城市色彩形成“两区两带”的结构。城市色彩引导呈现“两侧冷、中间暖，北侧灰、南侧明”的总体格局。

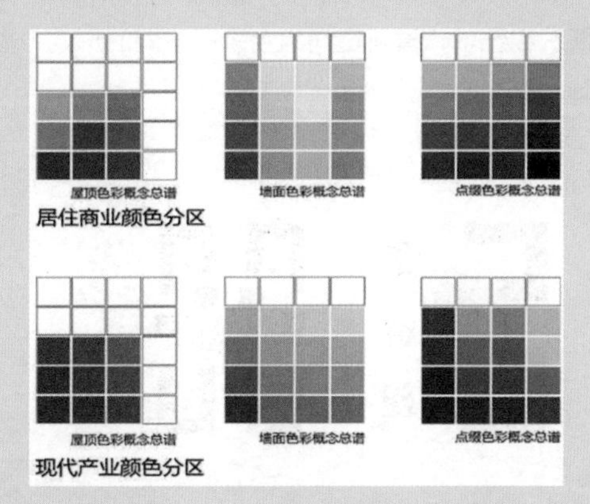

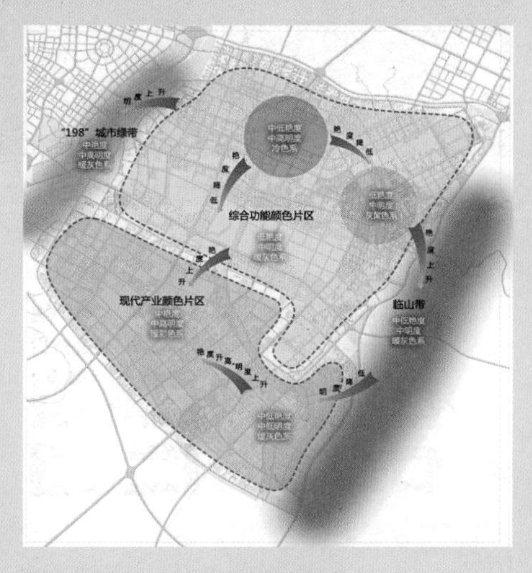

图7-1-17　色彩引导控制图

图7-1-18　龙泉驿区居住建筑（左）和办公建筑（右）色彩（丁晓杰拍摄）

（资料来源：四川省城乡规划设计研究院）

案例：上海建筑色彩

图7-1-19　上海思南路历史建筑（邱建拍摄）

图7-1-20　上海石库门建筑（邱建拍摄）

图7-1-21 捷克布拉格城堡下建筑围合空间（邱建拍摄）

建筑空间组合

在控制性详细规划阶段，一般通过建筑空间组合形式、开敞空间的长宽比、街道空间的高宽比和建筑轮廓线示意等达到引导或控制城市空间环境和空间特征的目的。

城市建筑群体的整体空间形态可以分为封闭空间形态、半开放空间形态和全开放空间形态。根据不同的情况和要求，建筑空间组合采用不同的形式，形成公共或私密的空间形态。

封闭空间形态

半开放式空间形态

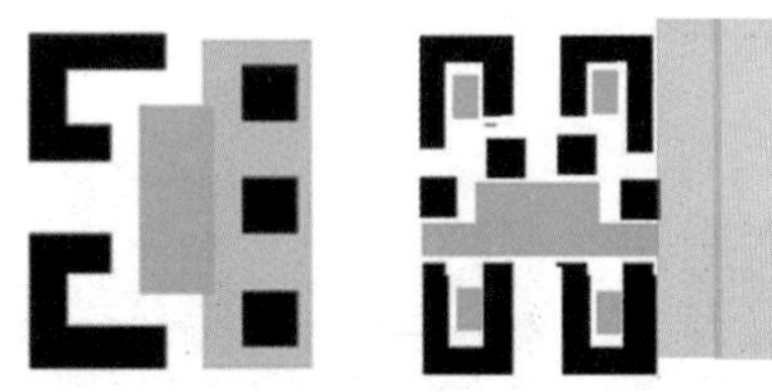

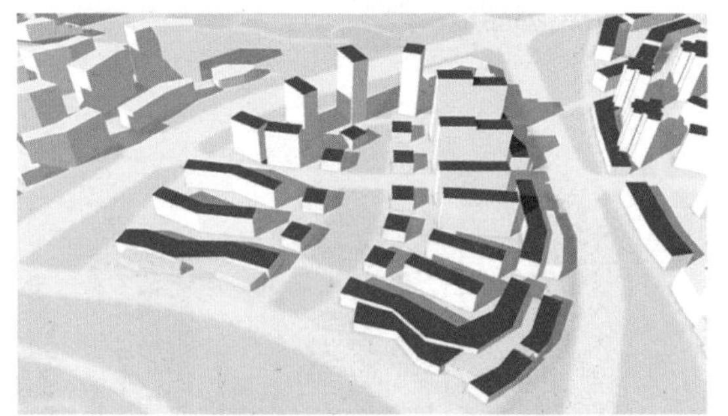

全开放式空间形态

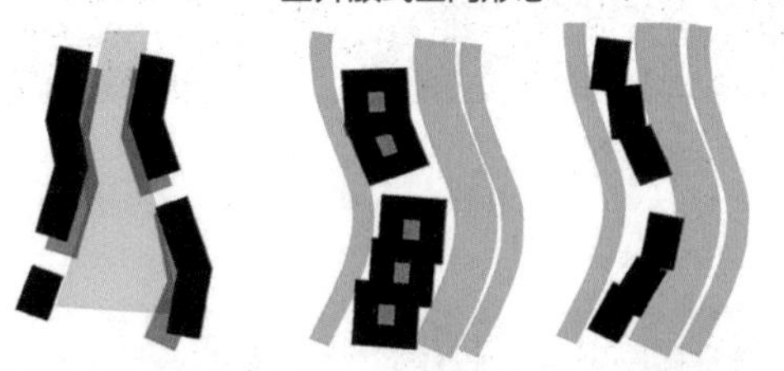

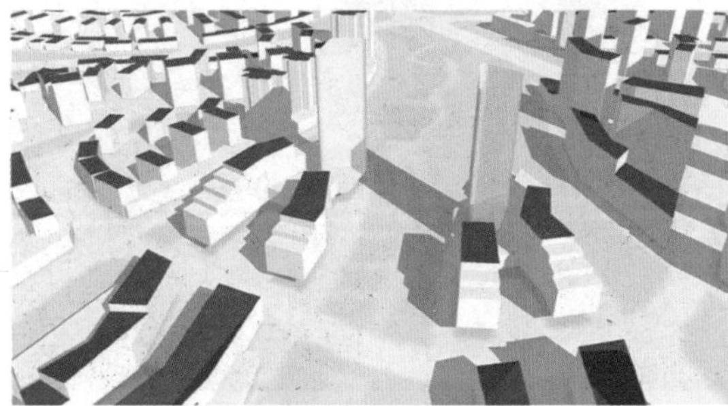

混合式空间形态

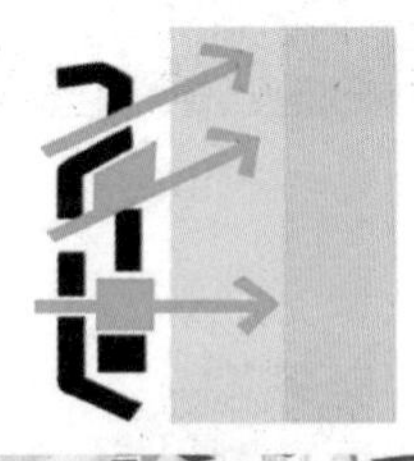

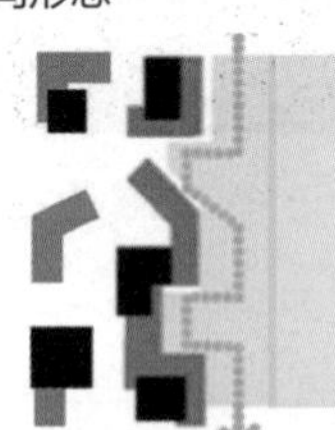

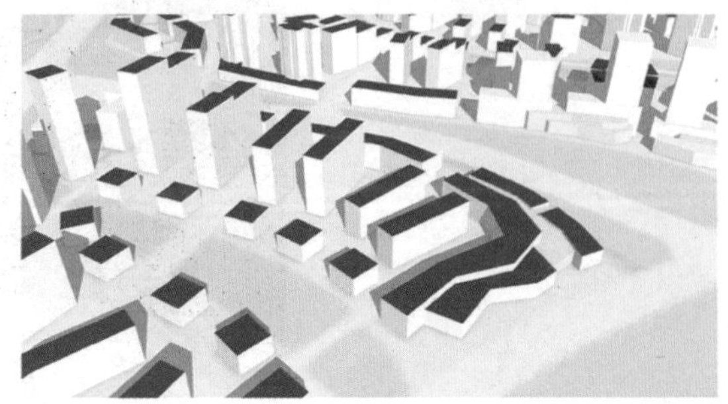

图7-1-22 建筑空间组合示意图
（资料来源：曾建萍绘）

建筑小品

控制性详细规划中对绿化小品、商业广告、指示标牌等街道家具和建筑小品的引导控制一般是规定其布置的内容、位置、形式和净空界限。

对建筑小品的控制有助于提升地块及城市整体形象，完善规划管理的执法依据；同时有助于孕育城市自身的美学底蕴。

图7-1-23　加拿大多伦多市中心建筑小品（邱建拍摄）

图7-1-24　中国台湾台北街道店招（邱建拍摄）

图7-1-25　北川新县城街道入口牌坊（朱晥拍摄）

图7-1-26　加拿大卡尔加里市中心雕塑小品（邱建拍摄）

图7-1-27　上海徐家汇绿地喷泉水景（朱晥拍摄）

图7-1-28　上海博物馆标识牌（朱晥拍摄）

5. 配套公建要求

控规要确定规划范围内配套公共服务设施和市政设施的位置与规模，并明确重要的配套公建项目和空间环境要求。

配套公建包括教育、医疗卫生、文化体育、商业服务、金融邮电、社区服务、市政公用和行政管理及其他八类。控制内容主要有：千人指标、用地控制和规模控制等。

千人指标

千人指标又可分为人口千人指标、用地面积千人指标、建筑面积千人指标。其有助于直接量化和平衡各开发建设单位所需承担的建设责任，以保证一定区域内资源的合理配置。

综合医院、文化中心、居民运动场、社区服务中心、托老所等与人口规模相匹配的配套公建，千人指标是主要的实施依据。

用地控制

必须独立占地：由于交通、安全、使用等方面要求必须单独占地的，包括中小学、医院、运动场（馆）、垃圾转运站等。

尽量独立占地：在保证一定的底层面积或场地要求的前提下，可与其他设施联合设置，如街道办事处、派出所、幼儿园等。

对用地无专门要求：可结合其他建筑物设置，如卫生站、居委会、文化站等。

规模控制

配套公建规模应依据相关政策规范进行具体控制，一般包括用地规模和建筑规模。

如《城市居住区规划设计规范》GB50180-93中规定幼儿园的用地面积4班≥1500m^2，6班≥2000m^2，8班≥2400m^2；居住区市场的用地面积1500~2000m^2，小区市场800~1500m^2。医院等设施除用地规模外，还应满足床位建筑面积要求，反应到控规中即是对建筑规模的要求。

6. 交通活动控制

主要指对路网结构的深化、完善和落实总体规划、分区规划对道路交通设施和停车场（库）的控制。

增设各级支路（路网），确定规划范围内道路的红线、道路横断面、道路主要控制点坐标、标高、交叉口形式；对交通方式、出入口设置进行规定；对社会停车场（库）进行定位、定量（泊位数）、定界控制；对配建停车场（库），包括大型公建项目和住宅的配套停车场（库），进行定量（泊位数）、定点（或定范围）控制。

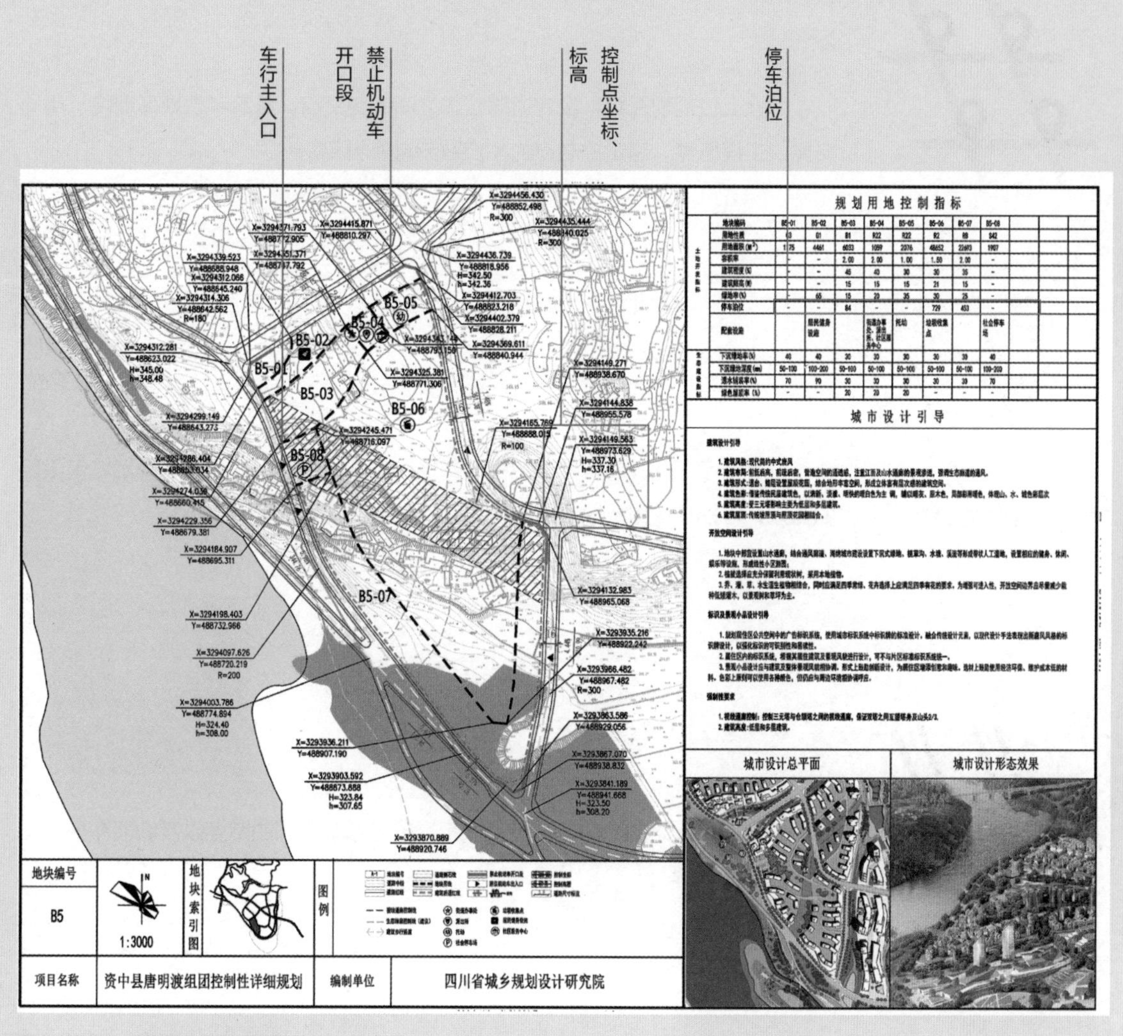

图7-1-29　交通活动示意图
（资料来源：四川省城乡规划设计研究院）

（四）道路交通规划

控制性详细规划应落实和完善城市总体规划、分区规划中设定的城市道路路网结构、等级、布局，同时明确道路交通设施的用地红线和控制要求。

核心内容：

承接总规路网骨架格局，进行“定位、定向、定界”

（1）以控制点定位

（2）以道路中线定向

（3）以道路红线定界

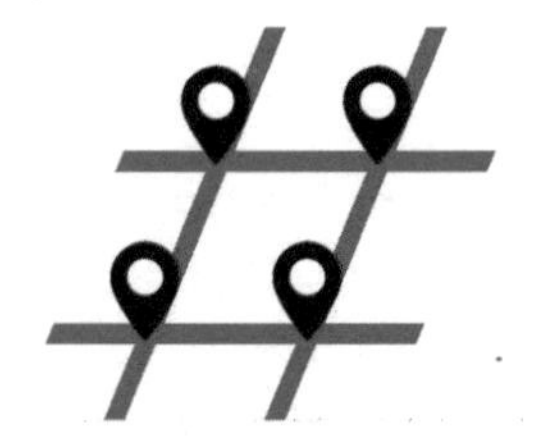

定位

综合上位规划资料，设定道路红线之间的交叉点，统筹考虑地形地貌、用地布局、工程条件，确定控制点的XY坐标和设计标高。

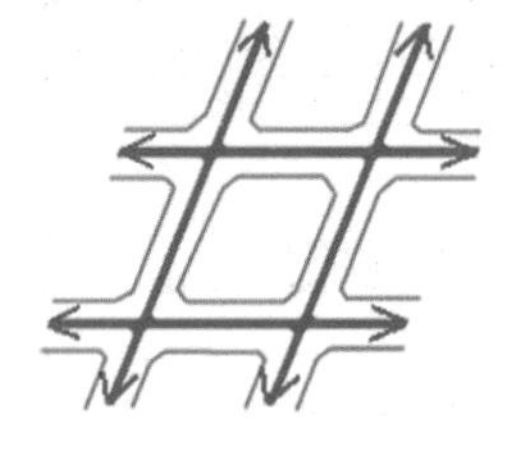

定向

分析城市空间发展方向，结合自然地形条件，协调用地红线，确定城市道路的走向，包括直线段、曲线段的各项工程技术指标。

定界

统筹城市道路的结构、等级、体系，确定各条道路的宽度以及断面布局，生成道路红线边界。

图7-1-30 城市道路工程内容示意图
（资料来源：彭攀绘）

控规通过控制道路的断面形式、路网布局、中线、侧石线、红线、标高、转角、切角等，实现对城市整体路网格局的全面把握，方便推动施工图设计进行建设落地。

案例：某城市片区控制性详细规划道路交通规划

路网布局

由各级城市道路的走向、交叉口、红线宽度组成。

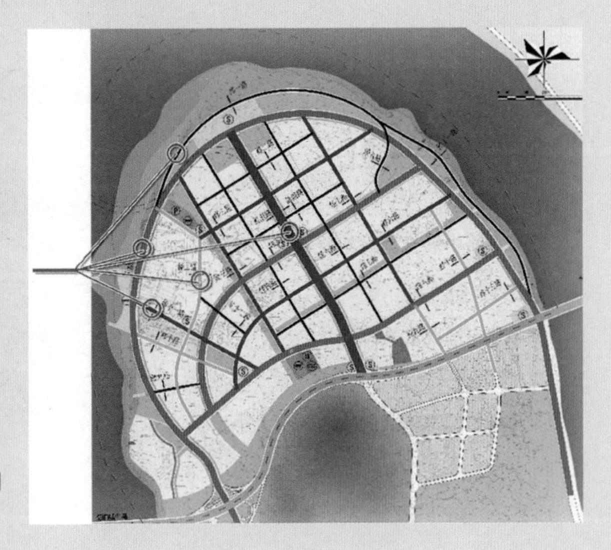

图7-1-31　某城市片区控制性详细规划道路布局规划图

断面形式

确定各级道路红线宽度内的路权分配，包括人行道、非机动车道、机动车道、绿化带、设施带的宽度。

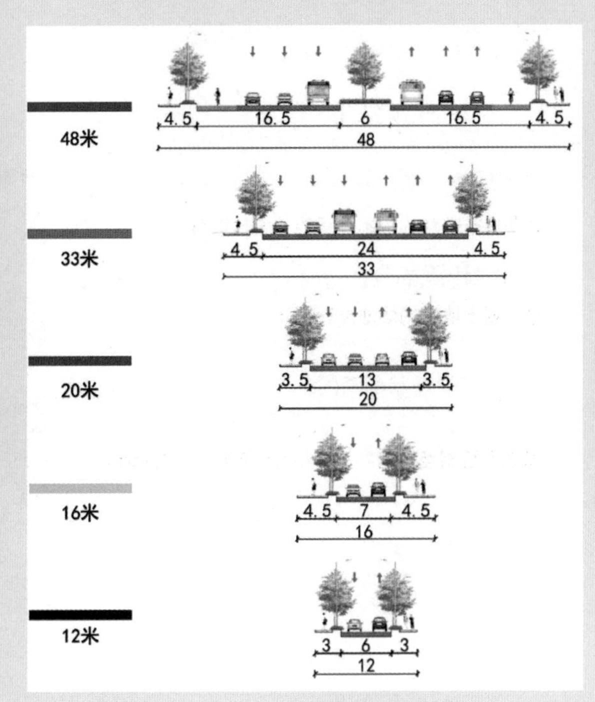

图7-1-32　某城市片区控制性详细规划道路断面规划图

（资料来源：四川省城乡规划设计研究院）

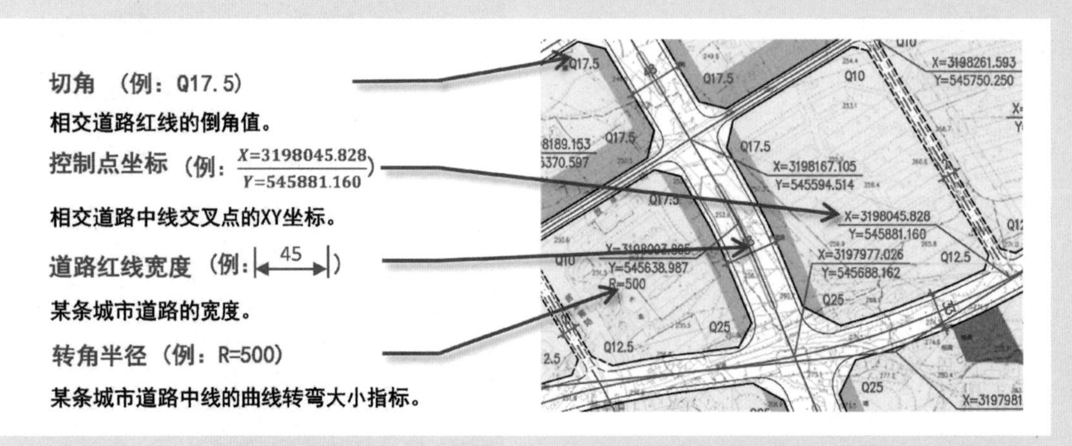

图7-1-33 某城市片区控规道路工程竖向规划图

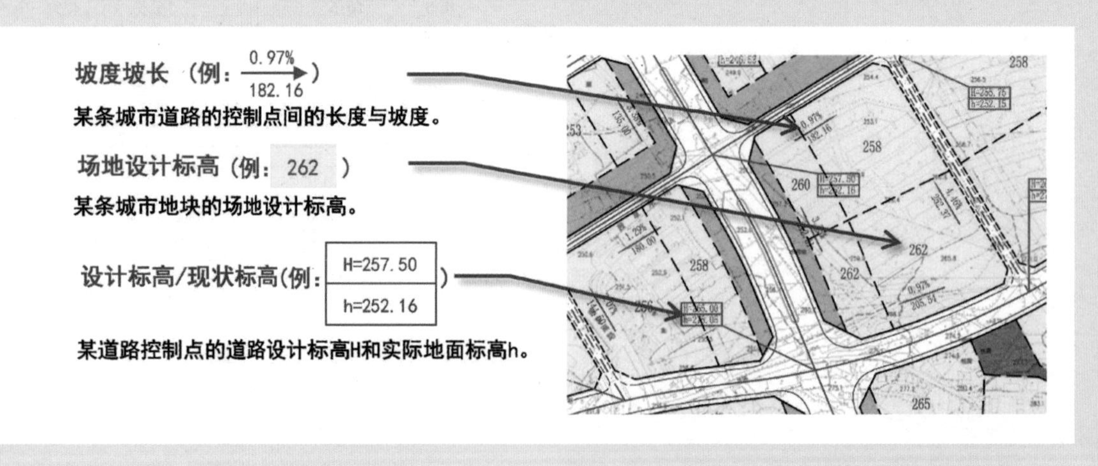

图7-1-34 某城市片区控规道路工程平面规划图

（本页图纸资料来源：四川省城乡规划设计研究院）

（五）公共服务设施设置要求

公共服务设施一般分为两类，一是城市总体层面落实的公共服务设施，包括区级及以上的行政、经济、文化、教育、卫生、体育以及科研设计等机构和设施；二是与居住人口规模相对应的居住区级、社区级公共配套设施。

控制性详细规划对区级及以上的公共服务设施应进行定量、定位、定界的具体控制；对居住区级、社区级公共配套设施，应按《城市居住区规划设计标准》GB50180-2018的有关规定，根据本片区内的用地性质和居住人口规模明确用地位置、面积、用地界线及建设的规模与数量。

区级及以上公共服务设施

区级及以上的公共服务设施一般根据城市总体规划及相关部门专项规划予以落实，在控制性详细规划中，依据相关规划及配置标准明确其用地的位置、规模和配建要求。在控制性详细规划具体编制时，可作必要调整，但一般不宜缩减规模。

案例：四川省江油市旧城区及三合场片区控制性详细规划

为了公共服务设施的精细化配置，部分规划会根据服务范围、服务人口划分为5分钟、10分钟、15分钟生活圈和20～40分钟通勤圈。其中

20～40分钟（机动车级）通勤圈：

是指以居民机动车出行20～40分钟可满足其物质与文化生活需求为原则划分的城区范围。其对应配置的主要为区级及以上公共服务设施，包括：

行政办公、商业金融、文化娱乐、体育、医疗卫生、教育科研设计、社会福利等。

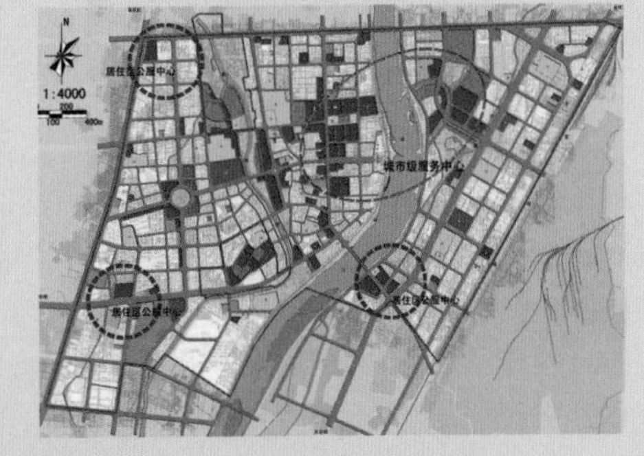

图7-1-35　公共服务设施规划布局图

图7-1-36　江油李白纪念馆（邱建拍摄）

图7-1-37　江油某高中（朱晥拍摄）

江油旧城现状市级公共服务设施众多，包括政府、影剧院、纪念馆、商业街等，控规结合现状需求对各公共服务设施用地规模和配建要求进行落实。

（资料来源：四川省城乡规划设计研究院）

社区级公共配套设施

如前所述，控规层面应落实的社区级公共配套设施（又称配套公建，习惯上将为社区服务的市政公用设施纳入统一安排），包括文化设施（文化科技站等）、体育设施（居民体育活动场所等）、教育设施（中小学、幼儿园）、医疗卫生设施（社区卫生服务中心、社区养老设施等）、商业服务设施（餐饮、超市等）、行政管理设施（街道办、派出所等）、市政公用设施（供热站、变电室、开闭所、公共厕所、垃圾收集点、居民停车场等）。其配置设置，应与居住人口规模相对应，此处不再赘述。

图7-1-38　厦门街头居民健身设施（唐密拍摄）

图7-1-39　厦门集美小学（唐密拍摄）

图7-1-40　厦门某幼儿园（唐密拍摄）

接上页所述根据服务范围、服务人口划分的5分钟、10分钟、15分钟生活圈和20～40分钟通勤圈。其中

5分钟生活圈：

是指以居民步行5分钟可满足其基本生活需求为原则划分的居住区范围。配套的公共服务设施主要包括：

便民超市、社区服务中心、小型健身场、休闲绿地、药店等。

10钟生活圈：

是指以居民步行10分钟可满足其生活基本物质与文化需求为原则划分的居住区范围。配置的公共服务设施主要包括：

幼儿园、便民菜店、老年活动中心、文化活动室、小型商业、小游园、ATM取款机、公共厕所、室外健身场地等方面的基本生活服务。

15分钟生活圈：

是指以15分钟生活圈是居住区级的分级控制规模，指以居民步行15分钟可满足其物质与文化生活需求为原则划分的居住区范围。配置的公共服务设施主要包括：

街道办事处、派出所、社区服务中心、社区养老设施、中学、小学、幼儿园、社区卫生服务中心、文化活动中心、综合运动场、健身馆、公交集中停靠站、农贸市场、居住区绿地等。

案例：武胜县城旧城区控规（新老两版规划分析方法不同）——对公共服务设施的设置要求

以往配套公共服务设施是以满足服务半径的要求进行设置，而按照新的思路与方法，配套公共服务设施是以满足相应的出行时间要求进行设置。

武胜县城旧城区的农贸市场和幼儿园，即是以满足10分钟生活圈的要求进行布置。

按服务半径分析　　按5～10分钟生活圈要求分析

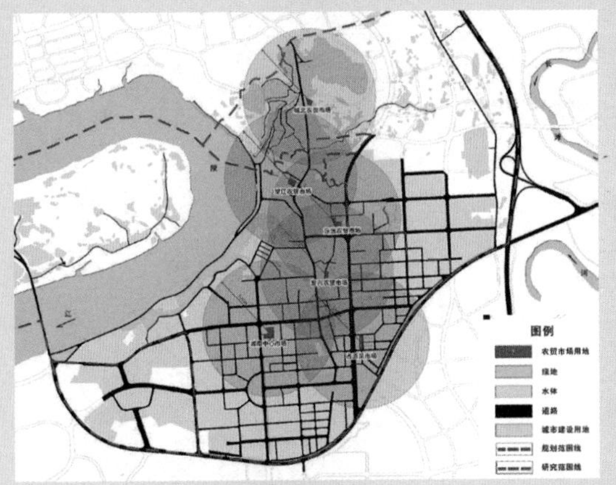

图7-1-41　菜市场服务半径分析图

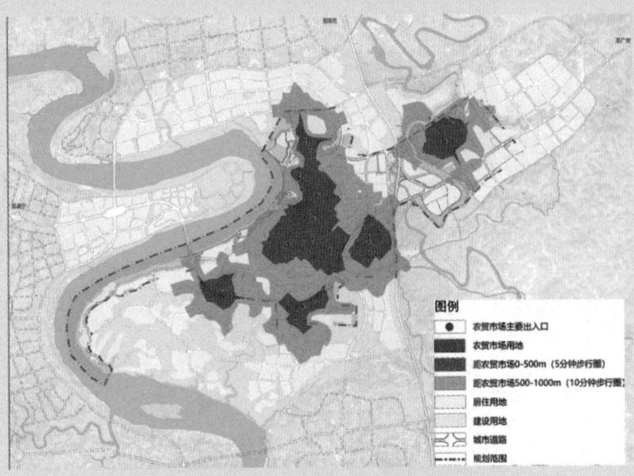

图7-1-42　菜市场5～10分钟生活圈服务能力分析图

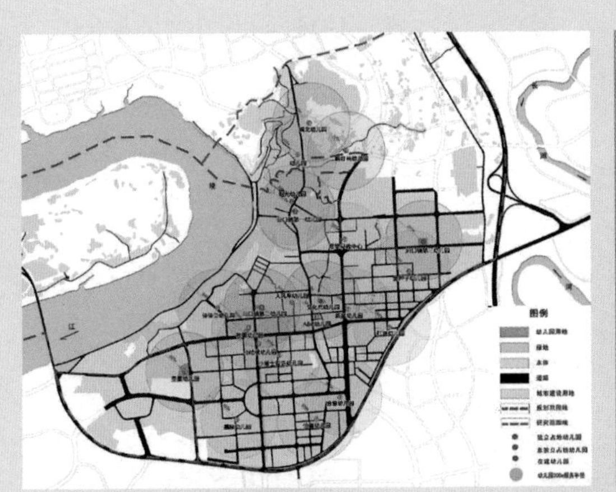

图7-1-43　幼儿园服务半径分析图

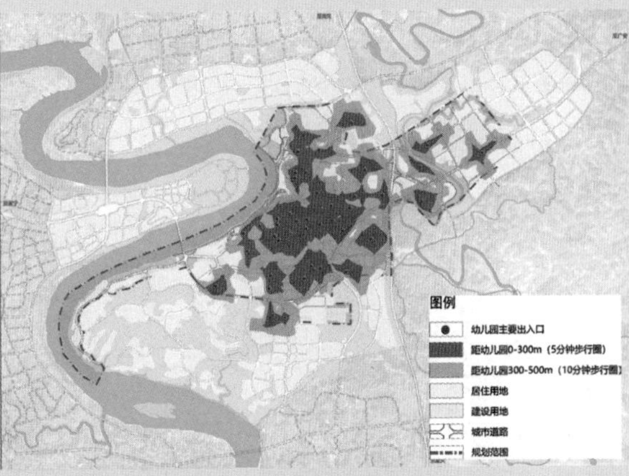

图7-1-44　幼儿园5～10分钟生活圈服务能力分析图

（资料来源：四川省城乡规划设计研究院）

（六）公用工程规划

公用工程设施一般都为公益性设施，包括给水、污水、雨水、电力、电信、供热、燃气、环保、环卫等多项内容。

控制性详细规划应根据城市总体规划、市政设施系统专项规划等上一层次规划，参照配置标准，明确市政设施的位置、规模和配建要求以及支线网络。

案例：阆中市某片区控制性详细规划中的市政公用工程规划（部分）

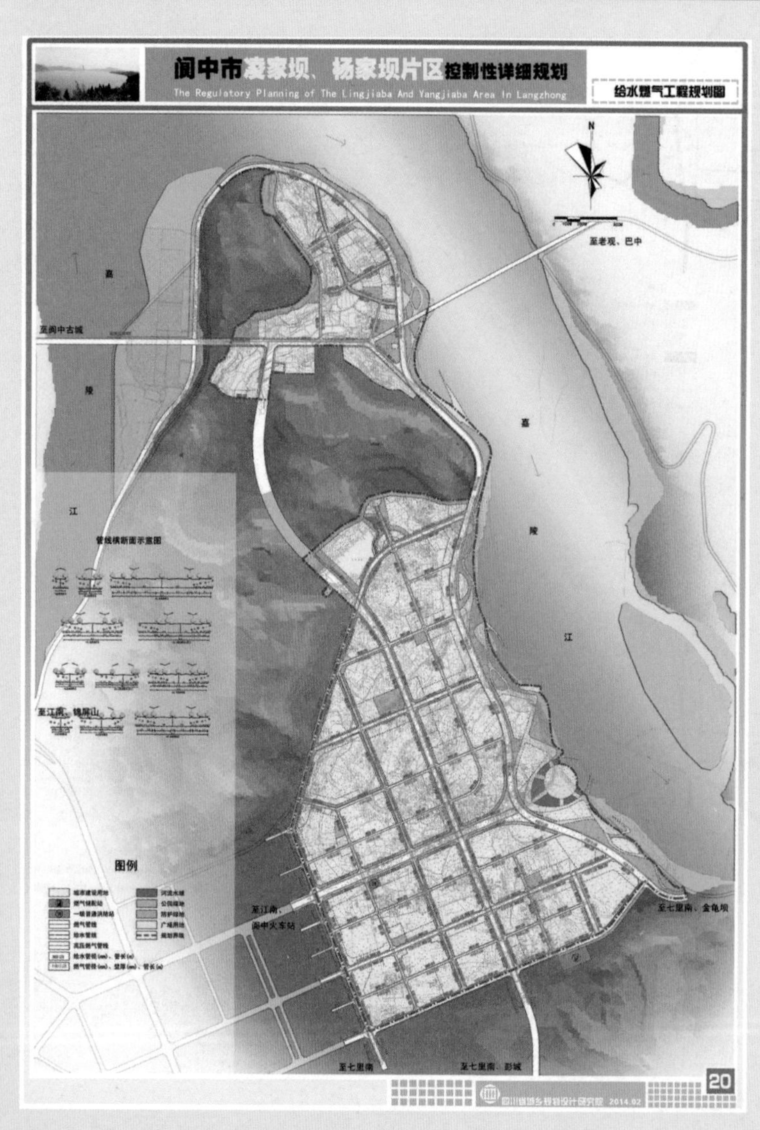

图7-1-45 给水燃气工程规划图

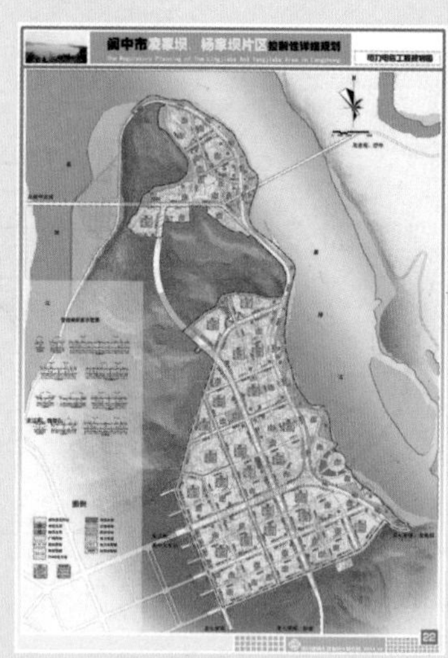

图7-1-46 电力电信工程规划图

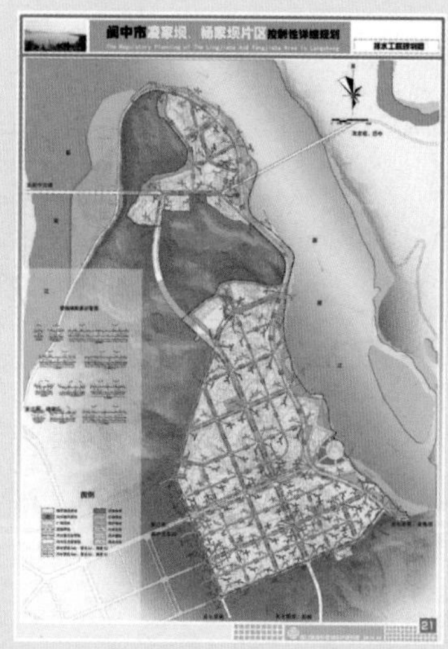

图7-1-47 排水工程规划图

（资料来源：四川省城乡规划设计研究院）

（七）综合防灾及环境保护规定

综合防灾

Tips

疏散通道的宽度不应小于15m，一般为城市主干道。

控规中综合防灾规划的内容包括防洪规划、消防规划、人防规划、抗震规划等。

规划应确定防洪、排水防涝工程设施（包括防洪堤墙、排洪沟、排涝设施等）的布局，提出防治措施；确定消防设施的布局和消防通道间距等；确定人防设施的规模、数量、位置、配套内容、抗力等级，明确平战结合的用途；确定疏散通道、疏散场地布局。

环境保护规定

Tips

因单个控规的覆盖范围有限，其环境保护规定一般只提出保护原则与控制标准。部分控规范围内未能设置垃圾填埋场、转运站等设施，而是需要结合所在区域的设施布局统一规划。

控制噪声、水污染、水污染物允许排放浓度、废弃污染物允许排放量、固体废弃物控制的要求与规定。

- 确定噪声振动等允许标准值
- 确定水污染允许排放量和排放浓度

对城市水源地、自然水体等的保护提出规定性要求

- 确定固体废弃物收集和处理规定

设置垃圾填埋场、转运站、垃圾收集点、垃圾桶等环卫设施，鼓励尽可能收集城市固体废弃物，进行无害化处理和回收再利用。

案例：四川某市某片区控制性详细规划综合防灾规划

规划内容及要求：

（1）规划确定了河道防洪标准（50年一遇）及排涝标准（10年一遇）；

（2）提出了消防站布局（规划一处一级消防站）及消防给水管网系统布局；

（3）确定抗震设防标准（建筑按Ⅶ度设防）；

（4）规划人员掩蔽工程（总面积1.2万m^2），医疗急救中心（3处）；

（5）规划临时避难场所（14处，总面积4.7万m^2），固定避难场所（4处，总面积6万m^2）；

（6）划定城市主干道为对外疏散主通道和主要救援通道。

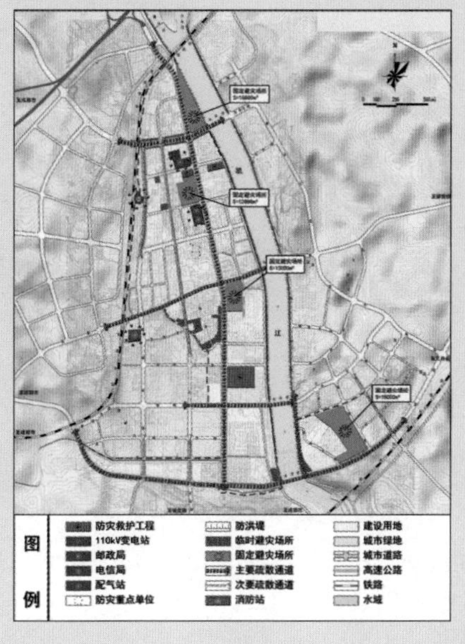

图7-1-48　综合防灾规划图

（资料来源：四川省城乡规划设计研究院）

（八）地下空间利用

分析地下空间使用要求，明确地下空间的使用方式，划定地下空间的使用范围，确定地下通道的线路和界线等。

案例：四川某市某片区控制性详细规划地下空间利用规划

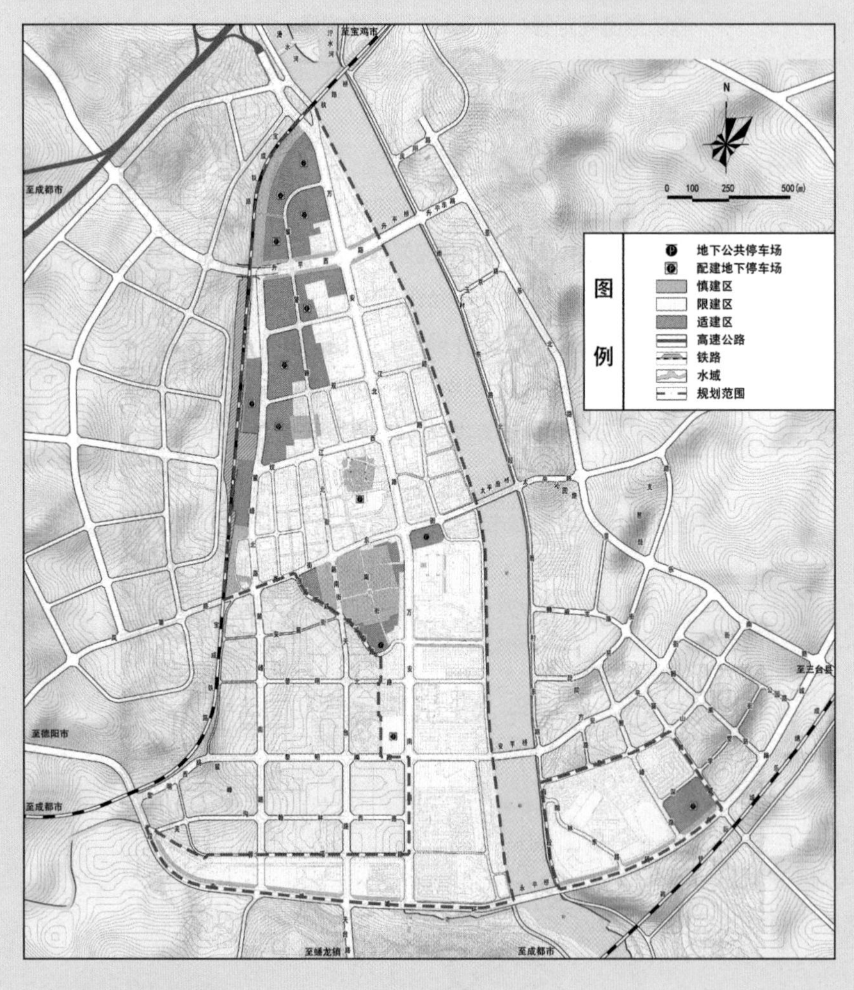

图7-1-49 地下空间利用规划图

规划内容及要求：

（1）分区控制

将地下空间分为慎建区、限建区和适建区进行分区管控。

（2）功能布局

地下空间使用功能包括：地下公共停车场、地下配建停车库、地下商业商务空间、人防设施等。

（资料来源：四川省城乡规划设计研究院）

四、控制性详细规划的强制性内容

控制性详细规划中各地块的主要用途、建筑密度、建筑高度、容积率、绿地率、基础设施和公共服务设施配套规定应当作为强制性内容。[1]

控制性详细规划的强制性内容一般以图则标绘和指标表（地块控制一览表）的形式表达。

如表7-1-2所示，地块控制一览表应明确地块用地性质、容积率、建筑密度、绿地率、建筑限高等强制性内容，同时应清楚标明停车泊位、配套设施（含公服设施和市政设施）等内容，以便规划主管部门依据此表即可开展规划管理工作。

某控制性详细规划地块控制一览表（节选） 表7-1-2

地块编号	用地性质代码	用地性质名称	用地面积（M^2）	容积率	建筑密度（%）	绿地率(%)	建筑限高（M）	停车泊位(个)	配套设施
A1-01	R2	二类居住用地	54918	2.0	25	35	36	1098	
A1-02	RB	商住混合用地	5055	2.0	35	25	24	101	垃圾收集点
A1-03	G3	广场用地	648	-	-	-	-	-	
A1-04	G1	公园绿地	6790	-	-	65	-	-	公厕
A1-05	RB	商住混合用地	3532	2.0	35	25	24	70	
A1-06	R2	二类居住用地	27987	2.0	25	35	36	559	
A1-07	B1	商业用地	10557	3.0	40	15	45	221	
A1-08	R22	服务设施用地	2156	2.0	30	35	45	-	菜市场
A1-09	G1	公园绿地	6836	-	-	65	-	-	居民健身设施
A1-10	G3	广场用地	2376	-	-	-	-	-	
A2-01	R2	二类居住用地	38518	2.5	22	35	45	962	
A2-02	G1	公园绿地	7088	-	-	65	-	-	
A2-03	U31	消防用地	2747	-	-	-	-	-	消防站
A2-04	S41	公共交通场站用地	4361	-	-	-	-	-	公交始末站
A2-05	G1	公园绿地	7727	-	-	65	-	-	
A2-06	A33	中小学用地	28821	1.0	25	35	24	-	小学
……	……	……	……	……	……	……	……	……	……

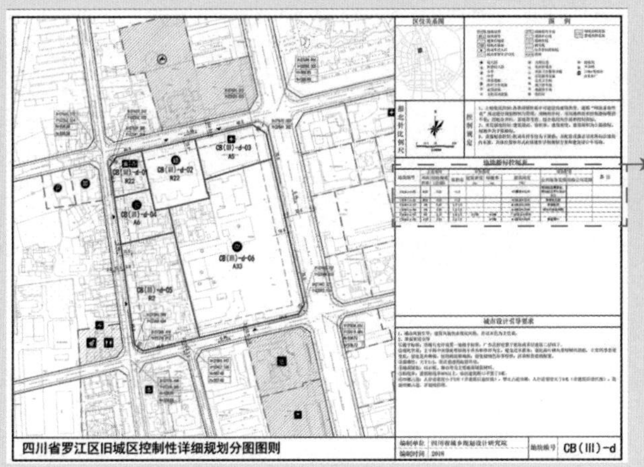

图则中应标绘用地性质、容积率、建筑密度、绿线、蓝线等强制性内容。

图7-1-50 某控制性详细规划地块图则

（本页资料来源：四川省城乡规划设计研究院）

1 中华人民共和国建设部.城市规划编制办法[Z]. 2005-12-31

五、控制性详细规划的组织与审批

（一）控制性详细规划的组织编制

城市、县人民政府城乡规划主管部门组织编制城市、县人民政府所在地镇的控制性详细规划；其他镇的控制性详细规划由镇人民政府组织编制。

城市、县人民政府城乡规划主管部门、镇人民政府应当委托具备相应资质等级的规划编制单位承担控制性详细规划的具体编制工作。[1]

（二）控制性详细规划的审批

城市的控制性详细规划经本级人民政府批准后，报本级人民代表大会常务委员会和上一级人民政府备案。

县人民政府所在地镇的控制性详细规划，经县人民政府批准后，报本级人民代表大会常务委员会和上一级人民政府备案。其他镇的控制性详细规划由镇人民政府报上一级人民政府审批。

城市的控制性详细规划成果应当采用纸质及电子文档形式备案。

1 中华人民共和国建设部.城市规划编制办法[Z]．2005-12-31

第二节　　修建性详细规划

一、什么是修建性详细规划

修建性详细规划是控制性详细规划的具体化，依据控制性详细规划对城市即将建设的各类设施做出具体安排，并对建筑空间和艺术处理加以明确，核算技术经济指标，为各项工程设计提供依据。[1]

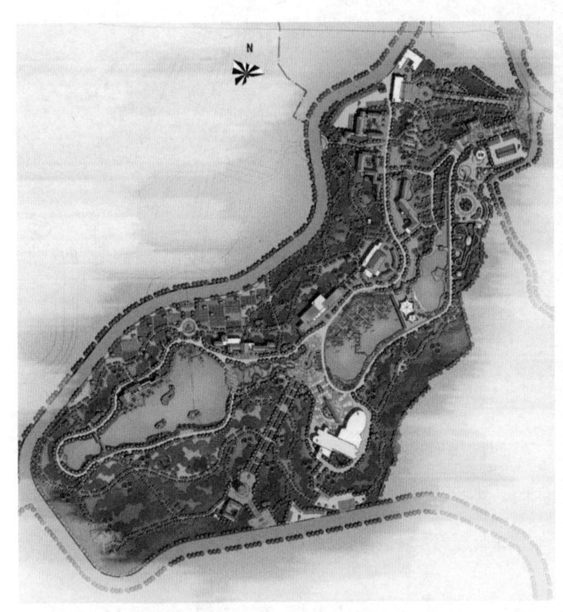

图7-2-1　《泸州市忠山公园修建性详细规划》总平面图
（资料来源：四川省城乡规划设计研究院）

图7-2-2　泸州市忠山公园内部实景照片
（资料来源：泸州市风景园林管理局）

图7-2-3　泸州市忠山公园入口实景照片
（资料来源：泸州市风景园林管理局）

图7-2-4　《青海省措温波高原海滨藏城修建性详细规划》鸟瞰图
（资料来源：四川省城乡规划设计研究院）

图7-2-5　青海省措温波藏城主体建筑——坛城实施照片
（资料来源：全景网http://www.quanjing.com）

1　郑毅. 城市规划设计手册[M]. 北京：中国建筑工业出版社，2004.

二、修建性详细规划与控制性详细规划的主要区别

修建性详细规划

图7-2-6 某安置区修规总平面图
（资料来源：四川省城乡规划设计研究院）

修建性详细规划侧重于具体开发建设项目的安排和直观表达。以具体、详细的建设项目为对象，实施性较强。

图7-2-7 某安置区修规鸟瞰图
（资料来源：四川省城乡规划设计研究院）

修建性详细规划通过形象的方式表达城市空间与环境。

控制性详细规划

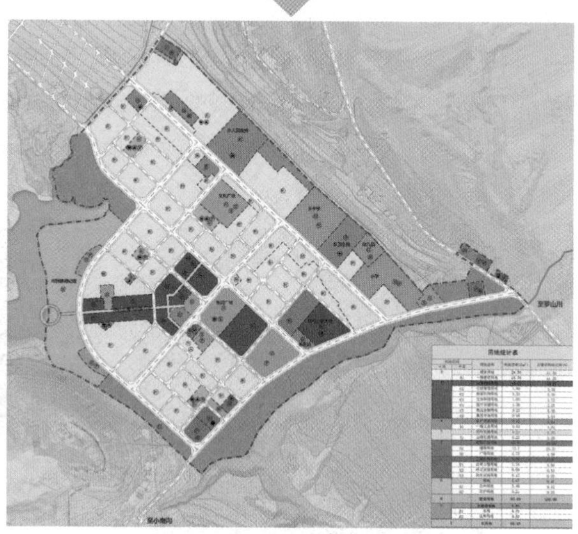

图7-2-8 某安置区控规用地布局规划图
（资料来源：四川省城乡规划设计研究院）

控制性详细规划侧重于对城市开发建设活动的管理与控制，继承总体规划、分区规划的意图，同时又将其进一步深化、完善。

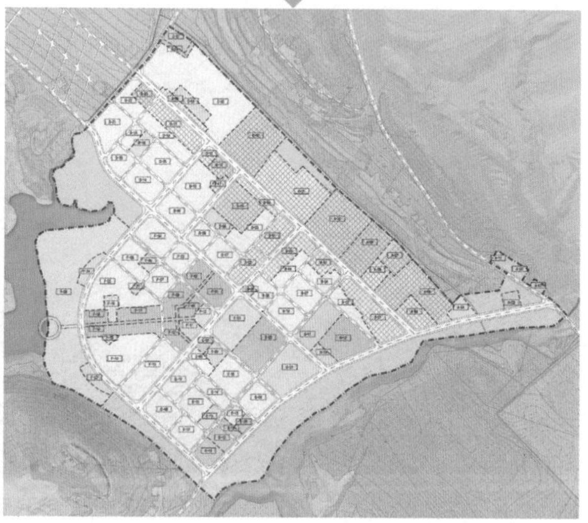

图7-2-9 某安置区控规地块指标控制图
（资料来源：四川省城乡规划设计研究院）

控制性详细规划通过数据控制落实规划意图。

三、如何编制修建性详细规划

- 确定各类建筑的具体位置和控制尺寸；
- 确定主要干道和广场建筑群的规划设计；
- 确定道路红线、断面形式、交叉点坐标、标高、曲线半径、路缘石半径、路段坡度等；
- 确定建筑的室外高程、各类场地的标高，排水方向，并对规划用地的地形做出综合竖向处理，平衡土方；
- 综合确定各项工程管线及其相关设施的设置和用地。[1]

案例：《四川农业大学研究生院修建性详细规划》

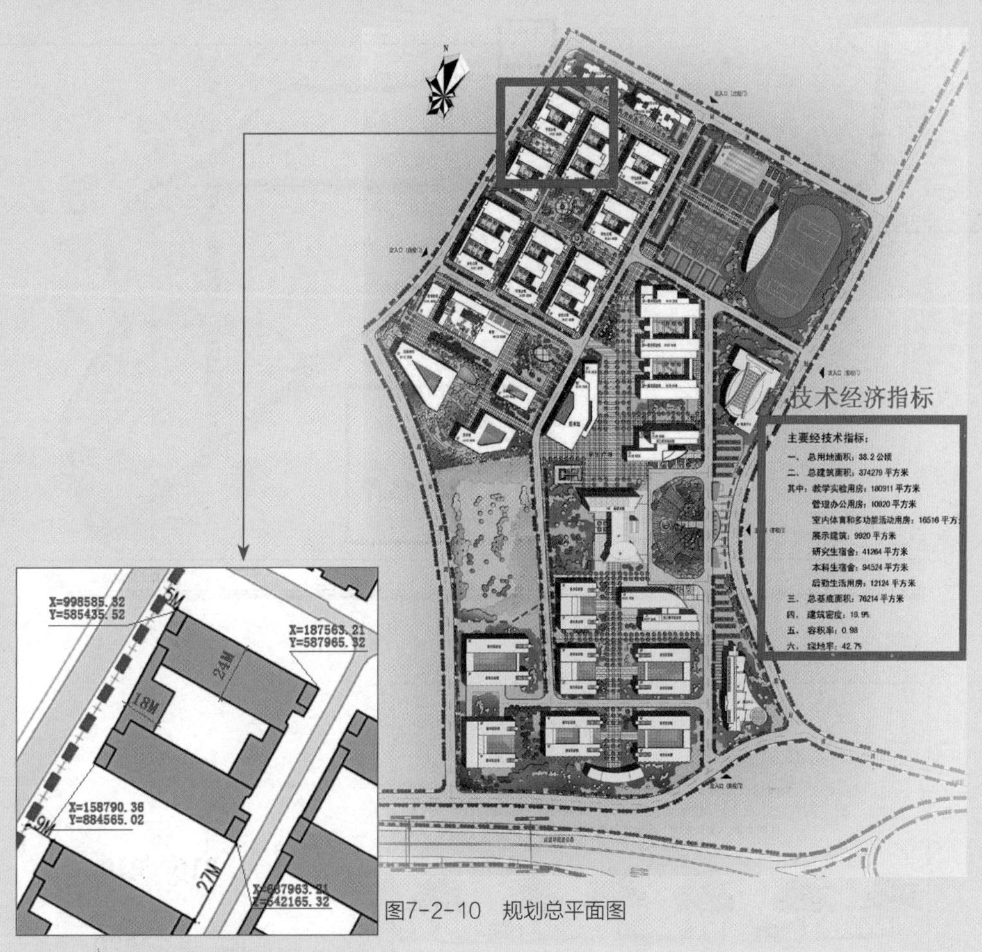

图7-2-10　规划总平面图

图7-2-11　通过建筑主要坐标点和进深宽度，确定建筑位置和尺寸

（资料来源：四川省城乡规划设计研究院）

1　郑毅. 城市规划设计手册[M]. 北京：中国建筑工业出版社，2004.

案例：《甘肃迭部县白云林场局址修建性详细规划》

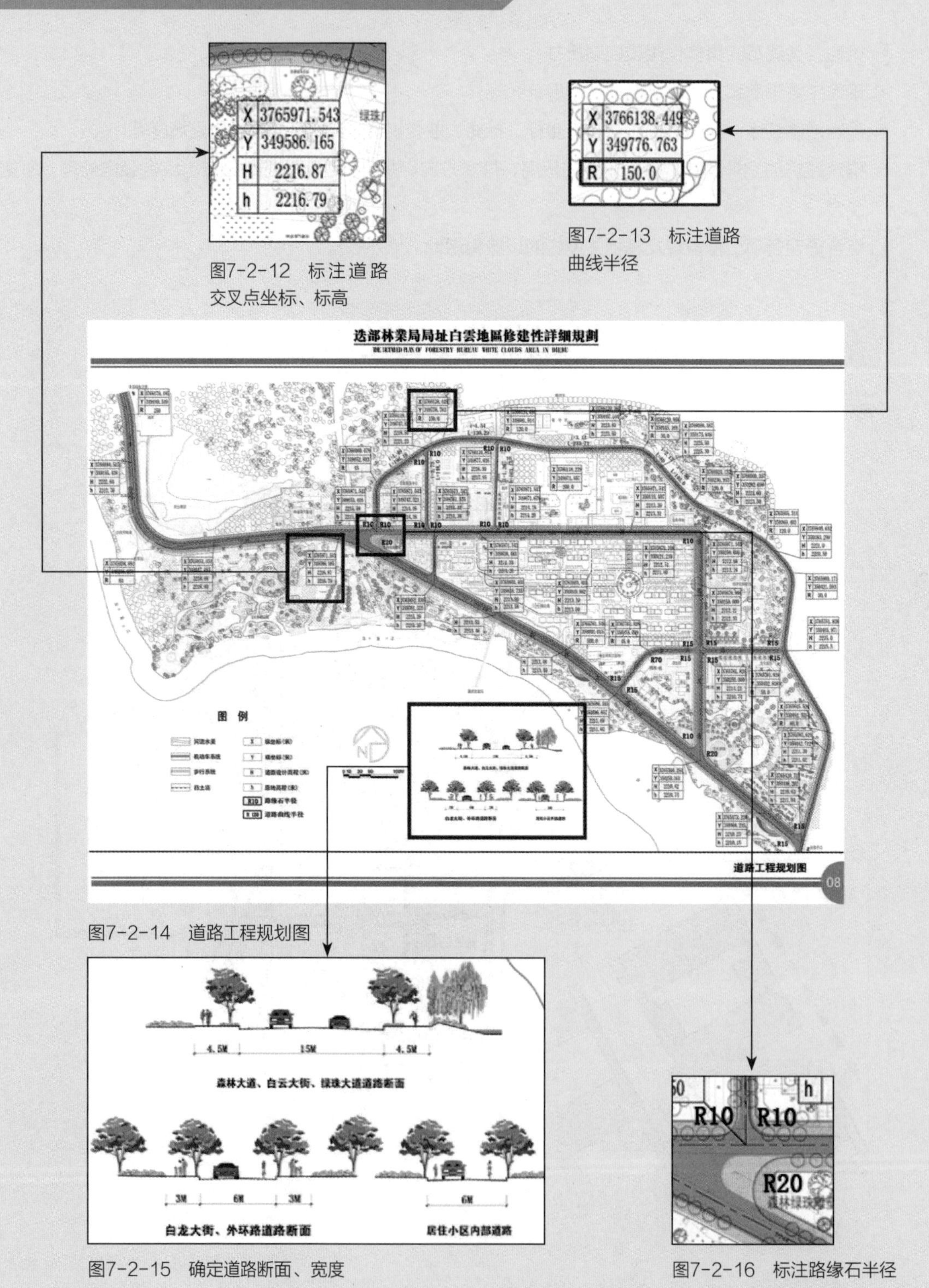

图7-2-12 标注道路交叉点坐标、标高

图7-2-13 标注道路曲线半径

图7-2-14 道路工程规划图

图7-2-15 确定道路断面、宽度

图7-2-16 标注路缘石半径

（资料来源：四川省城乡规划设计研究院）

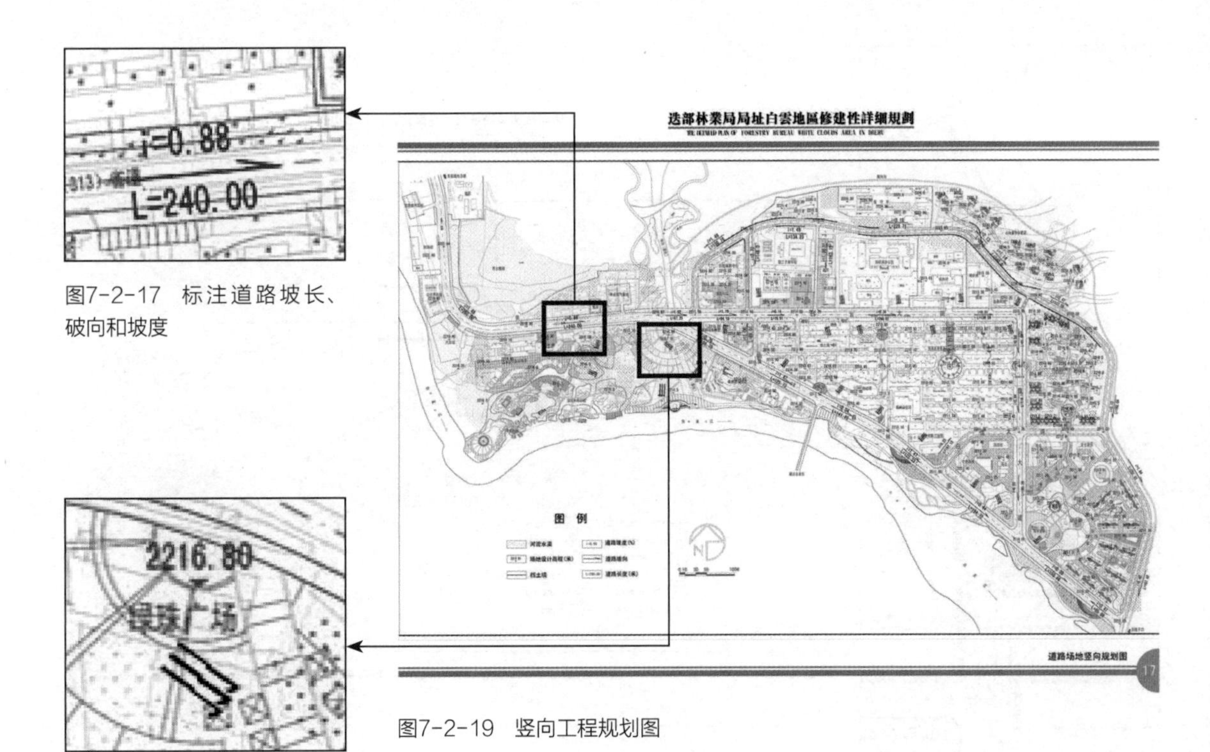

图7-2-17　标注道路坡长、破向和坡度

图7-2-18　标注建筑的室外高程、场地排水方向

图7-2-19　竖向工程规划图

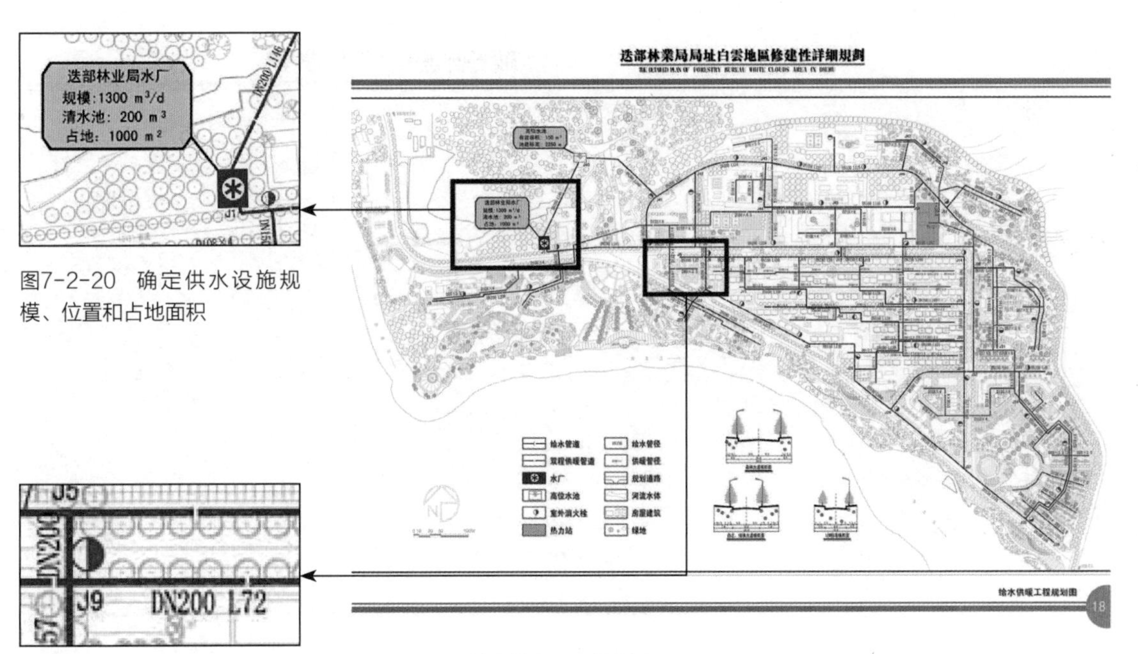

图7-2-20　确定供水设施规模、位置和占地面积

图7-2-21　标注消火栓位置、给水管径

图7-2-22　给水供暖工程规划图

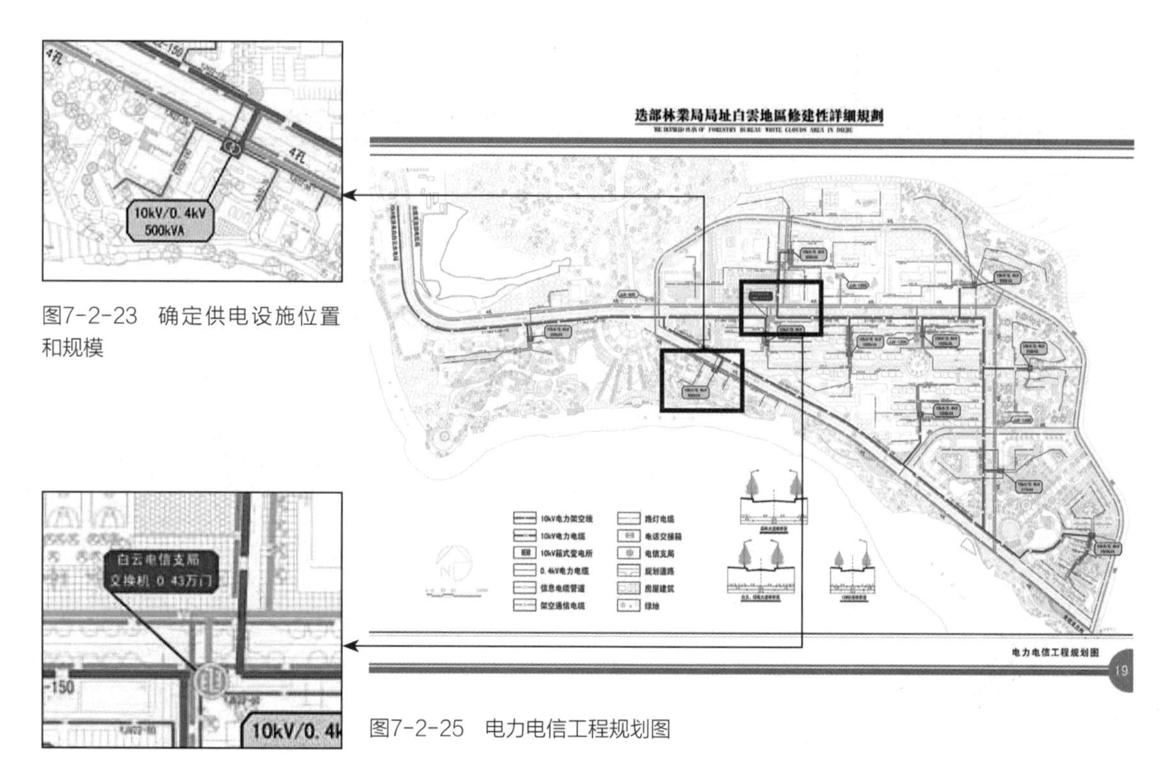

图7-2-23 确定供电设施位置和规模

图7-2-24 确定通信设施位置和规模

图7-2-25 电力电信工程规划图

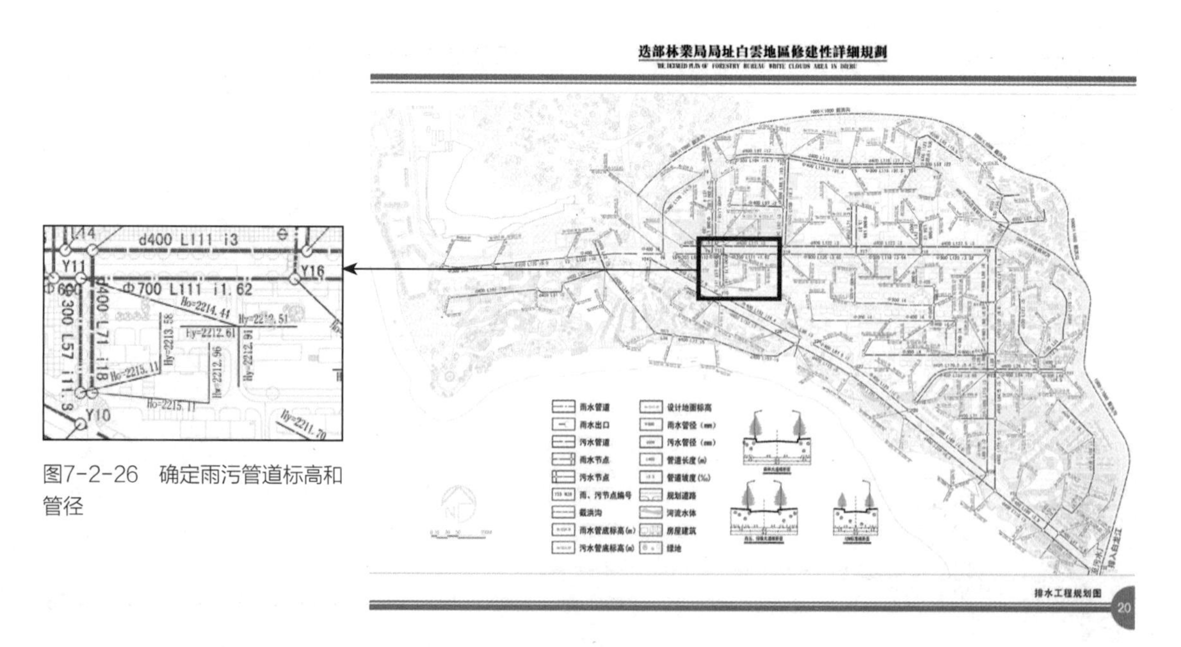

图7-2-26 确定雨污管道标高和管径

图7-2-27 排水工程规划图

四、修建性详细规划的审批

城市、县人民政府城乡规划主管部门和镇人民政府可以组织编制重要地块的修建性详细规划，组织编制机关应当依法将修建性详细规划草案予以公告，并采取论证会、听证会或者其他方式征求专家和公众的意见，公告时间不得少于30日。经专家评审、公示通过的修建性详细规划，由编制组织主体上报本级人民政府审批。[1]

1　中华人民共和国建设部．城市规划编制办法[Z]．2005-12-31

第八章
城市设计

第一节　什么是城市设计

一、概念

城市设计是对城市形体和空间环境所做的整体构思和安排，是落实城市规划、指导建筑设计、塑造城市特色风貌的有效手段，贯穿于城市规划的全过程。[1]

二、城市设计与修建性详细规划有什么区别

相同点都是对城市形体的设计，不同之处在于城市设计是设计方法和手段，更强调方法的运用和创新；修建性详细规划是一种规划编制类型，更注重实施的技术经济条件及具体的工程施工设计。

三、类型

按城市设计的层次划分，城市设计可分为总体城市设计和重点地区城市设计。总体城市设计对应于城市总体规划，重点地区城市设计对应于详细规划。

总体城市设计案例：美国首都华盛顿城市设计

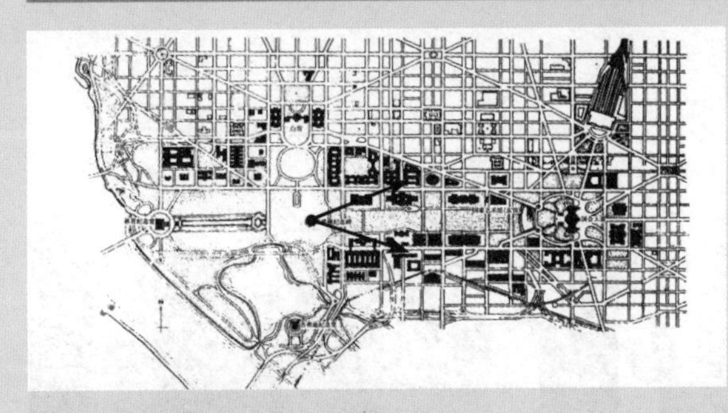

图8-1-1　华盛顿总体城市设计平面图
（资料来源：王建国．城市设计．北京．中国建筑工业出版社．2016）

图8-1-2　华盛顿城市建成照片
（资料来源：https://unsplash.com/）

重点地区城市设计案例：澳大利亚首都堪培拉行政区域城市设计

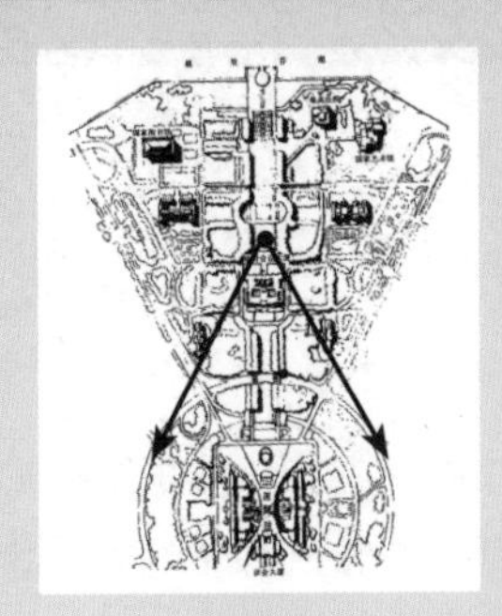

图8-1-3　堪培拉议会三角区城市设计平面图
（资料来源：王建国．现代城市设计理论与方法．南京．东南大学工业出版社．2001.）

图8-1-4　堪培拉城市建成照片
（资料来源：https://unsplash.com/）

1　中华人民共和国住房和城乡建设部．城市设计管理办法[Z]．2017-03-14

第二节 总体城市设计

一、内涵与作用

总体城市设计站在城市整体的角度处理城市各类空间关系，将城市及其周边环境视为一个整体，是处理城市与自然环境关系，整合城市内部各功能区关系，协调城市空间发展近期与远期关系的设计。[1]

总体城市设计从整体平面和立体空间上统筹城市建筑布局、协调城市景观风貌，体现地域特征、民族特色和时代风貌。总体城市设计具有政策取向。

图8-2-1 纽约总体城市设计效果实景（邱建拍摄）

二、适用范围

一般而言，总体城市设计主要适用于“中小城市”。根据我国城市规模划分标准，城市人口规模100万人以下，城市规模100km^{2}以下的城市适宜编制总体城市设计，但也有大城市、特大城市开展总体城市设计工作的情况。

1 赵宝江．总体城市设计理论与实践．武汉：华中科技大学出版社，2006.

三、重要概念

（一）城市风貌

城市风貌指城市特有的景观和面貌，是一个城市的“魂”。可以从“风、格、韵、调”去理解城市风貌。“风”指城市的文化基因和精神内涵；“格”是指城市形态格局和肌理特征；“韵”是指城市环境韵味；“调”是指城市建筑色调、空间视觉以及总体形成的城市印象。制定城市总体风貌定位即是找出一个城市最具个性的独特优势，形成符合内在规律和自身特点的发展之路，如杭州的城市风貌定位为“风雅钱塘、诗画江南，创新天堂”，成都是“蜀风雅韵、大气秀丽、国际时尚”等等。

图8-2-2　捷克布拉格城市风貌（邱建拍摄）

图8-2-3　捷克克鲁姆洛夫城市风貌（邱建拍摄）

（二）第五立面

第五立面即建筑群体的屋顶面。在有俯瞰视点的城市或片区，建筑第五立面对景观具有直接的影响作用。

图8-2-4　德国海德堡第五立面（唐密拍摄）

德国海德堡坐落于内卡河畔，是著名的文化古城和大学城。整座城市建筑以白墙红瓦为主，沿内卡河河谷排布，屋顶色调统一，错落有致，浪漫迷人。

图8-2-5　大理的第五立面（梁小龙拍摄）

大理是国家历史文化名城，其建筑多延续传统白族建筑风貌，以小青瓦坡屋顶为主，层叠错落，形成统一中又有变化的第五立面。

（三）城市色彩控制

城市色彩控制是指在充分研究城市地域文化和自然特色的基础上，结合城市发展要求，确定城市整体色彩基调，并对城市各风貌区的色彩进行控制，使城市整体色调统一且富有地域特色，反映城市个性气质。

案例：成都市城市色彩控制

由传统色彩基因提取“红、黄、灰白”为成都的特色色调，而黄色温润低调，与“花重锦官、绿满蓉城、水润天府”的自然环境、气候特征和城市气质相互协调，因此作为城市主色系。

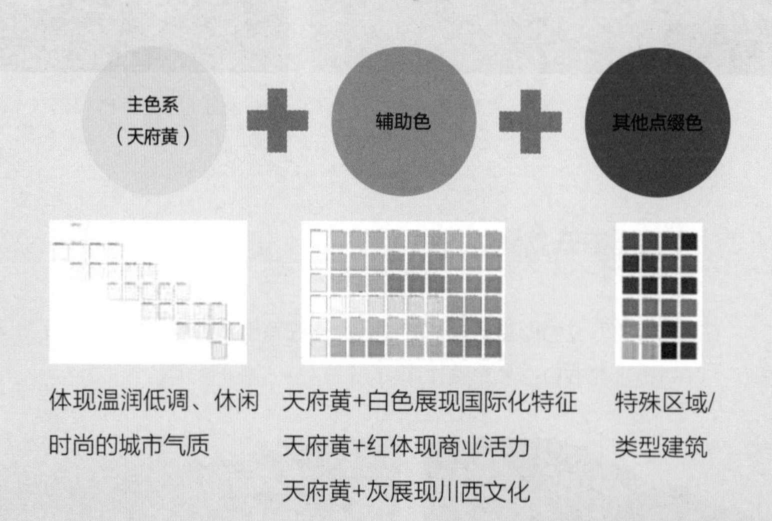

图8-2-6　商业建筑色彩示例

图8-2-7　历史风貌区色彩示例

（本页资料来源：成都市规划管理局）

四、总体城市设计的主要内容

- 研究市（县）域内人文环境与自然环境的关系，把握城市整体形象特色；
- 研究城市的风貌和特征，对城市的特色资源进行挖掘提炼，并有机组织到城市发展策略中，创造鲜明的城市特色，确定城市的总体风貌定位；
- 宏观把握城市空间整体形态，对竖向轮廓、视线走廊、绿色开敞空间等系统要素提出整体控制对策；
- 组织富有意义的行为场所体系，构筑城市整体和社会文化氛围；
- 提出城市设计的实施措施和建议；
- 提供城市设计图纸（包括城市整体环境意向效果图、方案平面图、城市空间高度控制图、城市天际线轮廓图、城市公共开放空间规划图等）。

案例：成都市总体城市设计

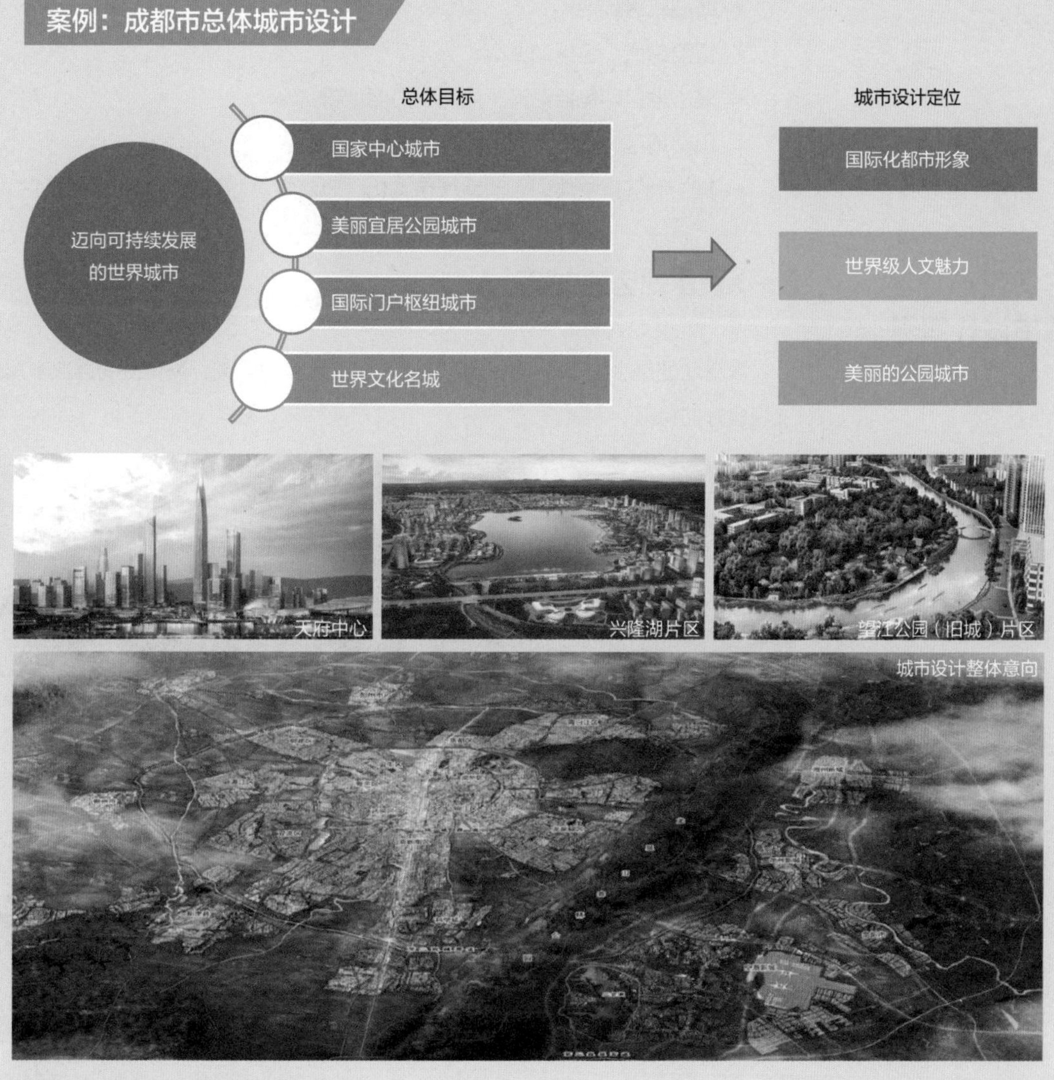

图8-2-8　成都市总体城市设计意向图

（本页资料来源：成都市规划管理局）

第三节 重点地区城市设计

一、概念

重点地区城市设计是以城市重点地段或重要节点为对象，将总体城市设计的内容具体化，以指导和控制城市内一系列在形体环境或功能上有联系的整体形体设计，是城市设计中最活跃的层次。

二、类型

- 城市核心区和中心地区；
- 体现城市历史风貌的地区；
- 新城新区；
- 重要街道，包括商业街；
- 滨水地区，包括沿河、沿海、沿湖地带；
- 山前地区；
- 其他能够集中体现和塑造城市文化、风貌特色，具有特殊价值的地区。

三、重点地区城市设计案例

（一）滨水地区城市设计案例

滨水地区是水生态环境与城市空间的相互融合的区域，具有空间层次丰富、景观良好的特征。

图8-3-1　伦敦泰晤士河两岸建筑体现不同时代特点
（资料来源：https://unsplash.com/）

图8-3-2　捷克布拉格市一滨水地区城市设计（邱建拍摄）

图8-3-3　滨水地区城市设计典范：瑞典斯德哥尔摩海岸线（邱建拍摄）

（二）城市中心区城市设计案例

城市中心区是城市景观风貌与精神的集中展示区，建筑集中体现了一个地区的人文特色。

图8-3-4　法国巴黎德方斯新区大拱门（邱建拍摄）

图8-3-5　大拱门细部（邱建拍摄）

图8-3-6　从大拱门回看德方斯新区（邱建拍摄）

（三）城市街道空间城市设计案例

城市街道空间是城市风貌和文化特色的集中展示区，街道界面空间体现多样性与协调性。

繁华的商业街区：

图8-3-7　日本东京银座商业街（胡上春拍摄）

图8-3-8　成都宽窄巷子（邱建拍摄）

法国巴黎协和广场与凯旋门之间的香榭丽舍大街，是巴黎城市风貌和文化特色的象征。

图8-3-9　从凯旋门看香榭丽舍大街（邱建拍摄）

图8-3-10　法国香榭丽舍大街街景：协和广场、方尖碑（邱建拍摄）

图8-3-11　巴黎香榭丽舍大街街景：凯旋门（邱建拍摄）

（四）广场地区城市设计案例

广场是一个城市展示魅力，提升形象，发扬文化特色的特殊区域。

圣马可广场是威尼斯的政治、宗教和传统节日的公共活动中心。由公爵府、圣马可大教堂、圣马可钟楼、新/旧行政官邸大楼、连接两大楼的拿破仑翼大楼、四角形钟楼、圣马可图书馆等建筑和威尼斯大运河所围合形成梯形广场。广场四周的建筑体现了从中世纪到文艺复兴时代的建筑风格，集中展示了威尼斯城市的魅力。

图8-3-12　圣马可广场内部实景（曾建萍拍摄）

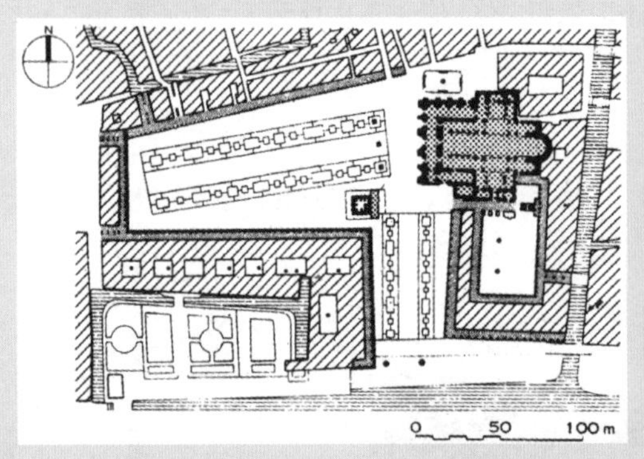

图8-3-13　圣马可广场平面图
（资料来源：上海市城市规划设计研究院．城市规划资料集第五分册[M]．第二版．北京．中国建筑工业出版社．2004）

图8-3-14　圣马可广场鸟瞰照片
（资料来源：https://unsplash.com/）

图8-3-15　比利时鲁汶市政厅及市政广场（邱建拍摄）

比利时鲁汶市政厅是建于15世纪的哥特式建筑，墙面雕刻精美华丽，与周边大教堂、行会、饭店、酒吧等建筑围合成鲁汶市政广场，为市民和游客提供了一个流连忘返的公共空间，是鲁汶市的标志。

图8-3-16　比利时鲁汶市政厅外墙面雕刻（邱建拍摄）

（五）历史街区城市设计案例

历史街区保存着城市的历史环境和文物古迹，同时也保存了传统的人文活动，宣扬了地域文化和传统文化。

以优秀近代建筑群为代表的上海外滩历史街区，代表了旧上海繁荣的商业和金融中心地位。外滩突出保护了其优美、尺度宜人而富有节奏的建筑群轮廓线，严格控制新建建筑高度，不但保护了单栋风格迥异的建筑，而且保护其街区的原有格局和环境风貌。

图8-3-17　上海外滩建筑群（朱晥拍摄）

图8-3-18　上海外滩建筑群（郑玉洁拍摄）

（六）山前地区城市设计案例

山前地区是山体与城市相互融合的区域，城市建筑在高度、体量等方面应与山体环境协调。

稻城县位于四川西南，青藏高原东南部，横断山脉东侧，属康巴藏区的甘孜藏族自治州。稻城县城城市设计结合香巴拉文化特色及山水自然资源特征，通过强度、高度分区控制，创造高低起伏、疏密有致的天际轮廓线。

图8-3-19　香巴拉圣城——稻城城市设计鸟瞰图及实施照片
（资料来源：四川省城乡规划设计研究院）

四、如何编制重点地区城市设计主要内容

（一）研究城市自然、人文环境与发展对策

城市设计应在解析城市自然环境和历史演进特点的基础上，结合城市现阶段的社会、经济发展需求，制定相应的城市设计目标与策略。在地区发展上，应延续地区的传统特色，保持地区文化、活动、环境的多样化。

（二）确定城市空间结构形态

城市设计应重点对设计区域的空间结构形态进行分析和设计，主要空间控制要素包括“节点、轴线、界面、廊道、区域”等，城市设计还需注意平面与竖向结合，形成一个意向性空间结构方案或模型。

《乐山高新区总部经济区城市设计》在乐山城市总体规划的指导下，尊重乐山大佛至峨眉山世界双遗产景观视廊，构建了“三廊、一轴（路径）、三边界、两节点、两标识建筑”的空间结构形态，合理有机地组织了各类空间要素，实现了尊重历史、保护自然、景城一体的设计目标。

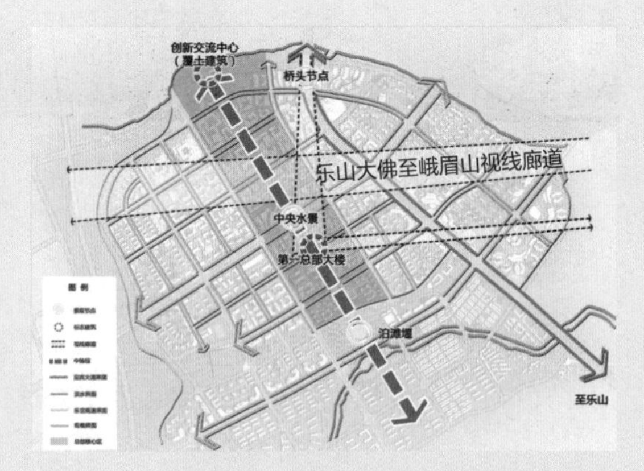

图8-3-20　乐山高新区城市设计空间要素组织图
（资料来源：四川省城乡规划设计研究院）

图8-3-21　乐山高新区城市设计鸟瞰图
（资料来源：四川省城乡规划设计研究院）

（三）研究城市景观系统

包括整体空间环境意向、主要景观区、景点的分布及对应的视廊、视域、视点的空间分析，构建城市观景系统。在系统建构基础上，形成城市地区景观系统方案，包括城市竖向轮廓、街道界面、天际轮廓线等。

图8-3-22　捷克布拉格城市景观鸟瞰（邱建拍摄）

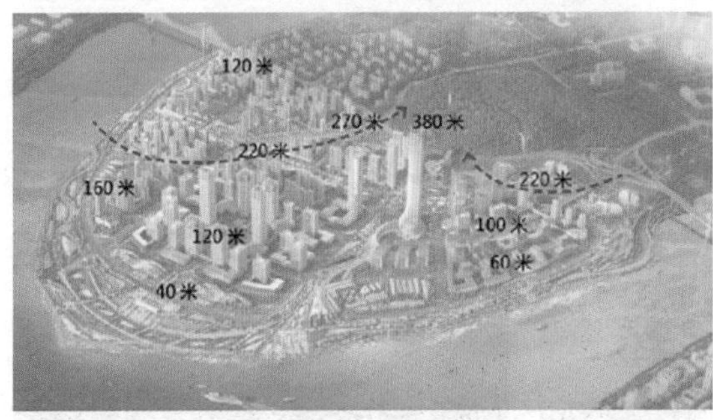

茜草中央活力去呈现给市民的将是积极向上的形象，将高层地表建筑布置在地块中心，逐渐向江岸降低。整体轮廓自江岸向中心缓缓向上，给人高大乐观的城市形象。

一线滨江建筑高度40米，多条侍郎面向江面，线性连续的主展示面

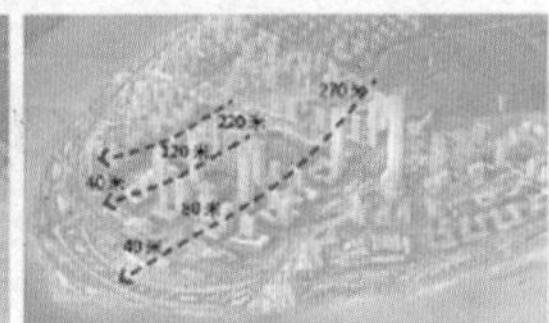

面向江面逐渐降低

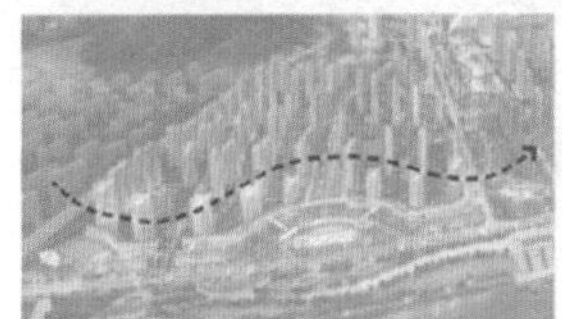

宾江塔楼交错布置，避免屏风楼，塔楼天际线高

图8-3-24　泸州茜草半岛城市设计城市竖向轮廓图
（资料来源：泸州市城乡规划管理局）

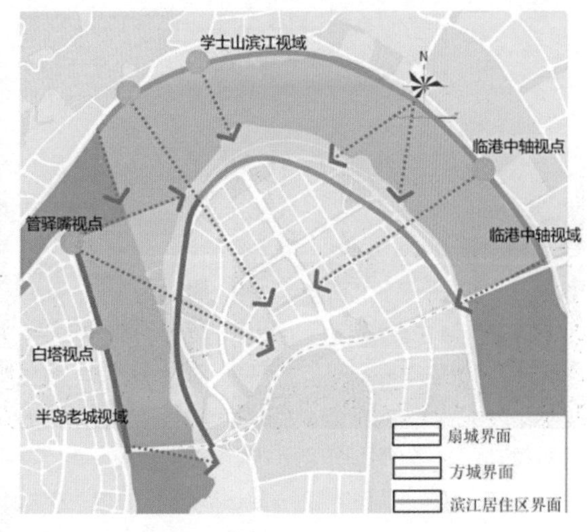

图8-3-23　泸州茜草半岛城市设计视觉系统分析图
（资料来源：泸州市城乡规划管理局）

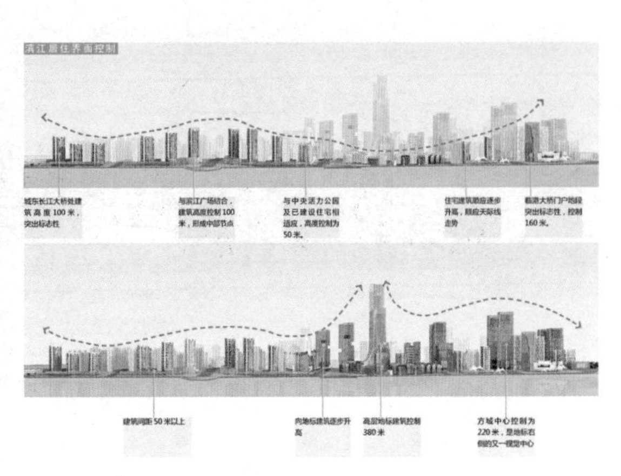

图8-3-25　泸州茜草半岛城市设计天际轮廓线
（资料来源：泸州市城乡规划管理局）

街道界面重要控制要素及设计要求：

- 街道高宽比：适宜比例在1∶1~1∶2之间；
- 建筑群房高度：裙房高度不宜大于街道宽度；
- 建筑后退道路距离：依据不同道路等级后退不同距离；
- 建筑贴线率：依据不同性质道路设置不同比例的贴线率。

图8-3-26　旧金山花街适宜的街道尺度（胡上春拍摄）

什么是贴线率?

“贴线率”是指由多个建筑的立面构成的街墙立面跨及所在街区长度的百分比，是建筑物的长度和临街红线长度的比值，这个比值越高，沿街面看上去越齐整。

面向城市主干道：贴线率控制在80%以上

面向城市次干道：贴线率控制在60%以上

面向城市支路：贴线率一般无特殊要求

图8-3-27　城市各类型道路建筑贴线率比较（朱晥、覃之漪拍摄）

在街道满足形成连续界面的前提下，鼓励临路加强建筑后退，提供室外开敞空间。

空间属性	居住空间	街道空间	办公空间	街道空间	开敞空间	办公空间	街道节点空间	居住空间
街道起伏	高	落	起	起	高	低	落	低

图8-3-28　乐山高新区城市设计街道界面控制图
（资料来源：四川省城乡规划设计研究院）

（四）优化城市土地利用与建筑布局

针对重点地区的土地利用与建筑现状、区内人口与功能使用强度，对该地区功能规模、土地利用、结构、系统协调与强度提出设计原则，在经济技术上，列出各种功能比重、规模与空间利用状况，与相应的城市规划要求相对应，或提出必要的修改意见。

案例：《天府新区龙泉高端制造产业功能区总体及重点地区城市设计》

该城市设计在总体规划的指引下，结合区内特有的“山、水、绿”要素，优化了用地布局，形成了具有特色的平面布局和空间形态。

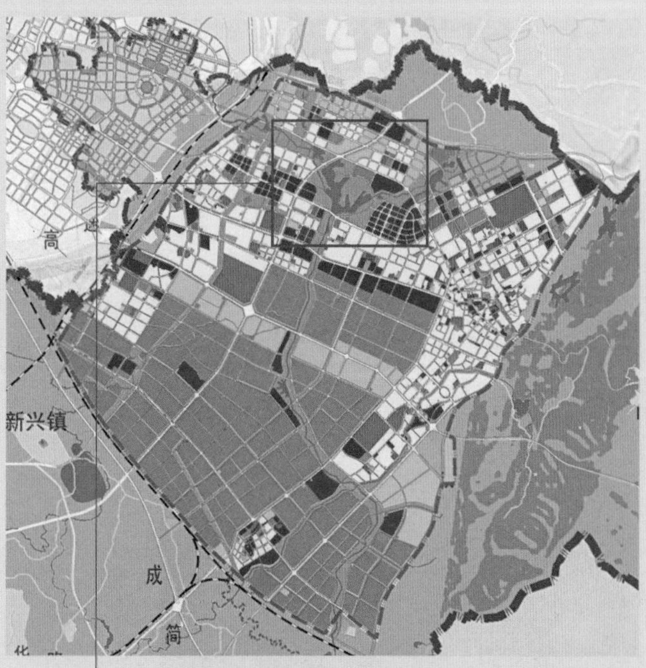

图8-3-29　《天府新区龙泉高端制造产业功能区总体规划》用地布局图
（资料来源：四川省城乡规划设计研究院）

图8-3-30　《天府新区龙泉高端制造产业功能区重点地区城市设计》平面布局图
（资料来源：四川省城乡规划设计研究院）

图8-3-31　《天府新区龙泉高端制造产业功能区重点地区城市设计》空间形态鸟瞰图
（资料来源：四川省城乡规划设计研究院）

（五）构建公共活动空间

依据城市设计对象区域的功能布局、空间形体等的要求，对城市开放公共活动空间进行系统分析，研究人群的活动特征、分布及类型，组织城市公共活动系统。

什么是公共活动空间？

公共活动空间又称开敞空间，指在城市中向公众开放的开敞性共享空间，主要包括自然环境和人工环境，自然环境包括自然绿地、公园、水体等，人工环境包括广场、街道以及附属的环境小品、广告、照明等。城市开敞空间是城市形体环境中最易识别、最易记忆、最具活力的组成部分。

案例：《广安市前锋区中心区城市设计》

由景观道路串联起城市公共空间，以商业活动空间和社区公共空间聚集人气，以滨水活动空间调动氛围，形成统一的开放式公共空间系统。

图8-3-32　公共步行空间效果图

图8-3-33　公共空间节点效果图

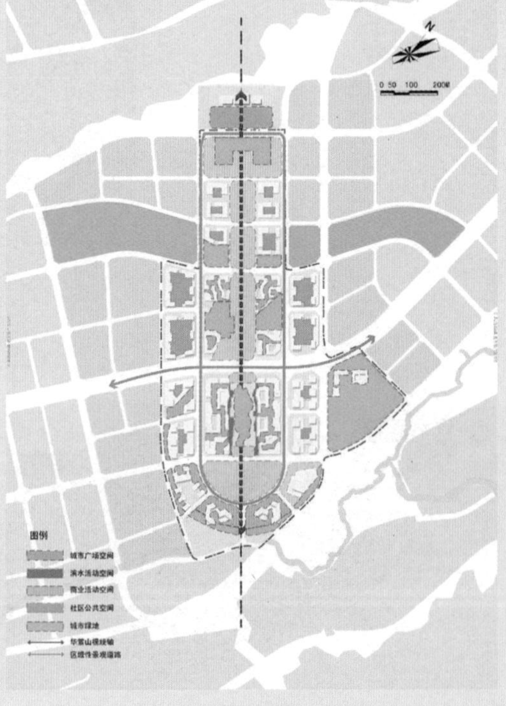

图8-3-34　公共活动空间规划图

（资料来源：四川省城乡规划设计研究院）

公共活动空间的环境设施和小品

环境设施指城市外部空间中供人们使用，为人们服务的设施，其完善程度在某种意义上体现着城市文明建设的成果和社会民主的程度。城市开放空间中的环境设计和小品在空间的实际使用中给人们带来的方便和影响不容忽视，环境小品中的公共艺术品（如城市雕塑），具有在公共空间中展现艺术构思、文化理念和信息以及美化环境方面的作用，增加空间的场所意义。

城市环境设施和建筑小品的主要内容和设计要求　　表8-3-1

类别	内容构成	设计要求
休息设施	座椅桌凳	按不同场地确定形式及围合布置方式，有一定随意性，以舒适典雅为佳
卫生设施	废物箱	造型简洁，易于清扫，抗磨损，多与休息设施结合
	饮水器	功能与装饰相结合，保持视觉清洁感
	公共厕所	宜设于休息场地附近或市场建筑配套部分，最好同交流场所有便捷的联系
公用设施	电话亭	施工精良，装修别致，选择人群聚集场所设置
环境标识	指路标	选择人群聚集停留的场所设置，醒目美观，且能反映所在地段的特质
	标志牌	符号含义清晰、醒目、美观，并考虑符号之间保证能见度的适宜间距
	导游图	设于出入口及人群停留场所，清晰
	报时钟	功能与装饰相结合，并与所在的建筑特征相协调
拦阻诱导设施	围栏护柱	围栏要造型简洁，色彩素雅大方；护栏要设置合理，具有灵活性
绿化设施	种植容器	既可以永久设置，也可以具有一定的流动性；形式灵活多样，抗磨损，可与休息设施结合起来使用
其他设施	灯具	尺度适宜，造型色彩简洁明快，材质选择上可有所创新
	雕塑小品	在考虑城市文脉及场所行为的前提下设计造型

图8-3-35　比利时一融座椅和雕塑于一体的小品（邱建拍摄）

图8-3-36　成都太古里的导游牌（朱晥拍摄）

案例：南充市燕儿窝片区及炼油厂片区城市设计

本设计在环境景观设计引导方面以生态修复，棕地再生为理念，延续了地域文脉，为居民提供了良好的休闲和交往场所，亲切舒适的环境小品设计，增强了场所轻松的氛围，富有历史感的烟囱创意改造，增加了城市的人情味和归属感。

图8-3-37 南充市燕儿窝片区及炼油厂片区标志性小品构筑物——烟囱创意改造示意图
（资料来源：四川省城乡规划设计研究院）

案例：成都东郊记忆环境设施和小品

图8-3-38 导游牌及垃圾桶

图8-3-39 导游牌

图8-3-40 景观花池

图8-3-41 店招

图8-3-42 指路标

图8-3-43 路灯

图8-3-44 花池座椅

（资料来源：朱晥拍摄）

（六）合理组织城市交通

依据城市总体规划，研究城市地铁、轻轨、高架、公交、人行交通对城市设计地区的影响，配合城市公共活动布局与城市步行系统，组织好流线分布、交通换乘体系，运用多种交通手段建立城市观光活动系统。

案例：广安市前锋区中心区城市设计

该城市设计在遵循上位规划的基础上，优化了局部路网，将控规原规划主干道向北调整，保证了干道布局的合理性，更利于核心区商业和文化办公保持TOD开发弹性。

同时城市设计梳理了城市主要景观道路，形成景观轴线，并以中央景观轴的南北空间的两侧步道为主要绿化道路，运用广场空间提供舒适美观的城市步行空间。

图8-3-45　城市步行系统规划设计

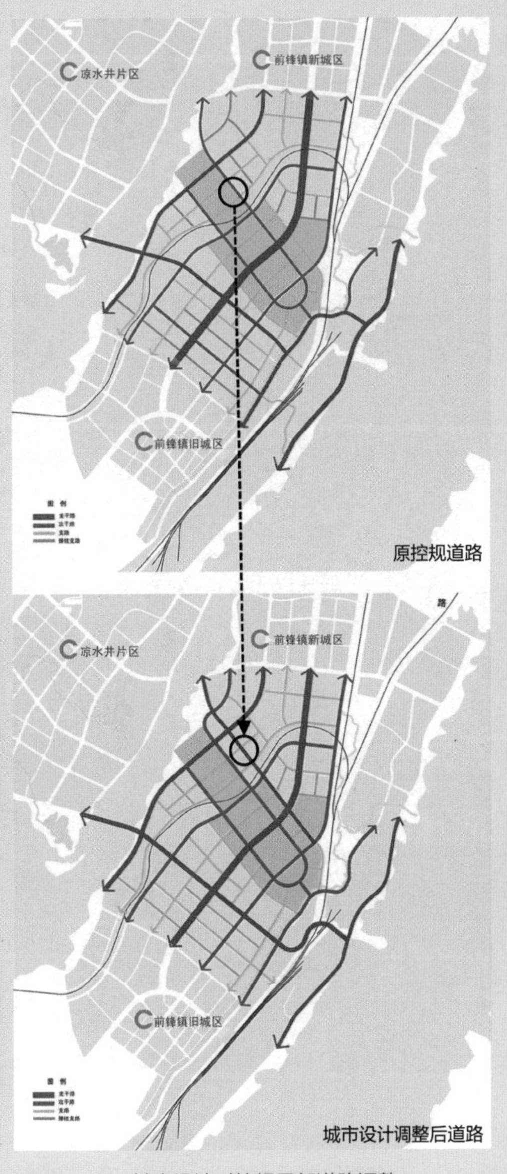

图8-3-46　城市设计对控规局部道路调整

（资料来源：四川省城乡规划设计研究院）

第九章
城市专项规划

第一节　城市综合交通体系规划

一、什么是城市综合交通体系规划

（一）基本概念

科学配置交通资源

城市综合交通体系规划是指导城市综合交通发展的战略性规划，协调统筹对外交通、城市道路、公共交通、步行与自行车交通、交通枢纽、停车、货运物流等各个方面，确定未来交通运输设施发展建设的规模、结构、布局等方案。[1]

（二）规划地位

承接城市总体规划，统领交通子系统规划

城市综合交通体系规划是城市总体规划的重要组成部分，是指引政府实施城市综合交通体系建设，调控交通资源，统筹城市交通各子系统关系，是编制城市交通子系统规划的依据。

（三）特点与作用

优化交通模式与土地使用的关系

统筹城市内外、客货、近远期交通发展，形成支撑城市可持续发展的综合交通体系。

（四）期限与范围

与城市总体规划保持一致

城市综合交通体系规划的期限和范围应与城市总体规划一致。

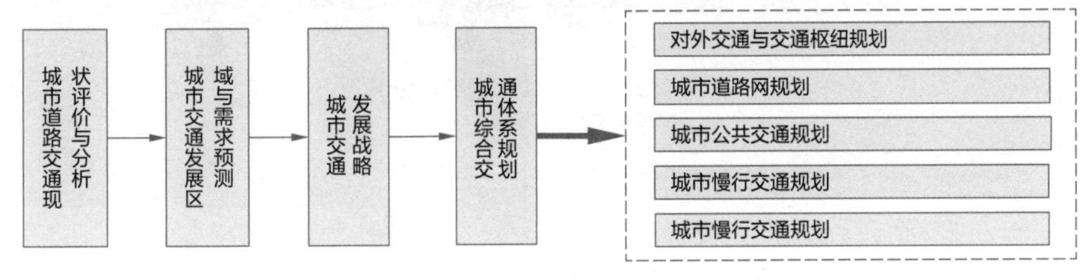

图9-1-1　城市综合交通体系规划流程图
（资料来源：彭攀绘）

1　过秀成主编.城市交通规划（第二版）[M]. 南京：东南大学出版社，2017.

二、重要术语

（一）绿色交通

客货运输中，按人均或单位货物计算，占用城市交通资源和消耗的能源较少，且污染物和温室气体排放水平较低的交通活动或交通方式。

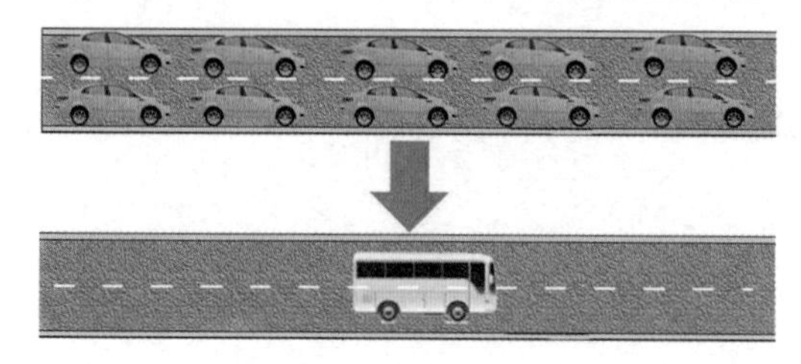

图9-1-2 绿色交通与小汽车交通的比较优势示意图
（资料来源：彭攀绘）

图9-1-3 城市客运枢纽示意图
（资料来源：彭攀绘）

（二）城市客运枢纽

在城市客运交通系统中，为不同交通方式或同一交通方式不同方向、功能的线路客流集散和转换所提供的场所。

图9-1-4 城市货运中心示意图
（资料来源：彭攀绘）

（三）城市货运中心

包括原材料、半成品及产成品的运输、集散、储存、配送等功能的货物流通综合服务设施。

（四）城市道路

城市道路是组织协调城市交通运输、供车辆和行人通行的基础设施，也是布设城市管线、绿化照明、划分街区的公共设施，可分为，快速路、主干路、次干路、支路四个等级。

图9-1-5 城市道路等级示意图
（资料来源：彭攀绘）

（五）道路密度

也称路网密度，是道路网的总里程与该区域面积的比值。

$$\text{道路密度（km/km}^2\text{）}=\frac{\text{道路总里程（km）}}{\text{规划范围（km}^2\text{）}}$$

（六）城市公共交通

由获得许可的营运单位或个人为城市集中建设区内公众或特定人群提供的具有确定费率的客运交通方式的总称。

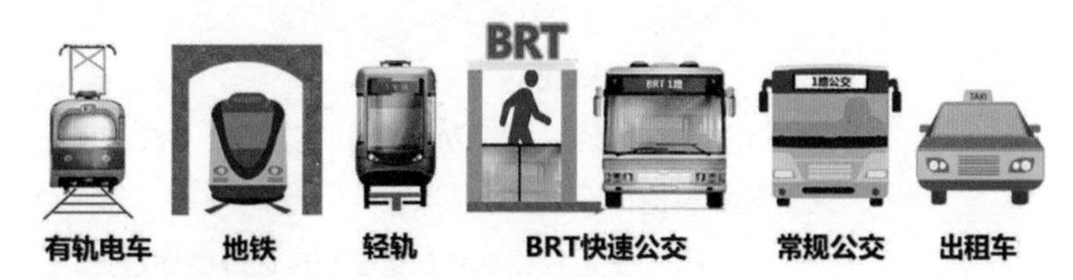

图9-1-6 城市公共交通示意图
（资料来源：彭攀绘）

（七）TOD模式

以公共交通为导向的开发模式，公共交通引领城市空间布局。

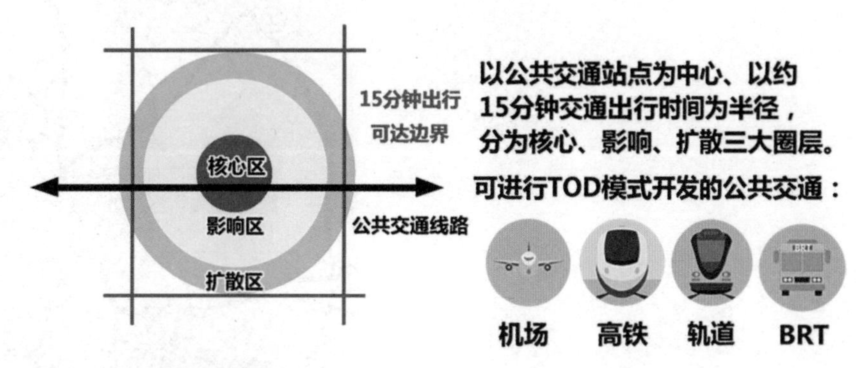

图9-1-7 TOD模式示意图
（资料来源：彭攀绘）

（八）停车场

指供车辆（含机动车和自行车）停放的场所，由多个停车位和相关配套设施构成，通常可分为建筑配建停车场、社会公共停车场、路内停车位三种。[1]

图9-1-8 建筑配建停车场、社会公共停车场、路内停车位示意图
（资料来源：彭攀绘）

1 中华人民共和国住房和城乡建设部．城市综合交通体系规划规范[S].

三、如何编制城市综合交通体系规划

（一）对外交通与交通枢纽规划

1. 对外交通规划主要内容

依据城市具体情况，研究航空、铁路、高速、国省干道、水运的发展目标、体系结构、总体布局等。[1]

1）铁路规划

（1）高速铁路规划靠近集中建成区，铁路客运站宜设置在中心城区外围，有条件时可设置多个站点。

（2）货运铁路规划在集中建成区外围通过。

（3）港区、工业区、工矿企业等根据运输需要规划铁路专用线。

案例：乐山市铁路网及场站规划

规划构建“三纵两横”的铁路线网。

三纵：

成昆线、

成绵乐—成贵、

连乐铁路—马边支线

两横：

乐雅铁路、

乐自泸（连乐）铁路

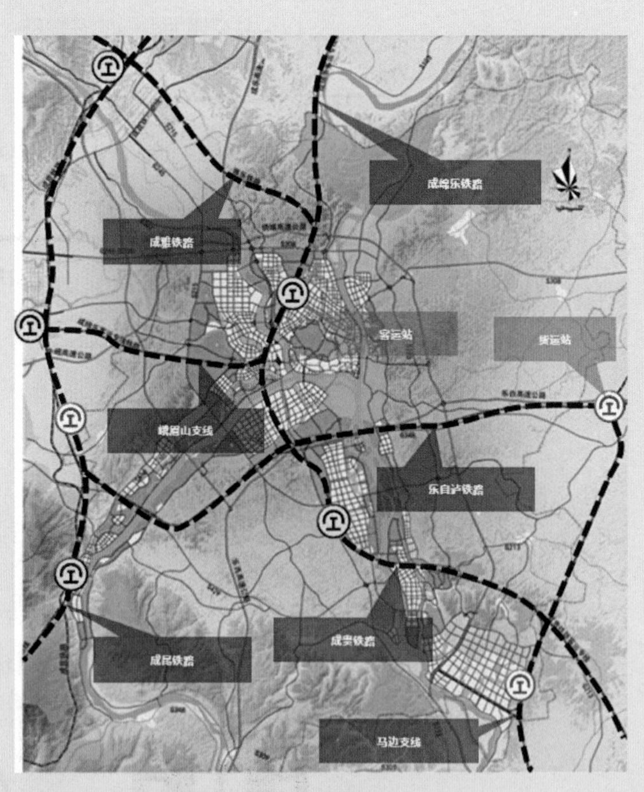

图9-1-9 乐山市铁路网及场站规划图

（资料来源：四川省城乡规划设计研究院）

1 中华人民共和国住房和城乡建设部. GB 50925-2013城市对外交通规划规范[S]. 2013-11-29

2）公路规划

（1）高速公路出入口与城市快速路或主干路衔接。

（2）主要对外联系方向上规划两条二级以上等级的公路。

（3）一级、二级公路规划与城市主干路或干路衔接。

案例：乐山市公路网规划

图9-1-10　乐山市高速公路规划图

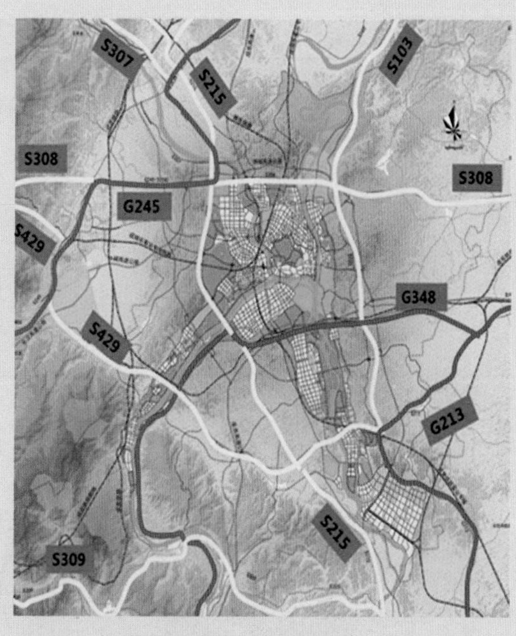

图9-1-11　乐山市国省干道规划图

规划高速公路形成**“一环六射”**。

一环：

绕城高速

六射：

成乐高速、乐宜高速、乐自高速、乐雅高速、乐汉高速、乐西高速

国省道形成**“三横四纵两联”**。

三横：

S308、S309、G348

四纵：

G245、S215、S103、G213

两联：

S429、S307

（资料来源：四川省城乡规划设计研究院）

2. 交通枢纽主要内容

依据城市具体情况，研究城市客运、货运交通枢纽的选址与布局。

1）客运枢纽规划

（1）科学布局综合客运枢纽

高速铁路、城际铁路和市域（郊）铁路应在城市中心城区设站，或者充分利用城区内既有车站进行改扩建。

（2）同站布置各类客运站场

机场、高铁和城铁客运站、普通铁路客运站、公路客运站、城市轨道交通车站、公交枢纽等主要站场应集中设置。

（3）便捷的枢纽站场内换乘

宜采用同台或立体换乘方式，提升换乘的便利程度。新建综合客运枢纽应立体布局换乘设施，鼓励既有客运枢纽实施立体化换乘改造。

案例：上海虹桥客运枢纽

上海虹桥客运枢纽是国内综合交通枢纽的代表，集航空、高铁、地铁、规划磁悬浮列车、公交、长途客运于一体。

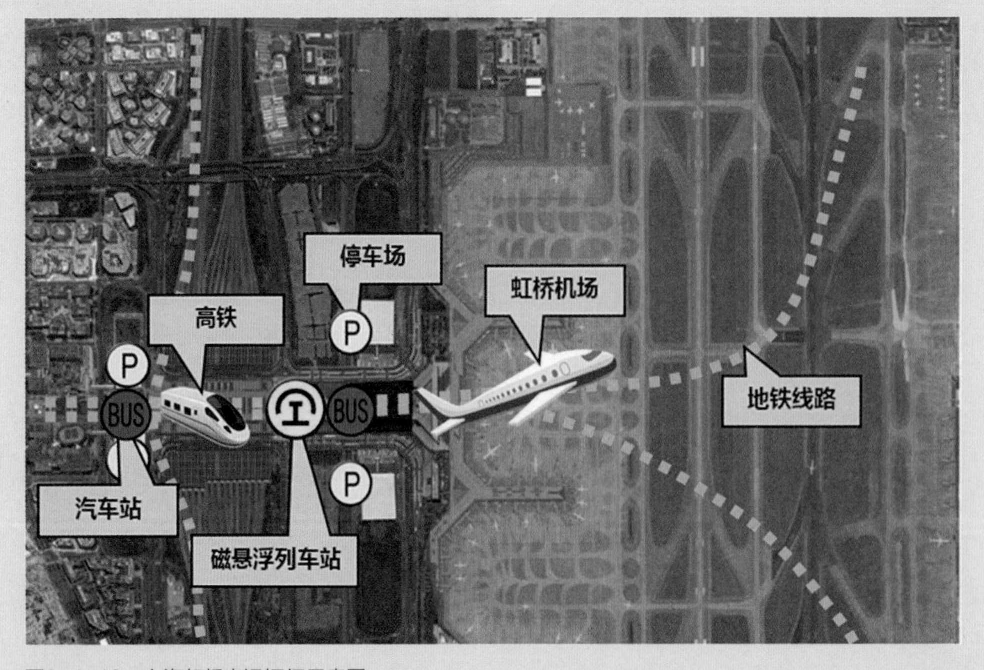

图9-1-12 上海虹桥客运枢纽示意图
（资料来源：彭攀绘）

2）货运中心规划

（1）构建公路—铁路—水运—航空多方式联合运输的货运网络体系，保障货运交通运输网络的完整性。

（2）打造城市干线道路货运系统，为城市主要工业区、仓储区与对外货运枢纽及主要对外公路之间的联系提供全天候运输条件。

（3）集合物流园区、物流配送中心、货运场站等货运节点布置城市货运交通枢纽。

案例：阆中货运中心

依据兰渝铁路、阆中机场、阆仪高速，设置江南站、空港基地物流中心，解决对外货运。

依托城市主干路，设置金龟坝、蟠龙山物流中心，解决城市内部货运。

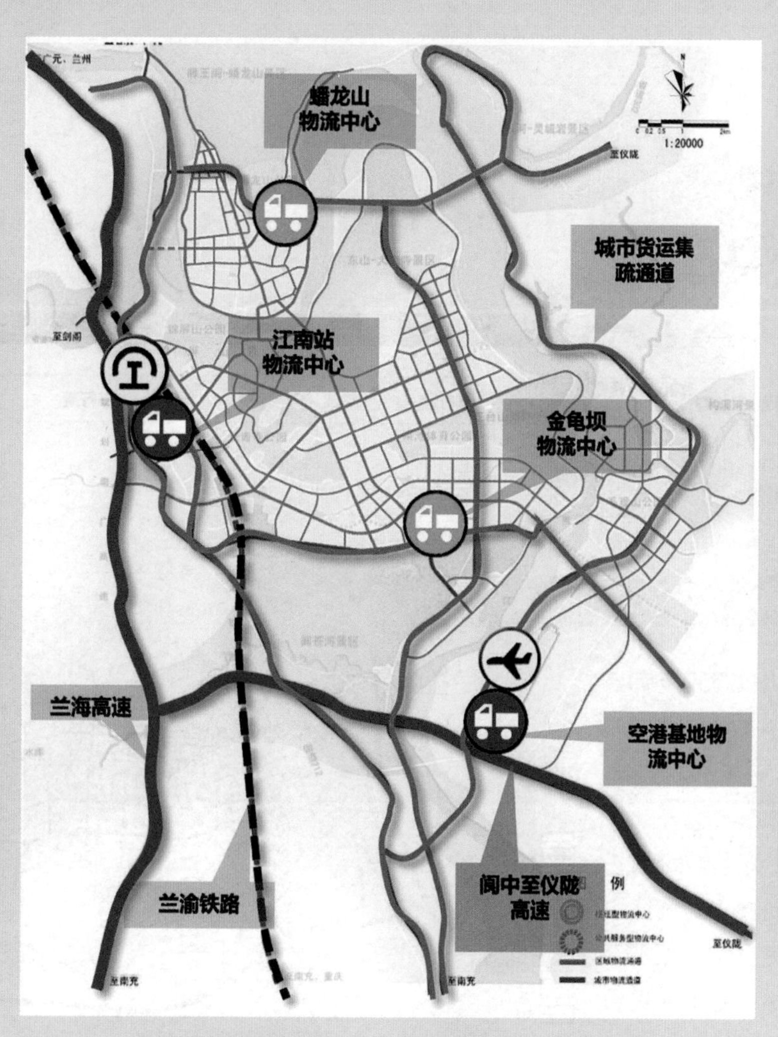

图9-1-13　阆中市货运及物流规划图（2012—2030）

（资料来源：四川省城乡规划设计研究院）

（二）城市道路网规划

确定城市内的道路布局体系，以及不同道路的红线宽度。

（1）结合自然地貌、用地布局，规划城市道路网络体系。

（2）确定各级城市道路的技术指标。

（3）确定各级城市道路的断面组成和红线宽度。

各级城市道路的技术特征表 表9-1-1

道路分类	快速路	主干路	次干路	支路
交通功能	长距离组团、主要对外交通	相邻组团及中心组团间交通	相邻组团及内部交通	组团、片区内部交通
服务对象	宜禁止非机动车、行人通行	机动车与慢行交通之间通过实物隔离	机动车、非机动车、行人皆可通行	慢行交通优先
车行道数（条）	4～8	2～6	2～4	2
红线宽度（m）	60～100	40～80	30～50	10～30

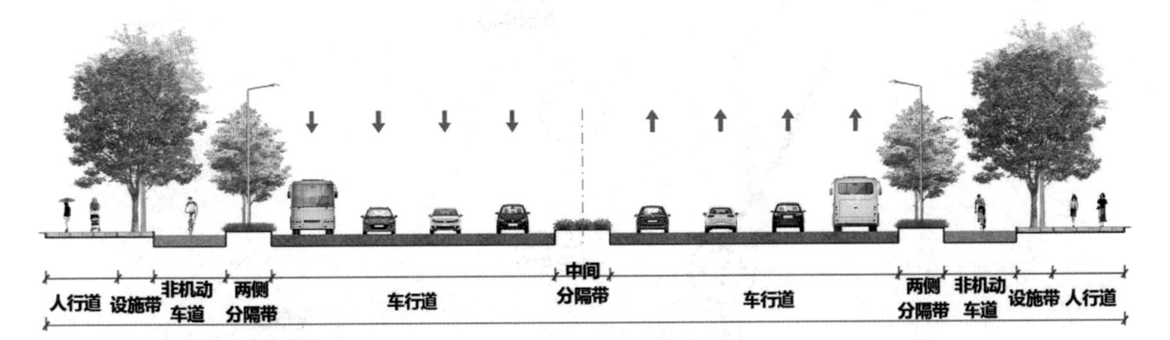

图9-1-14 城市道路典型断面示意图
（资料来源：彭攀绘）

案例：邛崃道路网络体系规划

城区路网布局高效衔接对外公路，形成“一环十二射”对外交通网络。

综合自然地貌、用地布局，城区主干道形成“四横、七纵”的综合交通网络。

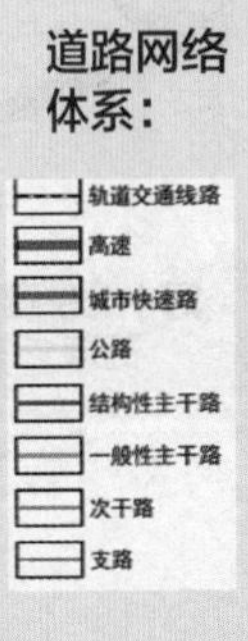

图9-1-15 邛崃城市道路布局体系示意图

（资料来源：四川省城乡规划设计研究院）

（三）公共交通规划

确定城市内的轨道交通以及常规公交的发展规模、站点布局及走向。

（1）面：依据城市空间结构、用地布局、地形地貌、确定公交线网形态与结构。

（2）线：分析客流廊道，确定公共交通线网的方向与路径选择。

（3）点：分析客流集散点，确定公共交通线网的站点设置。

案例：泸州市公共交通规划

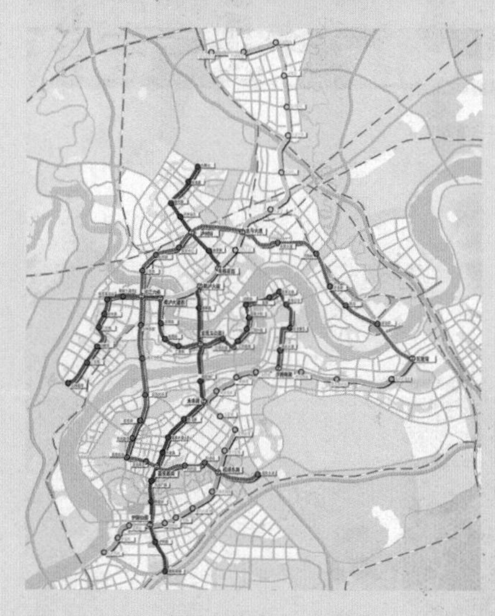

图9-1-16 泸州市轨道交通规划图（2018—2035）

泸州轨道交通线网由5条线路组成，全长131.8km，线网密度约为0.66km/km^2。

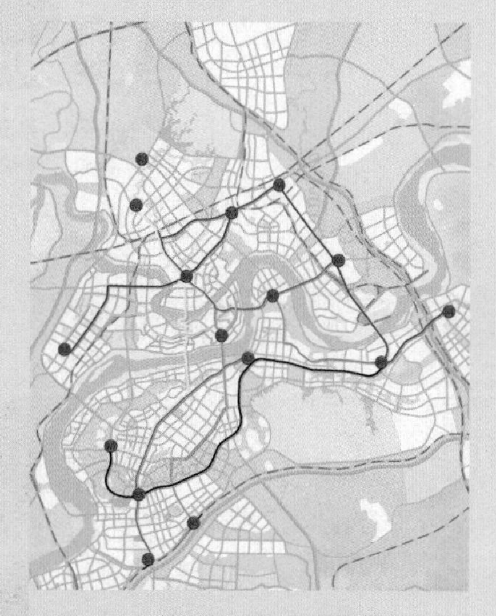

图9-1-17 泸州市公交干线规划图（2018—2035）

泸州公交干线结合公交换乘枢纽，形成十条廊道，串联城市主要组团。

案例：泸州市高铁片区TOD模式

图9-1-18 泸州市高铁片区的TOD模式规划

泸州高铁站是铁路主导型枢纽，形成城市主干道围合、中小街道分割、路网密度较高、公共交通完善、公共服务设施就近配套的TOD模式。

（本页资料来源：四川省城乡规划设计研究院）

（四）慢行交通规划

倡导以人为本，合理分配步行和非机动车出行路权。[1]

图9-1-19 步行、非机动车交通设置方式示意图
（资料来源：彭攀绘）

图9-1-20 绿道设置方式示意图
（资料来源：彭攀绘）

案例：剑阁公园慢行交通规划

结合山形与景观，设置车行、步行、骑行道。

车行、步行、骑行综合道

步行、骑行综合道

步行专用路

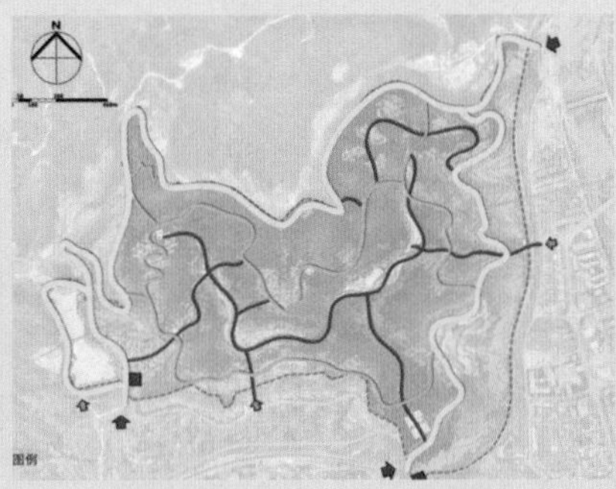

图9-1-21 剑阁公园慢行交通规划
（资料来源：四川省城乡规划设计研究院）

案例：成都天府绿道概念规划

结合当地景观、文化特色，打造绿道名片。

一轴：锦江轴线绿道

二山：龙门山、龙泉山绿道

三环：三环路、绕城高速、二绕高速山绿道

七道：特色鲜明七条放射绿道

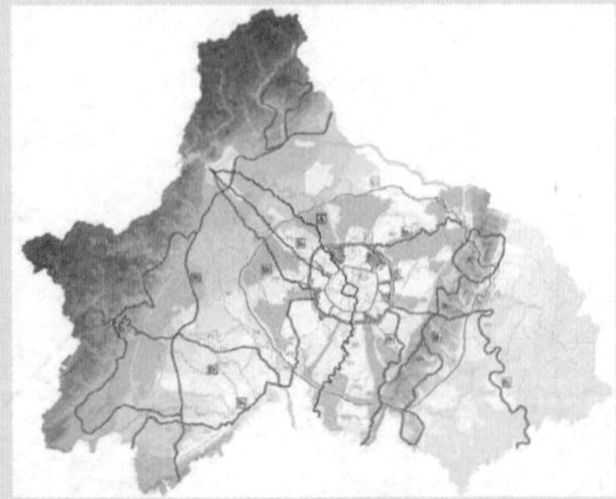

图9-1-22 成都天府绿道概念规划
（资料来源：成都市规划管理局）

1 中华人民共和国住房和城乡建设部. 城市步行和自行车交通系统规划设计导则[R]. 2013-12

（五）静态交通规划

建筑配建停车场为主，以公共停车场和路内停车为补充。打造井然有序的停车环境。[1]

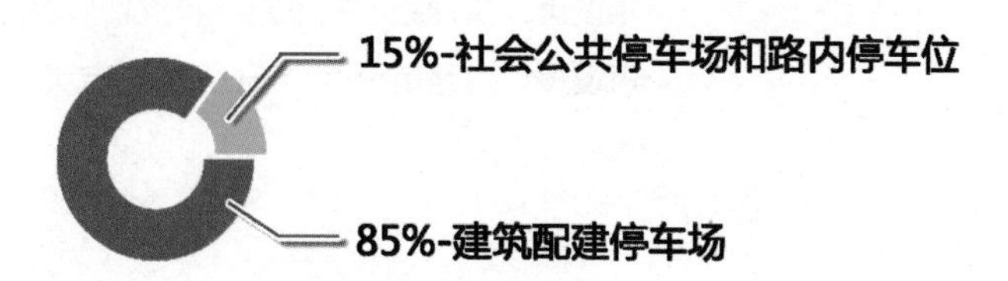

图9-1-23 停车总量控制原则示意图
（资料来源：彭攀绘）

1. 建筑配建停车位规划

建筑配建停车位规划是面向本建筑物使用者和公众服务的供机动车、非机动车停放的停车场，是解决停车问题的重点。

案例：成都市配建停车位控制指标

成都市建设用地配建车位控制指标 表9-1-2

建筑用途	机动车（车位/100m²建筑面积）		非机动车（辆/100m²建筑面积）
	二环内	二环外	
住宅	≥1.0	≥1.2	≥1.0
保障性住房、公租房、廉租房	-	-	≥1.5
商业服务业设施	≥0.5	≥0.8	≥1.0
行政办公	≥0.5	≥0.8	≥1.0
科研	≥0.5	≥0.8	≥1.0
医院	≥0.5	≥0.8	≥1.0
体育馆	≥2.5	≥2.5	≥1.0
影剧院	≥0.5	≥0.8	≥1.0
展览馆	≥0.5	≥0.8	≥1.0
工业品销售维修	≥0.5	≥0.5	-
中小学	≥0.3	≥0.3	-
交通枢纽及公用设施	结合方案合理性确定		

（资料来源：成都市城市规划管理技术规定（2017版））

1 中华人民共和国住房和城乡建设部. GB-T51149-2016城市停车规划规范[S]. 2016-06-20

2. 公共停车位规划

提倡**“小规模停车场+大范围覆盖”**模式，提升公共停车场的使用效率和服务范围。

3. 路内停车位规划

不设置：快速路、主干路、救灾和应急疏散通道。

可设置：道路负荷度小于0.7的城市次干路及支路。

案例：阆中市公共停车位规划

图9-1-24 阆中城区公共停车场规划图（2012—2030）
（资料来源：四川省城乡规划设计研究院）

案例：路内停车位

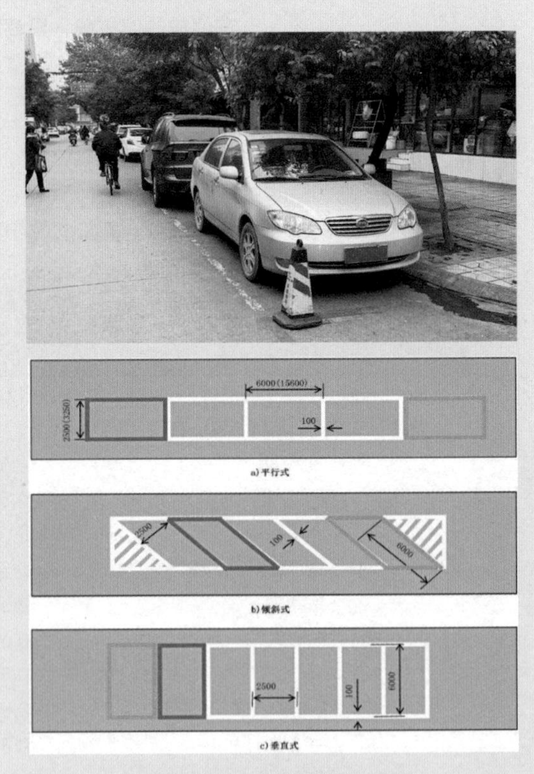

图9-1-25 阆中城区路内停车泊位示意图
（资料来源：四川省城乡规划设计研究院）

四、城市综合交通体系规划组织与审批

（一）组织编制

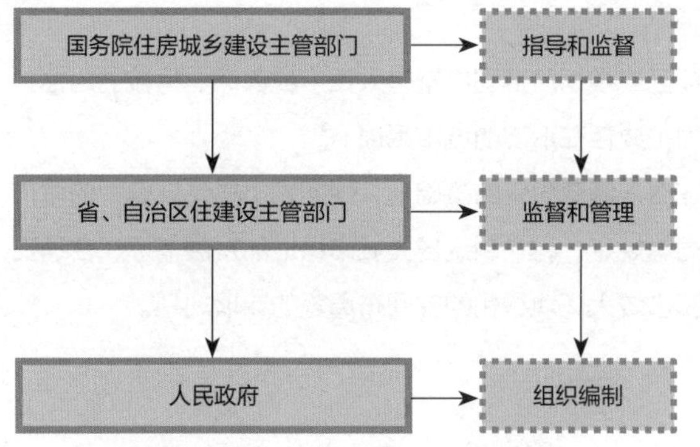

图9-1-26 城市综合交通体系规划编制流程图
（资料来源：彭攀绘）

编制主体

城市综合交通体系规划由城市人民政府组织编制。

编制流程

国务院住房和城乡建设主管部门指导和监督全国城市综合交通体系规划编制工作。

省、自治区住房和城乡建设主管部门负责本行政区域内城市综合交通体系规划编制工作的监督管理。

城市综合交通体系规划须由具备相应资质和设计能力的单位编制。

（二）审批流程

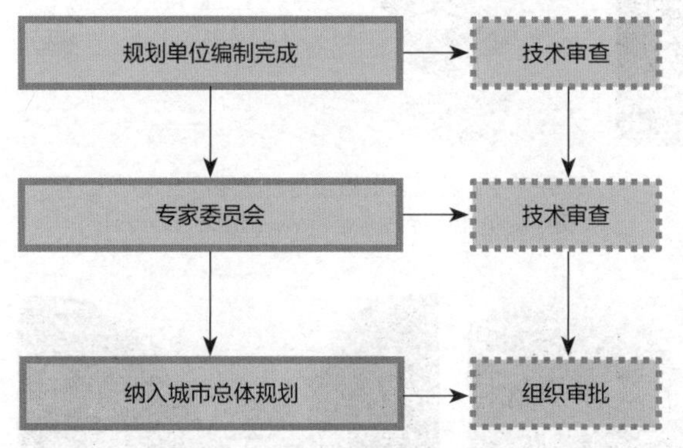

图9-1-27 城市综合交通体系规划审批流程图
（资料来源：彭攀绘）

审批流程

城市综合交通体系规划编制完成后，应当组织技术审查。

直辖市的城市综合交通体系规划编制完成后，报送国务院住房城乡建设主管部门，由住房城乡建设部城市综合交通体系规划专家委员会进行技术审查。其他城市的城市综合交通体系规划，由省、自治区住房城乡建设主管部门进行技术审查。

经技术审查后的城市综合交通体系规划成果，应纳入城市总体规划进行审批。

第二节 城市绿地系统规划

一、什么是城市绿地系统规划

（一）概念

城市绿地是指城市建成区或规划区范围内覆有人工（或自然）植被的用地，指以自然植被和人工植被为主要存在形态的城市用地。[1]

城市绿地系统规划是在深入调查研究的基础上，根据城市总体规划中的城市性质、发展目标、用地布局等规定，科学制定各类城市绿地的发展指标，合理安排城市各类园林绿地建设和市域大环境绿化的空间布局等的专项规划。

（二）作用

城市绿地系统规划的作用主要为：对各类城市绿地进行定性、定位、定量的统筹安排，形成具有合理空间结构和布局的绿地空间系统，以实现绿地所具有的生态保护、休闲游憩和社会文化等功能，达到保护和改善城市生态环境、优化城市人居环境、提升城市魅力特色、促进城市可持续发展的目的。

图9-2-1 波士顿某公园绿地（邱建拍摄）

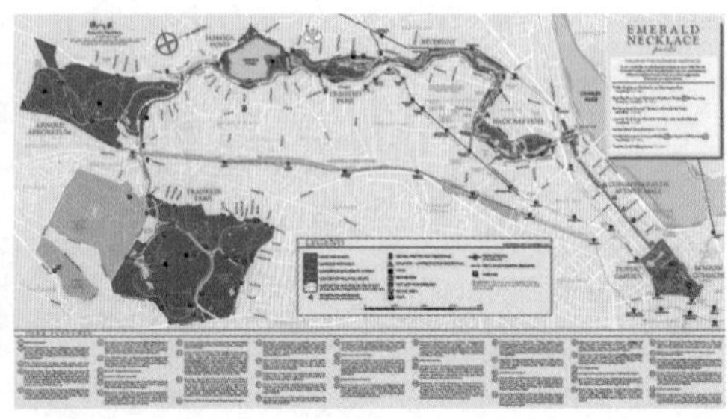

图9-2-2 波士顿翡翠项链公园绿地系统（资料来源：https://www.emeraldnecklace.org/）

图9-2-3 波士顿查尔斯河滨公园绿地（邱建拍摄）

图9-2-4 波士顿查尔斯河滨麻省理工学院公园绿地（邱建拍摄）

1 中华人民共和国住房和城乡建设部. CJJ/T 85-2017城市绿地分类标准[S]. 2017-11-28

二、重要概念

城市建设用地内的绿地，分为公园绿地、防护绿地、广场用地和附属绿地。[1]

（一）公园绿地（G1）

公园绿地是城市中向公众开放的，以游憩为主要功能，有一定的游憩设施和服务设施，同时兼有健全生态、美化景观、科普教育、应急避险等综合作用的绿化用地。它是城市建设用地、城市绿地系统和城市绿色基础设施的重要组成部分，是表示城市整体环境水平和居民生活质量的一项重要指标。如美国纽约中央公园、成都人民公园和活水公园等。

图9-2-5　纽约城市中央公园绿地（邱建拍摄）

（二）防护绿地（G2）

防护绿地是为了满足城市对卫生、隔离、安全的要求而设置的，其功能是对自然灾害或城市公害起到一定的防护或减弱作用，因受安全性、健康性等因素的影响，防护绿地不宜兼作公园绿地使用。

图9-2-6　四川天府新区铁路沿线防护绿地（邱建拍摄）

图9-2-7　高压线防护绿地（唐密拍摄）

1　中华人民共和国住房和城乡建设部. CJJ/T 85-2017城市绿地分类标准[S]. 2017-11-28

（三）广场用地（G3）

广场用地是指以游憩、纪念、集会和避险等功能为主的城市公共活动场地，如北京天安门广场、英国伦敦鸽子广场、美国纽约时代广场、瑞典斯德哥尔摩王宫东边阅兵广场、美国华盛顿林肯纪念堂前广场、成都天府广场，俄罗斯莫斯科红场。不包括以交通集散为主的广场用地。

图9-2-8　美国纽约时代广场（邱建拍摄）

图9-2-9　瑞典斯德哥尔摩王宫东边阅兵广场（邱建拍摄）

图9-2-10　俄罗斯莫斯科红场（邱建拍摄）

图9-2-11　美国华盛顿林肯纪念堂前广场（邱建拍摄）

建广场应依据功能合理确定规模，大、中、小城市特征鲜明，要打破单一模式，建具有良好的空间品质和特点的广场。要活泼精致、有良好的空间品质，让人能够亲近，以人为本，切忌贪大求洋，也不要试图囊括所有功能，搞成大杂烩、拼盘式的堆砌。

图9-2-12　某尺度巨大的广场，缺乏亲近感（唐颖拍摄）

图9-2-13　河南大学附属绿地（唐密拍摄）

（四）附属绿地

附属绿地是指附属于各类城市建设用地（除“绿地与广场用地”）的绿化用地，附属绿地不能单独参与城市建设用地平衡。

（五）区域绿地

区域绿地指市（县）域范围以内、城市建设用地之外的绿地，是对于保障城乡生态和景观格局完整、居民休闲游憩、设施安全与防护隔离等具有重要作用的各类绿地。区域绿地包括风景名胜区、森林公园、湿地公园、郊野公园在内的风景游憩绿地，以及生态保育绿地、区域设施防护绿地和生产绿地，不包括耕地。区域绿地不参与城市用地平衡，不计入建设用地。

图9-2-14　成都环城生态区青龙湖绿地（邱建拍摄）

图9-2-15　四川省合江县福宝国家森林公园（朱晥拍摄）

图9-2-16　四川省遂宁市湿地公园（邱建拍摄）

图9-2-17　四川省江油市大康百合园（朱晥拍摄）

（六）绿地率

绿地率：是指规划地块内各类绿化用地总和占该用地的比例，是衡量地块环境质量的重要指标。

城市绿地率（%）=（城市建成区内绿地面积之和÷城市建设用地面积）×100%。

（七）绿化覆盖率

城市建成区内绿化覆盖面积包括各类绿地（公园绿地、生产绿地、防护绿地以及附属绿地）的实际绿化种植覆盖面积（含被绿化种植包围的水面）、屋顶绿化覆盖面积以及零散树木的覆盖面积，乔木树冠下的灌木和地被草地不重复计算。

城市绿化覆盖率（%）=（城市内全部绿化种植垂直投影面积 ÷ 城市用地面积）×100%。

（八）人均公园绿地面积

人均公园绿地面积（m^2/人）=城市公园绿地面积（G1）÷ 城市人口数量；我国相关规范对人均公园绿地的要求也随着国家对生态系统的重视，产生一系列的变化。该项指标表明城市各类公园的设置数量与规模，反映市民享用公园设施的水平。

有什么区别

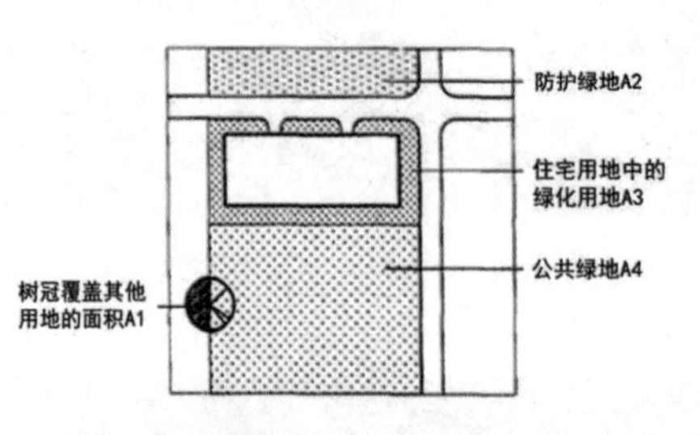

上图绿地率计算：绿地率=（公共绿地A4+防护绿地A2）/用地总面积

上图绿化覆盖率计算：绿化覆盖率=（公共绿地A4+防护绿地A2+住宅用地中的绿化用地A3+树冠覆盖其他用地的面积A1）/用地总面积

图9-2-18 绿化覆盖率和绿地率的区别
（资料来源：易君绘）

树影、空中花园、屋顶花园、中间长草的露天停车场等应算绿化覆盖率，而不算绿地率。

图9-2-19 建筑空中花园绿化
（资料来源：unsplash.com）

图9-2-20 加拿大温哥华公共建筑屋顶花园绿化（邱建拍摄）

图9-2-21 双流机场停车场绿化
（资料来源：奥维互动地图）

三、城市绿地系统规划编制重点

（一）科学制定各类城市绿地的发展指标

绿地系统规划首先要对城市概况和城市绿地现状进行详细分析。城市概况包括自然条件、社会经济条件、城市性质、环境状况等，城市绿地现状分析包括各类绿地现状统计分析、城市绿地发展优势与动力、存在的主要问题与制约因素等。[1]

在充分了解现状的基础上，才能科学合理制定规划目标和规划指标。在《城市用地分类与规划建设用地标准》GB50137—2011中规定：在对城市总体规划编制和修编时，城市绿地与广场用地面积比例宜在10%～15%之间，人均绿地与广场用地面积不应小于10m^2，其中人均公园绿地面积不应小于8m^2。

《四川省宜居县城建设试点评价指标体系》[2]对绿地建设方面的评价指标主要包括以下几个方面：

城市山水格局：山、水、田、城格局得到有效保护，其各项建设活动符合城市绿线、城市蓝线、城市开发边界等相关管控要求；

人均公园绿地面积≥10m^2/人（或低于10m^2/人的县城在考核期末较2015年增量超过100%）；

公园绿地服务半径覆盖率：按照300m的服务半径计，城市公园绿地服务半径覆盖率≥80%；

建成区绿地率≥33%。

图9-2-22　捷克布拉格某街头绿地（邱建拍摄）

图9-2-23　遂宁涪江滨河绿地景观（邱建拍摄）

图9-2-24　阿姆斯特丹旧城的滨河绿地（曲菲拍摄）

图9-2-25　成都市金堂县沿河绿地（邱建拍摄）

1　中华人民共和国建设部. 城市绿地系统规划编制纲要（试行）[S]. 2002-10-16

2　四川省住房和城乡建设厅. 四川省宜居县城建设试点评价指标体系.

（二）市（县）域绿地系统规划

市（县）域绿地系统规划主要阐明市（县）域绿地系统规划结构与布局和分类发展规划，构筑以中心城区为核心，覆盖整个市（县）域，城乡一体化的绿地系统。

图9-2-26　大伦敦的绿带实景（钱洋拍摄）

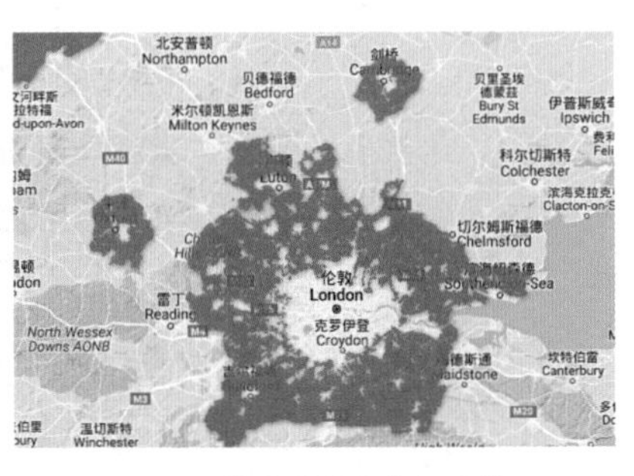

图9-2-27　环绕伦敦城市的绿地带（资料来源：planning.org.cn）

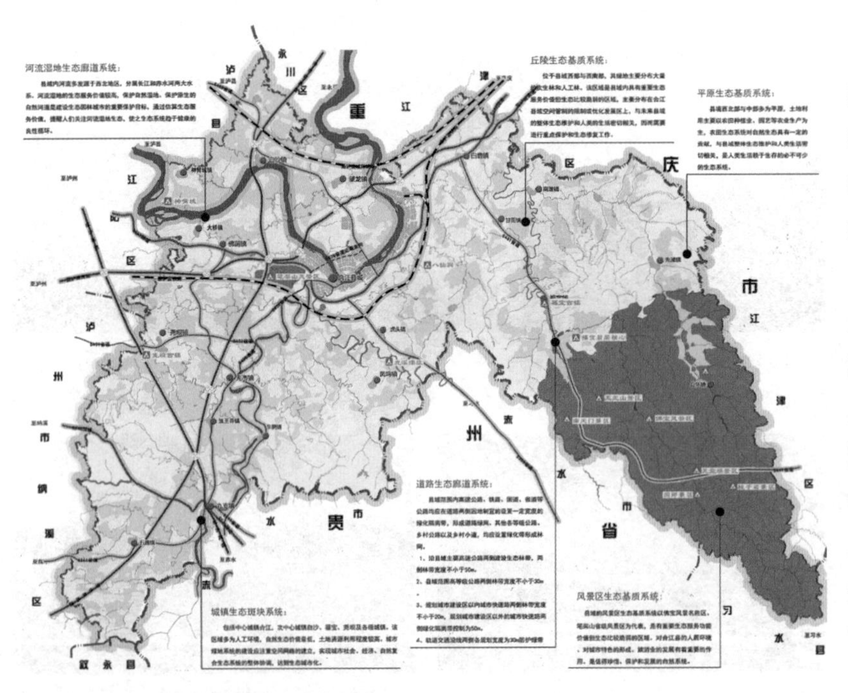

图9-2-28　合江县县域绿地系统规划图（资料来源：四川省城乡规划设计研究院）

城乡广阔的绿色生态空间是构造和支撑城市生态环境的自然基础，又是城市持续发展所必需的前提条件。

市（县）域绿地系统是以城乡地域为单元，为改善提升城市的生态品质，加强城乡大气的对流，加强城市自然净化气体与水体的能力，为地域乡土生物生存与繁衍提供适宜空间，保持并优化城市生态链的系统性保障。

（三）中心城区各类园林绿地空间布局

中心城区各类园林绿地空间布局首先需确定城区绿地系统的规划结构，合理确定各类城市绿地的总体关系。城市绿地系统空间布局呈现多样的形态构成特征。

图9-2-29　北京市中心城区绿地系统结构图
（资料来源：《北京市绿地系统规划》）

绿地系统结构

北京市中心城区绿地系统规划维护了“环状、放射状、点状、带状相结合”的绿地布局组成，形成“青山相拥、三环环绕、十字绿轴、十楔多园”的绿地系统结构；完善生态、景观、游憩、防护和避灾等多种功能系统；多种措施，增加绿地总量；强化管理，保护现有绿地，提高绿化质量。

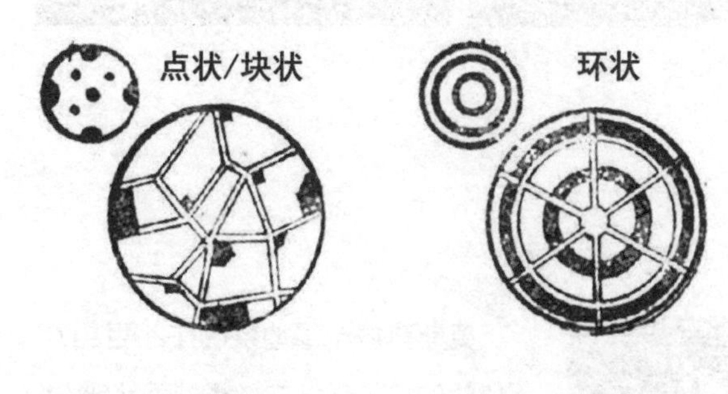

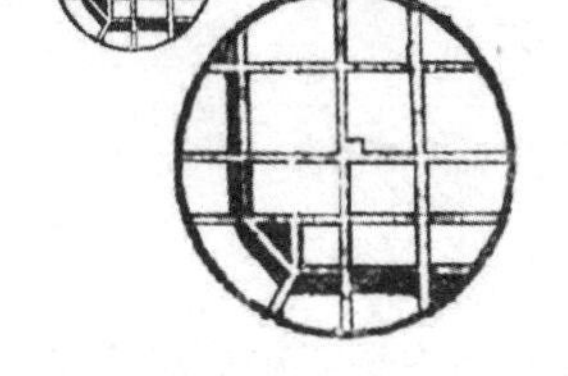

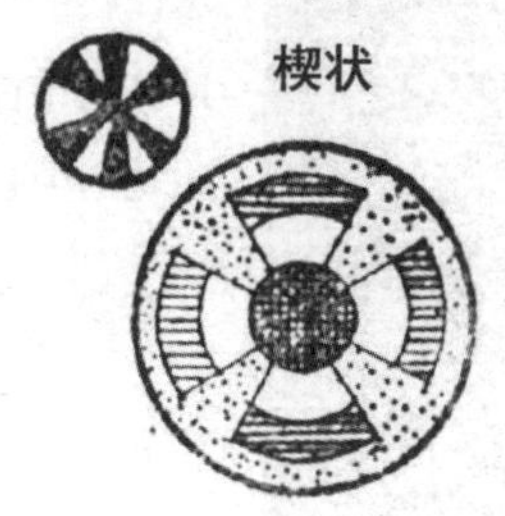

图9-2-30　绿地布局形式的基本模式
（资料来源：易君绘）

绿地布局分布的基本模式

基本模式：

点状、块状、带状、环状、放射状、楔状、指状等。

组合方式：

点网状、环网状、环楔状、放射环状、放射网状等。

点/块状绿地布局

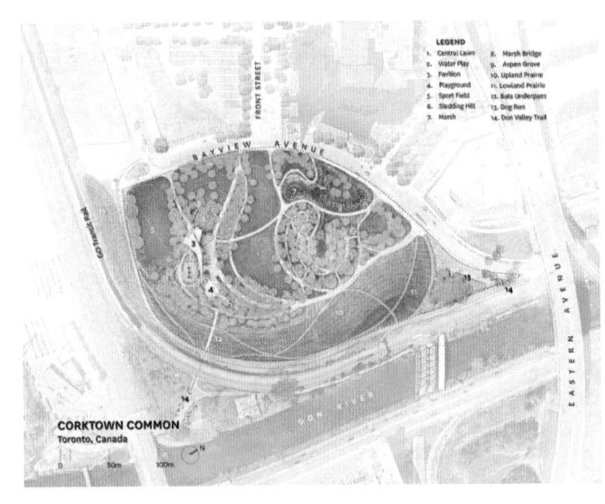

图9-2-31　多伦多Corktown公园| 2016年ASLA综合设计荣誉奖
（资料来源：hunan.voc.com.cn）

带状绿地布局

图9-2-32　澳大利亚布里斯班内河码头南岸公园
（资料来源：design.yuanlin.com）

楔形绿地布局

莫斯科城市绿地系统在20世纪70年代初的总体规划中，将城市分成7大片。城市由7条绿楔相分隔，绿楔直伸向城市中心。如：

图9-2-33　莫斯科卫星图可见绿楔伸向城市中心
（资料来源：奥维互动地图）

环状绿地布局

环状绿地布局是指在城市内部或城市的外缘布置成环状的绿地或绿带，用以连接沿线的公园等绿地，或是以宽阔的绿环限制城市向外进一步蔓延和扩展等。

混合式绿地布局

混合式绿地布局是指由块状绿地布局、带状绿地布局和楔形绿地布局的综合利用，可以做到城市绿地布局的点、线、面结合，组成较完整的体系。其优点是能够使生活居住区获得最大的绿地接触面，方便居民游憩，有利于小气候与城市环境卫生条件的改善，有利于丰富城市景观的艺术风貌。

例如合肥市沿原先的护城河形成的环状绿地，沿线串联了逍遥津公园、杏花公园、包河公园等，并构成多处景区，发挥了良好的环境效果，形成了合肥市著名的“翡翠项链”。

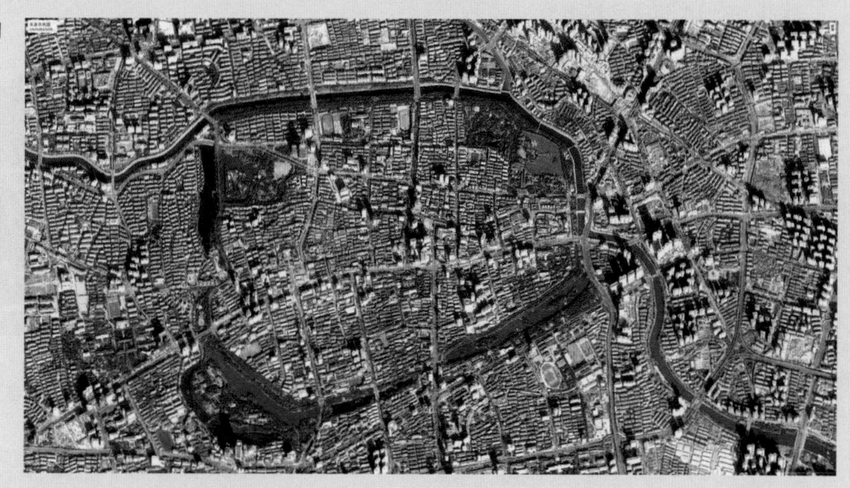

图9-2-34　合肥环城公园
（资料来源：奥维互动地图）

例如武汉都市发展区城市绿地系统，以“带状+环状+楔形”的方式，形成了“山水十字轴、绿化环、六大绿楔”的绿地系统总体框架，以长江、汉水联系起武湖、府河、后官湖、青菱湖等大型生态绿楔。

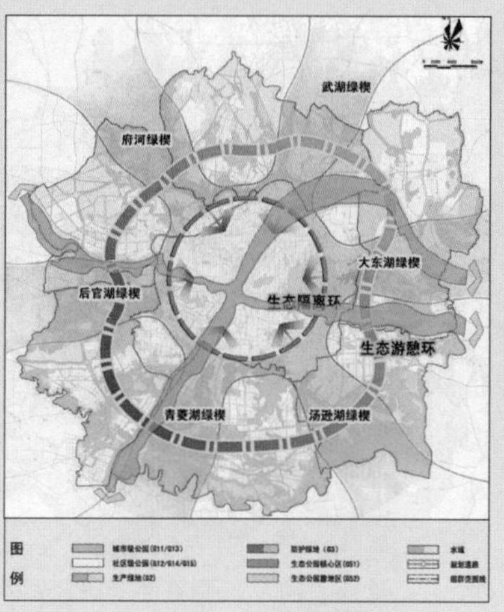

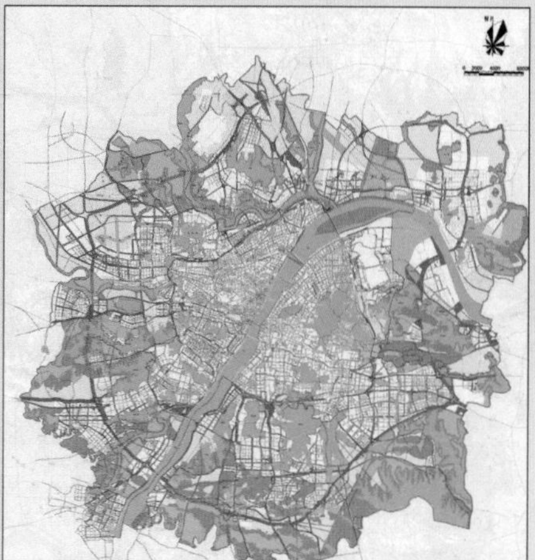

图9-2-35　武汉都市发展区绿地系统规划图
（资料来源：武汉市规划设计研究院）

（四）中心城区树种规划

对中心城区园林植物种植与生长现状、植物资源与生长环境进行分析，科学合理地确定基调树种、骨干树种和一般树种。

（五）生物多样性保护与建设规划

提出城市生物多样性保护与建设的目标、任务和保护建设的措施

案例：《合江县绿地系统专项规划》

树种规划主要技术指标：

（1）乡土树种与外来树种比例为3：1；

（2）被子植物与裸子植物比例为8：2；

（3）常绿树种与落叶树种比例为7：3；

（4）乔木、灌木及地被比例为5：3：2。

县花县树建议：

县树：荔枝树　　　　县花：兰花

基调树种建议：

常绿乔木：荔枝、香樟、大叶女贞、三叶树

落叶乔木：刺槐、黄葛树、法国梧桐、栾树

图9-2-36　合江县中心城区树种规划

（资料来源：四川省城乡规划设计研究院）

案例：《乐山市城市绿地系统生物多样性保护专项规划》

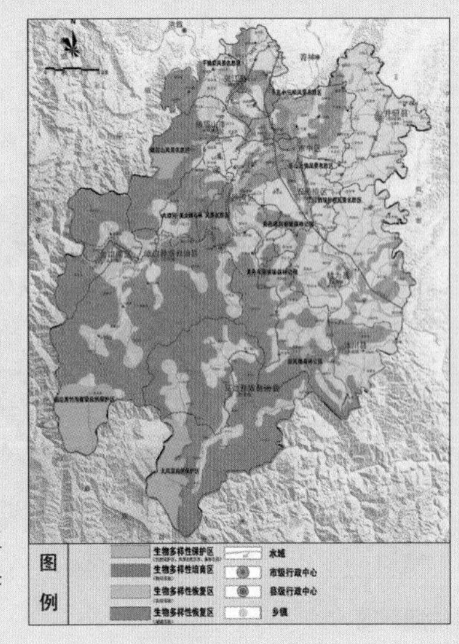

图9-2-37　乐山市域生物多样性保护规划图

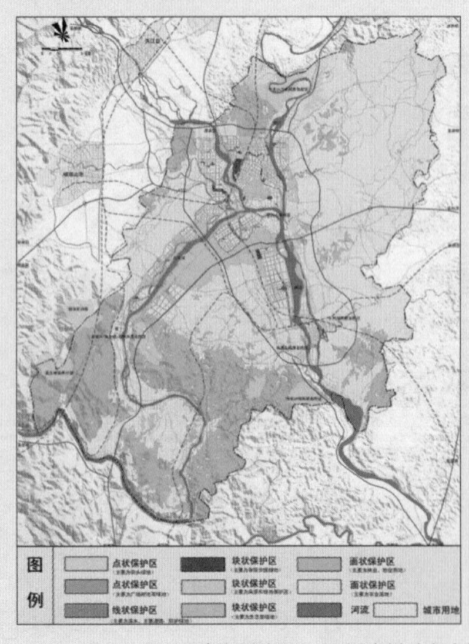

图9-2-38　乐山中心城区生物多样性保护规划图

（资料来源：四川省城乡规划设计研究院）

（六）古树名木保护

古树名木，据我国有关部门规定，一般树龄在百年以上的大树即为古树；而那些树种稀有、名贵或具有历史价值、纪念意义的树木则可称为名木。

图9-2-39　植于三千年前周代的山西晋祠周柏（邱建拍摄）

图9-2-40　1700多年树龄的都江堰张松银杏树局部（邱建拍摄）

图9-2-41　1700多年树龄的都江堰张松银杏树全貌（邱建拍摄）

案例：《合江县绿地系统专项规划》中古树名木的保护要求

古树名木概况：

合江城市规划区范围内已列入登记的古树名木共114株。

保护目标：

近期：建立完整的古树名木档案，划定每一株古树名木的保护范围，并纳入城市规划管理的日常监督工作之中。

远期：以古树名木生长地为基础，建设对应的城市小绿地、小广场，并实现古树名木保护工作的系统化、规范化。对古树名木的各项研究比较系统，复壮技术比较成熟，达到古树名木生长环境良好、管理精细的状态。

■ 古树名木保护名录

树名	科	属	保护等级	养护单位	挂牌时间
黄葛树	桑科	榕属		合江中学	2006.11
黄葛树	桑科	榕属		合江县公安局	2006.11
木棉（攀枝花）	木棉科	木棉属		绿洲宾馆	2006.11
木棉（攀枝花）	木棉科	木棉属		绿洲宾馆	2006.11
黄葛树	桑科	榕属		城管局	
黄葛树	桑科	榕属		城管局	
樟树	樟科	樟属	国家二级保护植物	合江县城关中学	
银杏	银杏科	银杏属	国家一级保护植物	合江县公安局	2006.11
樟树	樟科	樟属	国家二级保护植物	合江县城关中学	
樟树	樟科	樟属	国家二级保护植物	合江县城关中学	
樟树	樟科	樟属	国家二级保护植物	合江县城关中学	
肥皂荚	苏木科	皂荚属		合江县城管局	2006.11
樟树	樟科	樟属	国家二级保护植物	合江县城关中学	
樟树	樟科	樟属	国家二级保护植物	合江县城关中学	
樟树	樟科	樟属	国家二级保护植物	合江县城关中学	2006.11
樟树	樟科	樟属	国家二级保护植物	合江县城关中学	2006.11
银桦	山龙眼科	银桦属		合江县城关中学	2006.11
樟树	樟科	樟属	国家二级保护植物	合江县烈士陵园	2006.11
樟树	樟科	樟属	国家二级保护植物	合江县烈士陵园	2006.11
樟树	樟科	樟属	国家二级保护植物	合江县烈士陵园	2006.11
紫薇	千屈莱科	紫薇属		合江县烈士陵园	2006.11
桂花	木犀科	桂花属		合江县烈士陵园	2006.11
罗汉松	罗汉松科	罗汉松属		合江县烈士陵园	2006.11
黄葛树	桑科	榕属		合江县烈士陵园	
黄葛树	桑科	榕属		合江县烈士陵园	
樟树	樟科	樟属	国家二级保护植物	合江县烈士陵园	
樟树	樟科	樟属	国家二级保护植物	合江县烈士陵园	
樟树	樟科	樟属	国家二级保护植物	合江县烈士陵园	
樟树	樟科	樟属	国家二级保护植物	合江县烈士陵园	

图9-2-42　合江县古树名木保护名录

（资料来源：四川省城乡规划设计研究院）

四、城市绿地系统规划组织与审批

城市绿地系统规划是城市总体规划的专项规划，是对城市总规的深化和细化。城市绿地系统规划由城市规划行政主管部门和城市园林行政主管部门共同负责编制，并纳入城市总体规划。

一般城市绿地系统专项规划报所在地人民政府技术审查和审批；国家和省级园林城市（县城）报省级城市规划行政主管部门或城市园林行政主管部门（如重庆市）技术审查，由所在地人民政府审批。

第三节　历史文化名城保护规划

中国历史悠久，文化灿烂。每一座城市都有独特的历史渊源和文化内涵，并遗留下丰富的历史文化遗产。

中国有坚定的道路自信、理论自信、制度自信，其本质是建立在5000多年文明传承基础上的文化自信。保护城市历史文化是历史责任，也是时代要求。编制历史文化名城名镇名村、街区保护规划，可积极推动全面系统、科学合理地保护城市历史文化遗产，推动社会主义精神文明和物质文明协调发展。

图9-3-1　历史文化名城大理（梁小龙拍摄）

一、什么是历史文化名城保护规划

（一）概念

历史文化名城保护规划（以下简称名城保护规划）是以保护历史文化名城、协调保护与建设发展为目的，以确定保护的原则、内容和重点，划定保护范围，提出保护措施为主要内容的规划，是城市总体规划的专项规划。[1]

（二）作用

历史文化名城保护规划的作用是：在对城市自然与人文资源的价值、特色、现状、保护情况进行调研与评估的基础上，提出保护目标，明确保护内容，确定保护重点，划定保护和控制范围，制定保护与利用的规划措施，以实现有效保护城市历史文化遗产及其历史环境，保护和延续传统格局和风貌，继承和弘扬民族与地方优秀传统文化，改善人居环境，促进经济社会协调发展的目的。

案例：阆中历史文化名城保护规划

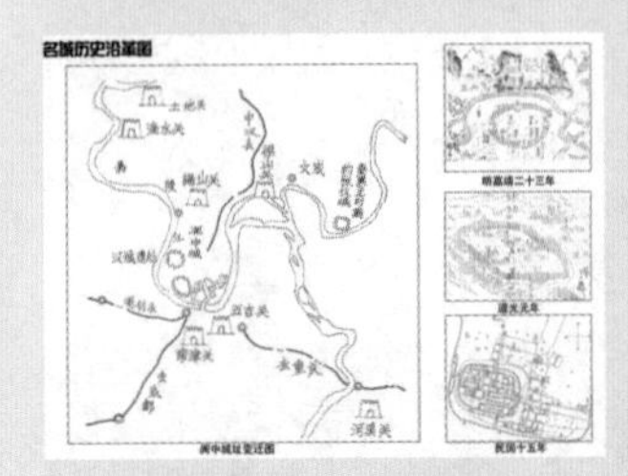

图9-3-2 阆中历史沿革图

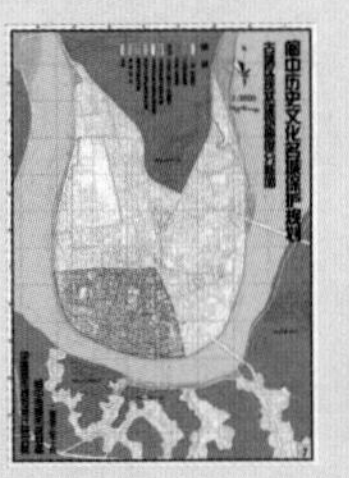
图9-3-3 格局及环境风貌分析图

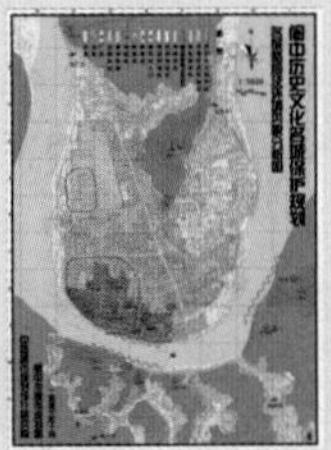
图9-3-4 现状建筑高度分析图

阆中是国家历史文化名城，是典型的按古代风水学说选址建设，“山、水、城”相依的整体风貌独具特色且保存较完整的古城。《阆中历史文化名城保护规划》是阆中古城保护的纲领性文件，有效指导了相关规划的编制和保护工作开展。

图9-3-5 市域历史文化环境保护规划图

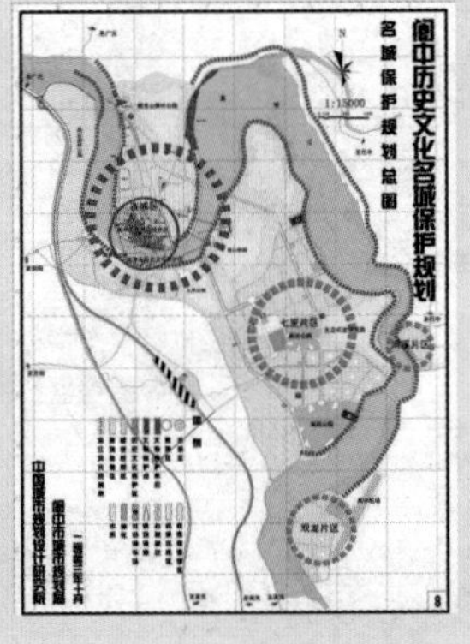

图9-3-6 名城保护规划总图

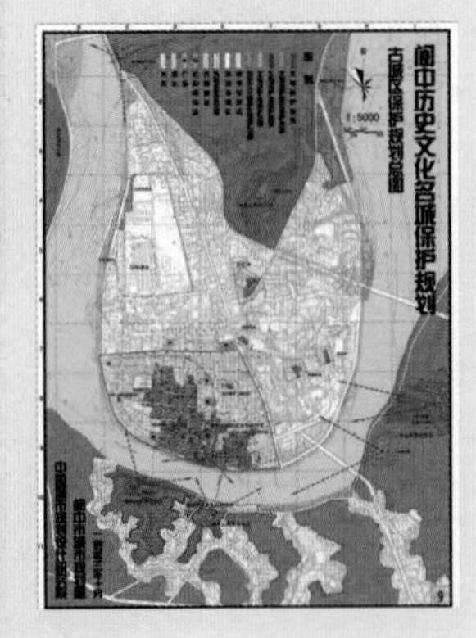

图9-3-7 古城区保护规划总图

（资料来源：阆中市住房和城乡建设局）

1 中华人民共和国住房和城乡建设部. GB/T50357-2018历史文化名城保护规划标准. 2018-11-01

二、历史文化名城保护规划重要术语

历史文化名城

经国务院、省级人民政府批准公布的保存文物特别丰富并且具有重大历史价值或者革命纪念意义的城市。

图9-3-8　国家历史文化名城拉萨（卓想拍摄）

图9-3-9　国家历史文化名城西安（杨彩霞拍摄）

历史城区

城镇中能体现其历史发展过程或某一发展时期风貌的地区，涵盖一般通称的古城区和老城区。名城保护规划中的历史城区特指历史范围清楚、格局和风貌保存较为完整、需要保护的地区。

图9-3-10　阆中历史城区（邱建拍摄）

图9-3-11　大理市巍山县历史城区（梁小龙拍摄）

历史文化街区

经省、自治区、直辖市人民政府核定公布的保存文物特别丰富、历史建筑集中成片、能够较完整和真实地体现传统格局和历史风貌，并具有一定规模的历史地段。

Tips

历史文化街区核心保护范围面积不小于1公顷。

历史文化街区核心保护范围内的文物保护单位、登记不可移动文物、历史建筑、传统风貌建筑的总用地面积占核心保护范围内建筑总用地面积的比例不小于60%。

图9-3-12 厦门市集美学村历史文化街区（唐密拍摄）

文物保护单位

经县级及以上人民政府核定公布应予重点保护的文物古迹。

历史建筑

经城市、县人民政府确定公布的具有一定保护价值，能够反映历史风貌和地方特色的建筑物、构筑物。[1]

图9-3-13 全国重点文物保护单位泉州文庙（唐密拍摄）

图9-3-14 历史建筑资中知行楼（朱晥拍摄）

1 中华人民共和国住房和城乡建设部. GB/T50357-2018历史文化名城保护规划标准. 2018-11-01

三、如何编制历史文化名城保护规划

（一）评估城市历史文化价值与特色，诊断现状问题

历史文化名城保护规划首先应全面深入地调研城市的自然资源与历史人文资源的价值、特色、现状和保护情况，综合评估城市的历史文化价值与特色，分析保护的现状情况，诊断保护的现状问题。

Tips

《历史文化名城名镇名村保护规划编制要求（试行）》中规定对城市自然与人文资源的调研与评估，一般包括以下内容：

历史沿革；文物保护单位、历史价值、其他文物古迹和传统风貌建筑等的详细信息；传统格局和历史风貌；具有传统风貌的街区、镇、村；历史环境要素；传统文化及非物质文化遗产；基础设施、公共安全设施和公共服务设施现状以及保护工作现状。

都江堰名城价值：

水利科学的世界典范，环境保护的全球样本；天府之国水利枢纽，中华民族治理楷模；川西古城建造艺术代表，城市市井生活生动写照；汉藏物资交易关口，地区政治稳定锁钥；古蜀活动重要场所，长江文明发源地；天师羽化西去处，中华道教发源地。

图9-3-15　都江堰水利工程（金艺豪拍摄）

图9-3-16　都江堰离堆公园（金艺豪拍摄）

（二）确定保护目标、保护原则、保护内容和重点

在深入分析研究城市历史文化价值与特色的基础上，历史文化名城保护规划应确定保护目标，坚持真实性、整体性和延续性原则，确定名城保护内容和保护重点，提出相应的保护措施。

历史文化名城的保护内容，一般涵盖物质文化遗产和非物质文化遗产两个方面，包括传统格局、历史风貌、历史文化街区、文物保护单位、历史建筑等内容，详见下表。

Tips

2005年《西安宣言》已将文化遗产的保护内容扩大到遗产周边环境以及环境所包含的一切历史的、社会的、精神的、习俗的、经济的和文化的活动。

历史文化名城保护规划保护内容列表　　表9-3-1

保护内容	物质文化遗产	保护和延续历史文化名城的传统格局和历史风貌及与其相互依存的自然景观和环境
		历史文化街区和其他传统历史街巷
		文物保护单位、已登记尚未核定公布为文物保护单位的不可移动文物、历史建筑（包括优秀近现代建筑）、传统风貌建筑
		历史环境要素（包括反映历史风貌的古井、围墙、石阶、铺地、驳岸、古树名木等）
	非物质文化遗产	保护特色鲜明与空间相互依存的非物质文化遗产以及优秀传统文化，继承和弘扬中华民族优秀传统文化（例如民俗精华、传统工艺、传统文化等）

（三）市域历史文化保护规划

市域历史文化保护应提出需要保护的内容和保护要求，一般包括市域范围内的历史文化名城、名镇、名村、传统村落、历史文化街区、文物保护单位、历史建筑、传统风貌建筑、历史环境要素、地下文物埋藏区、风景名胜区、世界文化遗产等。

（四）城市总体层面保护规划

历史文化名城保护规划应在城市总体层面，从包括城市发展方向、布局结构、功能调整、道路交通、基础设施、生态绿化等方面，提出有利于历史文化遗产保护的规划要求。

案例：都江堰历史文化名城市域保护规划

都江堰历史文化名城保护规划对都江堰灌区、市域名镇、文物保护单位、历史建筑等历史文化遗产提出了保护要求。

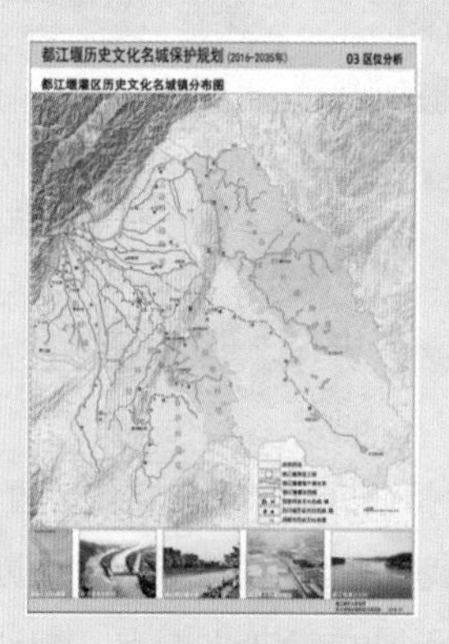

图9-3-17　灌区历史文化名城名镇分布图

图9-3-18　市域文物古迹分布图

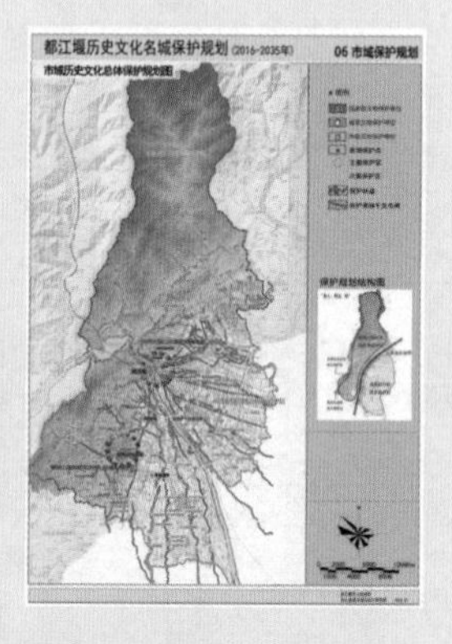

图9-3-19　市域历史文化保护规划图

（资料来源：四川省城乡规划设计研究院）

案例：法国巴黎城市总体层面保护

法国巴黎在1960年代开始对老城功能进行疏解，将工业、金融业等都迁出，发展以文化、旅游为主的第三产业，建设以德方斯区为代表的新城市中心，降低了老城人口密度，缓解了交通、设施等压力，为进一步落实老城的各项保护政策措施奠定了基础。

图9-3-20　法国巴黎老城与新区（曾建萍拍摄）

图9-3-21　巴黎卢浮宫（何颖琦拍摄）

（五）历史城区保护规划

划定历史城区的界限，制定保护控制措施

历史城区一般涵盖通称的古城区，且应包括格局风貌较完整的需要保护的区域。历史城区内所有建设活动不得损害历史城区的传统格局和历史风貌。

保护传统格局和历史风貌

历史文化名城应整体保护，保护名城传统格局、历史风貌、空间尺度及其相互依存的地形地貌、河湖水系等自然景观和环境。

案例：阆中传统山水格局保护

图9-3-22　锦屏山上望阆中古城（熊胜伟拍摄）

阆中古城是典型的按照中国古代风水学说选址建设的古城。城市“四面围山，三面环水，前朝后市，左祖右社，棋盘街巷，中天合一”。规划在保护古城的基础上，严格保护控制了嘉陵江、蟠龙山、锦屏山、黄华山等山体水体以及山水视廊，实现了自然环境的整体保护。

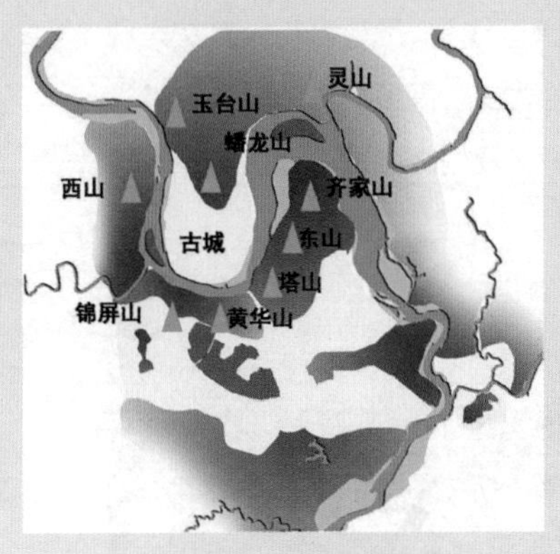

图9-3-23　阆中山水格局分析

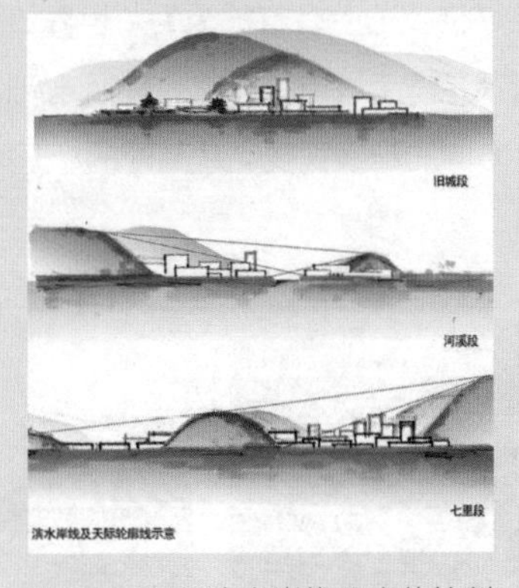

图9-3-24　滨水岸线及山体控制示意图

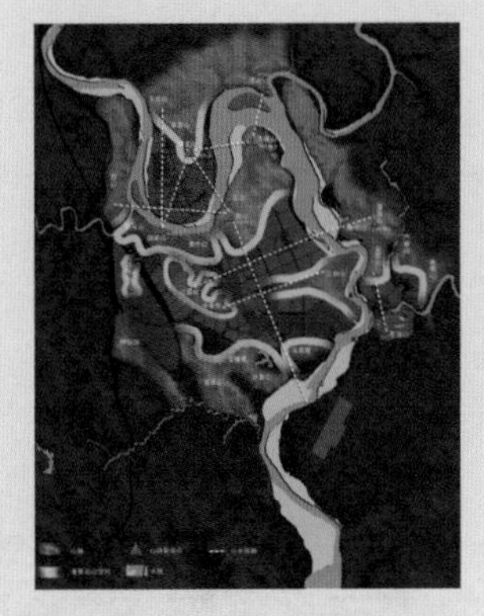

图9-3-25　山水格局保护规划图

（资料来源：四川省城乡规划设计研究院）

保护古城轮廓、传统街巷、历史水系等要素

保护城墙、城门、护城河、传统街巷等古城格局重要构成要素，强化古城形态意向，保护古城肌理和空间尺度。

控制建筑高度和开发强度

对历史城区和历史文化街区等保护范围内的建筑高度和开发强度进行控制，目的是保护历史城区和历史文化街区周边的景观环境，维持传统格局，延续历史风貌，保证观景视线。

建筑高度和开发强度控制一般依据整体风貌、视线分析、建筑体量等，规定建筑檐口高度、建筑总高度、建筑密度等控制指标。

案例：苏州平江古城格局保护

图9-3-26 苏州平江古城独特的“前街后河”“水街平行”格局（曹利拍摄）

图9-3-27 苏州平江古城

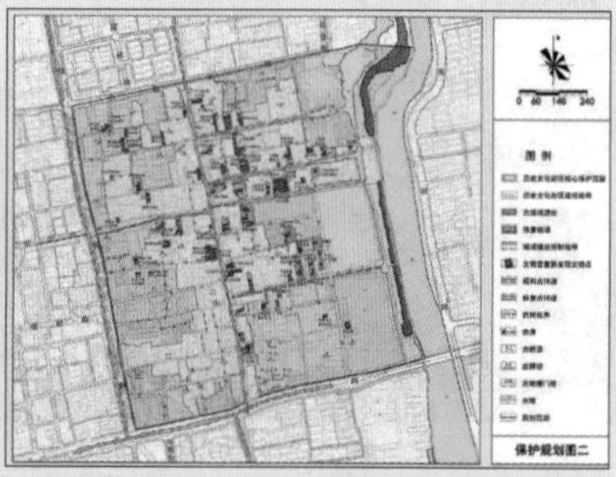

图9-3-28 “水陆双棋盘”格局保护规划（资料来源：苏州规划设计研究院有限公司）

案例：意大利佛罗伦萨建筑高度控制

意大利著名的历史文化名城佛罗伦萨有着被誉为“世界最美的天际线”。圣母百花大教堂为城市最高建筑，巨大的玫瑰色穹顶是整个城市的标志。其他建筑以多层为主，高度均不超过大教堂主建筑高度，保证了大教堂各个方向的观景视线。从高处的米开朗基罗广场俯瞰全城，远山掩映着玫瑰色穹顶，阿尔诺河蜿蜒流过，美不胜收。

图9-3-29 圣母百花大教堂为城市最高建筑（何颖琦拍摄）

图9-3-30 控制滨水建筑高度，保证老桥观景视线（何颖琦拍摄）

（六）划定历史文化街区、文物保护单位、历史建筑等的保护范围，提出保护控制措施

历史文化名城保护规划应对历史文化名城的各类保护对象及其周边环境进行详细调研与评估，进而确定历史文化街区、文物保护单位、历史建筑和地下文物埋藏区的保护范围，提出保护控制要求与措施。

保护范围及要求一览表　　表9-3-2

	保护范围	保护要求	备注
历史文化街区	（1）核心保护范围	所有建筑分类保护，且不得新建、扩建，但新建、扩建必要的基础设施和公共服务设施除外	划作城市紫线
	（2）建设控制地带	可以新建和改建，但需符合保护规划的建设控制要求	
文物保护单位	（1）保护范围	不得进行其他建设、爆破、挖掘等	
	（2）建设控制地带	可建设，但不得破坏文物保护单位的历史风貌	
历史建筑	保护范围	不得损坏或者擅自迁移、拆除历史建筑	划作城市紫线

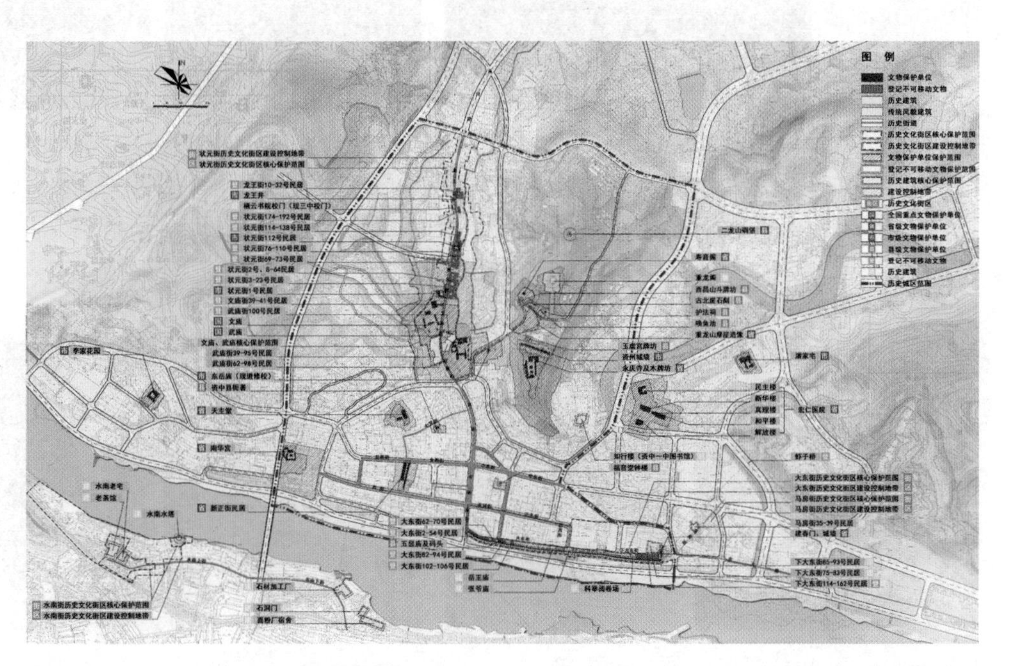

图9-3-31　资中历史文化名城保护规划中历史文化街区、文物保护单位、历史建筑等的保护范围规划图（资料来源：四川省城乡规划设计研究院）

（七）建（构）筑物等的分类分级保护与整治

历史文化名城保护规划应对历史文化街区内的所有建筑物、构筑物和历史环境要素逐项调查评估，并分类分级选择相应的保护与整治方式进行保护整治。文物保护单位的保护要求应与文物保护规划相吻合。

建筑物、构筑物分类保护与整治一览表　　表9-3-3

分类	文物保护单位	历史建筑	传统风貌建筑	其他建（构）筑物	
				与历史风貌协调的其他建（构）筑物	与历史风貌不协调或质量很差的其他建（构）筑物
保护与整治方式	修缮	修缮 维修 改善	维修 改善	保留 维修 改善	整治 （拆除重建、拆除不建）

武庙朝贡殿原始立面图

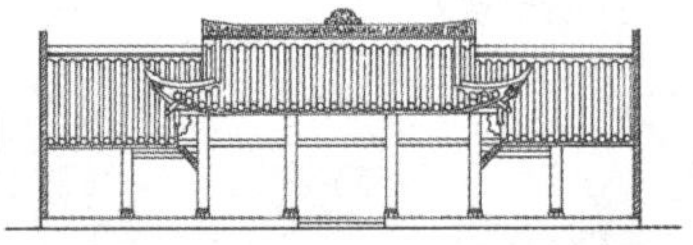

修缮后立面

图9-3-32　文物保护单位修缮示意图

严格遵循《古建筑木结构维护与加固技术规范》GB50165—92对全国重点文物保护单位资中武庙进行保养加固。

图9-3-33　历史建筑修缮前后对比示意图

成都太古里广东会馆，修缮后作为集艺术表演、文化展览为一体的多功能活动场地。

图9-3-34　传统风貌建筑改善前后对比示意图

在不改变外观风貌的前提下，对传统风貌建筑进行修缮，改善内部设施。

图9-3-35　与历史风貌有冲突的建筑整治前后对比示意图

依据对历史风貌的影响程度，对其他建筑进行保留、整治或拆除。

（本页资料来源：四川省城乡规划设计研究院）

（八）保护非物质文化遗产

明确非物质文化遗产的保护内容，有针对性地提出保护原则和措施，对非物质文化遗产及其栖息地、传承人、文化活动等进行整体保护。

（九）完善城市功能、改善基础设施、提高环境质量

历史文化名城应对道路交通、公共服务、居住环境等方面提出改善要求，完善城市功能，疏解交通压力，增强防灾能力。

案例：多样的非物质文化遗产保护方式

图9-3-36　川剧传承人表演变脸（陈孟临拍摄）

图9-3-37　重庆铜梁的国家级非遗——铜梁龙舞（娄禹光拍摄）

案例：阿姆斯特丹的自行车

图9-3-38　限制小汽车鼓励公共交通（RalfGervink拍摄）

荷兰阿姆斯特丹不仅随时随处可以租用自行车，而用于载物、载客等各类型的自行车也缤繁纷呈。政府为限制小汽车进入历史城区，城区内停车费高达5～10欧元/小时。

案例：历史文化街区内增设消防站及特殊器械

图9-3-39　历史文化街区的消防站和微型消防车（张力拍摄）

历史文化街区的街道大多狭窄且不能拓宽，无法满足消防通道要求，部分城市通过在历史文化街区内增设微型消防站、改良消防车、设置消防水池等方式，加强历史文化街区的消防力量。

（十）提出展示利用的要求和措施

文化是城市的灵魂，城市是文化的栖所。在保护历史文化遗产的前提下，充分展示、合理利用各类物质和非物质文化遗产，有利于城市文化和旅游产业的发展。

历史文化名城保护规划应从展示利用方式、展示空间组织和文物保护单位、历史建筑等的展示与利用等方面提出规划要求与措施。

1. 展示利用方式

城市历史文化遗产展示利用方式包括博物馆式、旅游观光式、活化再利用式、原生保护式。

1）博物馆式

历史文化价值比较高的遗产，进行修缮加固等必要保护措施后，开辟为公共博物馆或展览馆。

2）旅游观光式

部分观赏价值较高，或所处环境优美宜人的遗产，可与旅游活动结合，形成旅游景点。

3）活化再利用式

通过在历史环境中引入商业、餐饮、娱乐等内容，提升历史文化遗产的活力，促进历史建筑的修缮和再利用。

4）原生保护式

保护历史文化遗产的原生环境和原始功能，以保留传统生活生产方式、传统文化载体等。

2. 展示体系组织

以突出城市历史文化内涵特色为目的，可从市域、历史城区等层面组织历史文化展示的空间节点、线路和分区，并结合城市绿地系统和慢行系统建设，形成城市历史文化展示体系。

博物馆式：云南陆军讲武堂历史博物馆

旅游观光式：丽江古城

活化再利用式：福州三坊七巷

原生保护式：自贡燊海井盐厂

图9-3-40 历史文化展示利用方式

（本页图片来源：邱建拍摄）

案例：城市的文艺复兴——重塑“钢铁之城”谢菲尔德

谢菲尔德位于英格兰中部，是英国第五大城市。19世纪始，谢菲尔德便以钢铁工业闻名于世。直到20世纪七八十年代，因工业外迁和产业转型，谢菲尔德的钢铁工业全面崩盘。城市特别是中心城区，人口大量减少，产业萧条，城市逐渐衰败。

1990年代开始在经历了产业转型和环境治理的阵痛之后，这个曾经烟雾弥漫、污染严重的“钢铁之城”迎来了他的“文艺复兴”。之所以称为“文艺复兴”，是因为谢菲尔德城市的再生是从大力发展商业、文化、教育产业而来的。

建立文化地标

建设千禧花园（Millennium Garden）城市文化地标，钢铁步道（Steel Route）、黄金步道（Gold Route）等文化线路，构建了有主题、有序列的城市文化展示利用体系，沿途汇聚了各种类型和形态的文化艺术场所，展示了城市历史文化内涵。

图9-3-41　千禧花园

改造旧厂区，形成新文化产业区

规划的CIQ（Cultural Industries Quater）文化产业区将原钢铁工业的旧厂房进行改造，聚集了图书馆、电视台、画廊、咖啡厅、酒吧、艺术工作室等多种文化产业，互相渗透耦合，形成城市新的文化集中区。

图9-3-42　文化产业区（CIQ）

挖掘学校活力

两所大学位于城市中心，“无围墙”式布局使得熙熙攘攘的学生穿行于城市街道中，分不清哪里是城哪里是校。学校与城市相融相生，带动了整个城市中心区的活力，也提升了城市文化氛围。

图9-3-43　谢菲尔德大学

强调多元化社区

城市规划通过居住的多样性引导了社区的多元化。将人群类型、产业业态等混合，强化了文化的交流和碰撞。

打造丰富文化活动

足球、斯诺克、Tramline Festival音乐节等多种类型的城市文化活动为“文艺复兴”中的谢菲尔德带来多彩的内涵，拓展了城市文化的外延，使这座“钢铁之城”保存了历史形态的同时，焕发了新生活力。

图9-3-44　多元社区

（本页图片来源：朱晥拍摄）

3. 文物保护单位、历史建筑等的展示与利用

在保证合理保护和不改变文物原状的前提下，文物保护单位可建立博物馆、展览馆、游览场所等，历史建筑可进行功能置换或拓展。

功能置换

将历史建筑的原有功能，置换为文化展览、博物馆、艺术馆等公共文化服务设施，以实现历史建筑的活力复兴。

功能拓展

将历史建筑的现有功能进行拓展，将原有居住、办公等功能拓展为居住商业混合、办公酒店混合、居住酒店混合等。

案例：功能置换——北京798艺术区

图9-3-45 北京798艺术区（谢琪琪拍摄）

北京798艺术区（又称大山子艺术区），原为国营798厂等电子工业的老厂区所在地。因工业搬迁而废弃，后因艺术产业、文化企业进驻而重新焕发活力。2003年，被美国《时代》周刊评为全球最有文化标志性的城市艺术中心之一。北京798是城市工业遗产复兴的典型代表，也是优秀历史建筑的再利用的模板。

案例：功能拓展——南京“颐和公馆”

南京“颐和公馆”是民国时期《首都计划》的产物，其部分建筑曾是重要历史名人的住所和外国使馆。规划在对街区的空间尺度、整体风貌进行整体保护后，对建筑进行修缮，并对建筑内部设施等进行改善，打造成为文化体验型精品酒店。2014年，颐和公馆荣膺联合国教科文组织亚太地区文化遗产保护荣誉奖。

图9-3-46 颐和公馆一角（于乐乐拍摄）

图9-3-47 颐和公馆一角（程蓝星拍摄）

四、历史文化名城保护规划组织与审批

历史文化名城批准公布后，历史文化名城人民政府应当组织编制历史文化名城保护规划。名城保护规划由省、自治区、直辖市人民政府审批。

历史文化名城保护规划报送审批前，保护规划的组织编制机关应当广泛征求有关部门、专家和公众的意见。[1]

1年期限要求

《历史文化名城名镇名村保护条例》规定，已批准公布的历史文化名城，应在自批准公布之日起1年内，由历史文化名城人民政府组织并完成历史文化名城保护规划的编制工作。

单独编制要求

《历史文化名城名镇名村街区保护规划编制审批办法》要求历史文化名城保护规划应当单独编制，并将主要内容纳入城市总体规划。

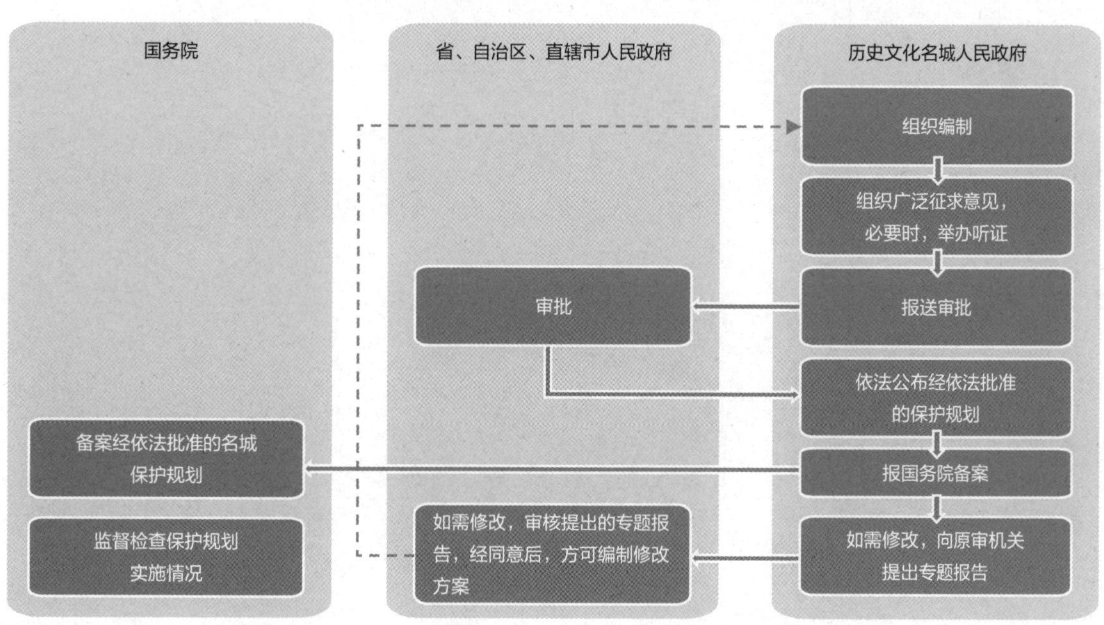

图9-3-48　历史文化名城保护规划组织与审批流程图
（资料来源：朱晥绘）

1　中华人民共和国住房和城乡建设部. 历史文化名城名镇名村街区保护规划编制审批办法[Z]. 2014-10-15

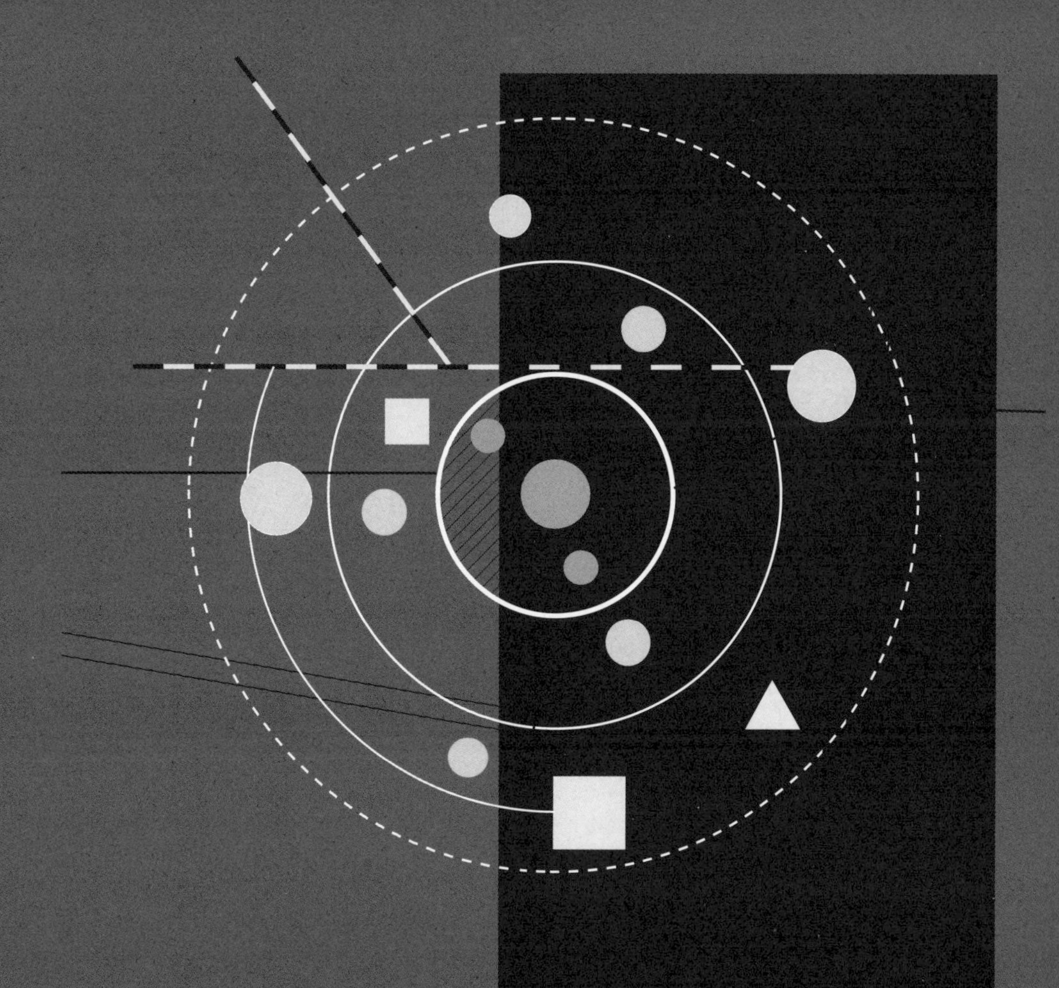

第三篇
实施管理

第十章
管理要求

第一节 严格依法实施

一、城市规划具有法律效力

近代城市规划立法起源于百年前的英国，欧美等发达国家随之也形成了自己的规划法。这些法律的共同特点是：规划一经批准，任何涉及空间安排或利用的人类活动如各类项目实施都必须依法服从，否则将面临法律的制裁。因此，规划法又被形象地称之为“空间宪法”。

“三分建设、七分管理”，依法批准的城市规划，是城市建设和管理的依据，一经批准，即具法律效力，必须严格遵守和执行，凡是违反规划的行为都要严肃追究法律责任。所有单位和个人都要尊重城市规划，自觉接受城市规划约束，自觉按法定权限、规则、程序办事。城市政府应当定期向同级人大常委会报告城市规划实施情况。城市总体规划的修改，必须经原审批机关同意，并报同级人大常委会审议通过。“先规划、后建设”的原则必须遵循，根据城市总体规划编制的控制性详细规划，是规划实施的基础，未编制控制性详细规划的区域，不得进行建设。控制性详细规划的编制、实施以及对违规建设的处理结果，都要向社会公开。

城市规划行政主管部门要依法对城市规划区范围内（包括各类开发区）的一切建设用地与建设活动实行统一、严格的规划管理，城市规划管理权不得下放，必须保障规划实施管理的全覆盖。

二、实行“一书两证”管理制度

城市规划管理实行“一书两证”的规划管理制度，即建设项目选址意见书、建设用地规划许可证、建设工程规划许可证。“一书两证”构成了我国城市规划实施管理的主要法定手段和形式。

（一）选址意见书是城乡规划主管部门依法审核建设项目选址的法定凭据。

建设项目选址管理是城市规划实施的首要环节与关键环节。城市建设是由性质不一、数量巨大、类型众多的建设项目构成的一项复杂的系统工程，每一个建设项目都与城市的自然环境、城市的功能布局和空间形态以及城市的基础设施和公共服务设施等密切联系，既相互促进又相互制约。因此，建设项目的选址，不仅对建设项目本身的成败起着决定性的作用，而且对城市的布局结构和发展将产生深远的影响。一个选址合理的建设项目可以对城市长远发展起到促进作用，同样，一个选址失败的建设项目也会阻碍城市的长远发展。

按照国家规定需要有关部门批准或者核准的建设项目，以划拨方式提供国有土地使用权的，建设单位在报送有关部门批准或者核准前，向城乡规划主管部门申请核发选址意见书。

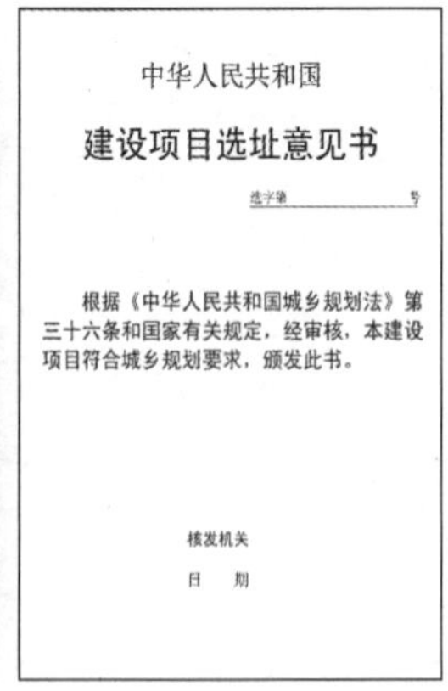
中华人民共和国

建设项目选址意见书

选字第　　　　号

根据《中华人民共和国城乡规划法》第三十六条和国家有关规定，经审核，本建设项目符合城乡规划要求，颁发此书。

核发机关

日　期

基本情况	建设项目名称	
	建设单位名称	
	建设项目依据	
	建设项目拟选位置	
	拟用地面积	
	拟建设规模	
附图及附件名称		

遵守事项

一、建设项目基本情况一栏依据建设单位提供的有关材料填写。
二、本书是城乡规划主管部门依法审核建设项目选址的法定凭据。
三、未经核发机关审核同意，本书的各项内容不得随意变更。
四、本书所需附图与附件由核发机关依法确定，与本书具有同等法律效力。

图10-1-1　建设项目选址意见书示例

（二）《建设用地规划许可证》是建设单位向国土资源行政主管部门申请征用、划拨土地前，经城乡规划行政主管部门确认建设项目位置和范围符合城市规划的法定凭证，是保证城市土地合理使用，防止和减少违法占地的有效措施。

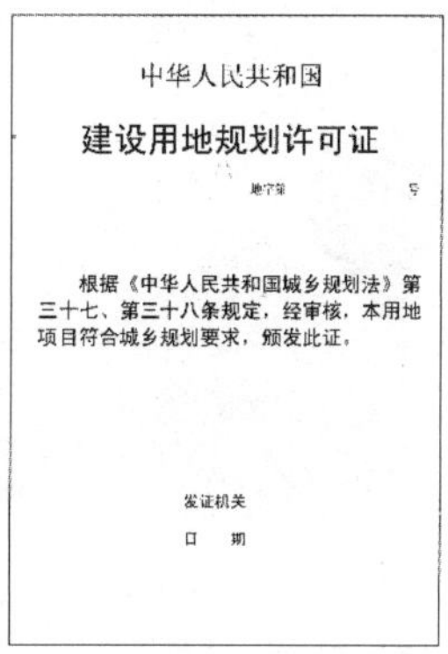

中华人民共和国

建设用地规划许可证

根据《中华人民共和国城乡规划法》第三十七、第三十八条规定，经审核，本用地项目符合城乡规划要求，颁发此证。

发证机关

日　期

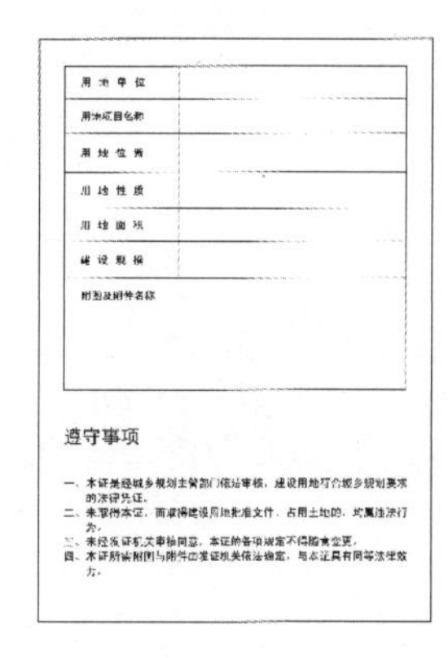

用地单位	
用地项目名称	
用地位置	
用地性质	
用地面积	
建设规模	
附图及附件名称	

遵守事项

图10-1-2　建设用地规划许可证示例

（三）《建设工程规划许可证》是有关建设工程符合城市规划要求的法律凭证。在城市规划区内新建、扩建和改建建筑物、构筑物、道路、管线和其他工程设施，必须持有关批准文件向城乡规划行政主管部门提出申请，由城乡规划行政主管部门根据城市规划提出的规划设计要求，核发建设工程规划许可证件。

中华人民共和国

建设工程规划许可证

根据《中华人民共和国城乡规划法》第四十条规定，经审核，本建设工程符合城乡规划要求，颁发此证。

发证机关

日　期

建设单位（个人）	
建设项目名称	
建设位置	
建设规模	
附图及附件名称	

遵守事项

六、本证自核发之日起，必须在一年内按规定进行建设，逾期本证自行失效。

图10-1-3　建设工程规划许可证示例

（四）办理程序

《建设项目选址意见书》的办理程序

按照国家规定需要有关部门批准或者核准的建设项目，以划拨方式提供国有土地使用权的，建设单位在报送有关部门批准或者核准前，向城乡规划主管部门申请核发选址意见书。

《城乡规划法》第三十六条规定，按照国家规定需要有关部门批准或者核准的建设项目，以划拨方式提供国有土地使用权的，建设单位在报送有关部门批准或者核准前，应当向城乡规划主管部门申请核发选址意见书。前款规定以外的建设项目不需要申请选址意见书。

《建设用地规划许可证》的办理程序

建设单位或个人持项目批准文件、规划设计总图或初步设计方案，向项目所在地市、县（市）城乡规划行政主管部门提出申请，城乡规划行政主管部门应在省级城乡规划行政主管部门规定的审批期限内审查，核定用地位置和界限，核发建设用地规划许可证，并根据建设项目的性质、规模，按城市规划的要求，提供规划设计条件，提出工程规划设计要求，作为工程设计的依据。

《建设工程规划许可证》的办理程序

建设单位或个人持项目批准文件、建设用地规划许可证和建设用地证件应当向城市、县人民政府城乡规划主管部门或者省、自治区、直辖市人民政府确定的镇人民政府申请办理建设工程规划许可证。建设单位或个人在取得建设工程规划许可证和其他有关批准文件后，方可申请办理开工手续。

三、规划条件是土地出让的必备条件

建设用地规划条件是土地使用权出让前，城乡规划主管部门根据控制性详细规划，提出出让地块的位置、使用性质、开发强度等规划条件，作为国有土地使用权出让合同的组成部分，是建设单位在进行土地使用和建设活动时必须遵循的基本准则。

规划条件一般包括**规定性（限制性）条件**，如地块位置、用地性质、开发强度（建筑密度、建筑控制高度、容积率、绿地率等）、主要交通出入口方位、停车场泊位及其他需要配置的基础设施和公共设施控制指标等；指导性条件，如人口容量、建筑形式与风格、绿化小品及照明要求等。

《城乡规划法》明确规定：

“在城市、镇规划区内以出让方式提供国有土地使用权的，在国有土地使用权出让前，城市、县人民政府城乡规划主管部门应当依据控制性详细规划，提出出让地块的位置、使用性质、开发强度等规划条件，作为国有土地使用权出让合同的组成部分。未确定规划条件的地块，不得出让国有土地使用权。”

“规划条件未纳入国有土地使用权出让合同的，该国有土地使用权出让合同无效。”

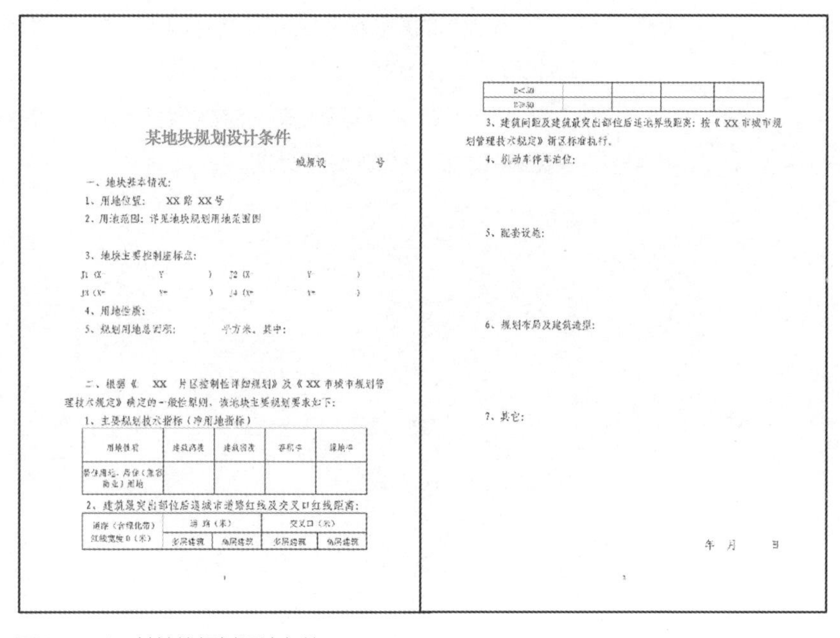

某地块规划设计条件

城规设　　　号

一、地块基本情况：

1、用地位置：　XX 路 XX 号

2、用地范围：详见地块规划用地范围图

3、地块主要控制座标点：

J1（X=　　Y=　　）　J2（X=　　Y=　　）

J3（X=　　Y=　　）　J4（X=　　Y=　　）

4、用地性质：

5、规划用地总面积：　　平方米，其中：

二、根据《　XX　片区控制性详细规划》及《XX 市城市规划管理技术规定》确定的一般性原则，该地块主要规划要求如下：

1、主要规划技术指标（净用地指标）

用地性质	建筑高度	建筑密度	容积率	绿地率
居住用地、居住（兼容商业）用地				

2、建筑最突出部位后退城市道路红线及交叉口红线距离：

道路（含绿化带）红线宽度 D（米）	道路（米）		交叉口（米）	
	多层建筑	高层建筑	多层建筑	高层建筑
D<30				
D≥30				

3、建筑间距及建筑最突出部位后退用地界线距离：按《XX 市城市规划管理技术规定》新区标准执行。

4、机动车停车泊位：

5、配套设施：

6、规划布局及建筑造型：

7、其它：

年　月　日

图10-1-4　某地块规划设计条件

四、规划修改

先评估后修改的基本制度

对城市规划实施进行定期评估，是修改规划的前置条件。通过规划评估，可以总结城市规划实施的经验，发现问题，为修改规划奠定良好的基础。对规划实施情况进行评估后，根据评估报告并附具征求意见的情况由原审批机关确定是否修改规划。

有下列情形之一的，组织编制机关方可按照规定的权限和程序修改省域城镇体系规划、城市总体规划、镇总体规划：上级人民政府制定的城乡规划发生变更，提出修改规划要求的；行政区划调整确需修改规划的；因国务院批准重大建设工程确需修改规划的；经评估确需修改规划的；城乡规划的审批机关认为应当修改规划的其他情形。

修改上述规划前应当对原规划的实施情况进行总结，并向原审批机关报告；**修改涉及上述规划强制性内容的，应当先向原审批机关提出专题报告，经同意后，方可编制修改方案。**

修改后的规划报批前应当广泛征求有关部门、公众、专家和利益相关单位、个人的意见。城市、县人民政府组织编制的总体规划，在报上一级人民政府审批前，应当先经本级人民代表大会常务委员会审议，常务委员会组成人员的审议意见交由本级人民政府研究处理。

第二节　强化刚性控制

一、强制性内容必须严格执行

《城乡规划法》要求通过空间管制的方法，将基本农田、水源地、敏感生态环境以及历史文化遗产优先规划为禁建区或者限建区，将城市绿化用地、基础设施和公共服务设施用地，以及防灾减灾设施的配置等作为强制性内容，以体现依法保护社会公共利益和整体利益的思路。确定规划的强制性内容，是为了加强上下规划的衔接，确保区域协调发展、资源利用、环境保护、自然与历史文化遗产保护、公共安全和公共服务、城乡统筹协调发展的规划内容得到有效落实，确保城乡建设发展能够做到节约资源，保护环境，和谐发展，促进城乡经济社会可持续发展，并且能够以此为依据对规划的实施进行监督检查。

规划强制性内容具有法定的强制力，必须严格执行，任何个人和组织都不得违反；涉及规划强制性内容的调整，必须按照法定的程序进行。

二、下位规划不得违背上位规划

上位规划全局性、综合性、战略性、长远性更强，更加重视城乡区域协调有序发展和整体竞争力的提高，在整体发展的同时更加强调资源和环境保护，实现可持续发展。上位规划代表了上一级政府对空间资源配置和管理的要求，从区域视野出发，制定各城镇必须遵守的发展建设行动准则，有利于减少下位规划在资源分配和布局上的矛盾和冲突，有利于解决单个城市解决不了、解决不好的问题。

下位规划不得违背这些原则和要求，并将上位规划确定的规划指导思想、城镇发展方针和空间政策贯彻落实到本层次规划的具体内容中。

在城市规划建设实际工作中，个别城市在制定近期建设规划和详细规划时，突破城市总体规划确定的建设用地规模和范围，不符合城市总体规划要求的近期建设规划和详细规划指导开发和建设，导致城市发展建设无序进行，乱占滥用土地，严重损害了城市规划的依法行政。**因此，法律规定下位规划必须符合上位规划的要求，是保证城市规划权威性、严肃性，保证城市规划依法行政，保证城市发展和建设科学有序进行的重要原则。**[1]

1　全国人大常委会法制工作委员会等. 中华人民共和国城乡规划法解说. 北京：知识产权出版社，2008.

三、一些用地原则上禁止改变用途

基础设施、水系（特别是城市饮水水源地）、绿地、公共服务设施和历史文化遗产是城市建设和发展重要的物质文化基础，也是保障城市居民生产、生活所必备的条件。[1]

擅自改变规划中的基础设施用地和绿地性质、侵占基础设施用地、破坏历史文化遗产，随意在基础设施用地、历史街区和绿地的规划控制范围内突破控制进行建设活动，影响基础设施的安全运行，造成人居环境质量的严重下降，是严重的违法行为。

《城市绿线管理办法》《城市黄线管理办法》《城市蓝线管理办法》《城市紫线管理办法》要求通过建立并严格实行城市绿线、蓝线、黄线、紫线等管理制度，确保城市各级绿地得到落实，确保水资源得到保护和合理利用，保障基础设施安全、高效运转，从而保障城市运行的安全、稳定和人居环境的不断提高。

《城乡规划法》中明确，这几类用地一经批准不得擅自改变用途。认真落实这一法律规定，对于满足城市经济发展和人民生活的需求，保障城市发展过程中的安全，创造良好的人居环境，传承优秀历史文化，促进城市健康可持续发展等，都具有十分重要的意义。

1 全国人大常委会法制工作委员会等. 中华人民共和国城乡规划法解说. 北京：知识产权出版社，2008.

第三节　加强监督检查

一、概念解读

依据《宪法》和《城乡规划法》等法律法规，对城乡规划编制、土地使用和各项建设活动进行监督检查，及时发现、制止、纠正城乡规划违法违规行为。

二、重要意义

城市规划监督检查贯穿于城市规划实施的全过程，是城市规划实施管理工作的重要组成部分。将监督检查的内容反映和落实到城乡规划编制及技术审查、行政许可的过程中，通过规划监督逐步规范城乡规划的实施与管理，筑牢规划刚性底线，避免违反城乡规划强制性内容的规定核发规划许可行为和随意修改变更规划，提升政府规划实施公信力，引领民众共同实现规划蓝图。

三、主要内容

权力机关监督——地方各级人民政府应当向本级人民代表大会常务委员会或者乡、镇人民代表大会报告城乡规划的实施情况，并接受监督。

行政监督——县级以上人民政府及其城乡规划主管部门应当加强对城乡规划编制、审批、实施、修改的监督检查。即行政机关内部的层级监督。

社会监督——社会监督是指城市中的所有机构、单位和个人对城市规划实施的组织和管理等行为的监督。

四、权力机关监督

（一）监督的主体

县级以上地方各级人民代表大会及其常委会和乡、镇人民代表大会。

（二）监督对象

地方各级人民政府。

（三）监督的内容

地方各级人民政府对城乡规划的实施情况。

（四）监督的方式

通过地方各级人民政府向本级人民代表大会常务委员会或者乡、镇人民代表大会报告城市规划的实施情况，实现各级地方权利机关对政府工作的监督。

《成都市城市总体规划（2016—2035年）》在审批之前向成都市第十七届人民代表大会作了汇报，人民代表大会审议通过了该规划。

您当前所在位置：首页 >> 监督工作 >> 审议意见

攀枝花市人大常委会关于<<攀枝花城市总体规划(2011—2030年)>>2017版）的审议意见

发布时间：2017年10月27日 来源： 阅读次数：

攀枝花市人大常委会
关于《攀枝花城市总体规划（2011—2030年）》
（2017版）的审议意见

市人民政府：

2017年10月9日，市十届人大常委会第五次会议听取和审议了市人民政府《攀枝花城市总体规划（2011—2030年）》（2017版）的报告。

会议认为：《攀枝花市城市总体规划（2011- 2030年）》（2017版），符合《中华人民共和国城乡规划法》相关规定，适应我市经济社会及城市发展需要，非常有必要。会议决定同意《攀枝花市总体规划（2011—2030年）》（2017版），由市人民政府按照规划审批程序上报。同时提出如下建议：

一、要尽快启动对我市城市总体规划的全面修编工作；

二、对《攀枝花市城市总体规划（2011- 2030年）》（2017版）中的文字、地名等要进一步规范，对相关数据要进一步核实，以确保规划的准确和严谨。

经2017年10月17日市十届人大常委会第二十三次主任会议决定，以上审议意见请认真研究处理，并于3个月内将研究处理情况书面报告市人大常委会。

图10-3-1 成都市第十七届人民代表大会
（图片来源：百度新闻）

五、行政监督

（一）主要内容

（1）规划编制组织机构监督检查；

（2）规划管理行为监督检查；

（3）管理程序监督检查；

（4）违法建设活动的查处监督检查；

（5）县级以上人民政府对本级或下级人民政府有关部门在建设项目审批、土地使用权出让及划拨固有土地使用权过程中是否遵守法律法规的监督检查。

如前所述，行政监督是一种层级监督。主要包括：

上级政府城乡规划主管部门对下级政府城乡规划主管部门具体行政行为进行检查和制度建设情况进行检查等方面。

如：省级城乡规划主管部门可以会同地方政府对省级政府审批的城乡规划的实施情况进行经常性监督检查，也可以针对是否建立了规划公示制度、规划行政许可程序是否合法、城乡规划是否实行集中统一管理等制度建设方面的内容进行监督检查。

（二）监督原则

监督检查的主体、对象、内容、程序、措施必须合法。

（三）具体方式

就城乡规划而言，城乡规划督察制度是上级政府和其城乡规划主管部门履行其规划监督的行政职能的行为，也是普遍使用的行政监督方式。

六、社会监督

（一）主要涵义

从城乡规划主管部门行政公开的义务和公众知情权与监督权两方面解读：

1）城乡规划主管部门负有公开监督检查情况和处理结果的义务。

2）公众享有查阅、监督城乡规划主管部门监督检查的情况和结果的权利。

（二）主要内容

1）公众对城市规划实施管理各个阶段的工作内容和规划实施过程中各个环节的执法行为和相关程序的监督。

2）任何单位和个人都有权就涉及其利害关系的建设活动是否符合规划的要求向城乡规划主管部门查询。

3）任何单位和个人都有权向城乡规划主管部门或者其他有关部门举报或者控告违反城乡规划的行为。

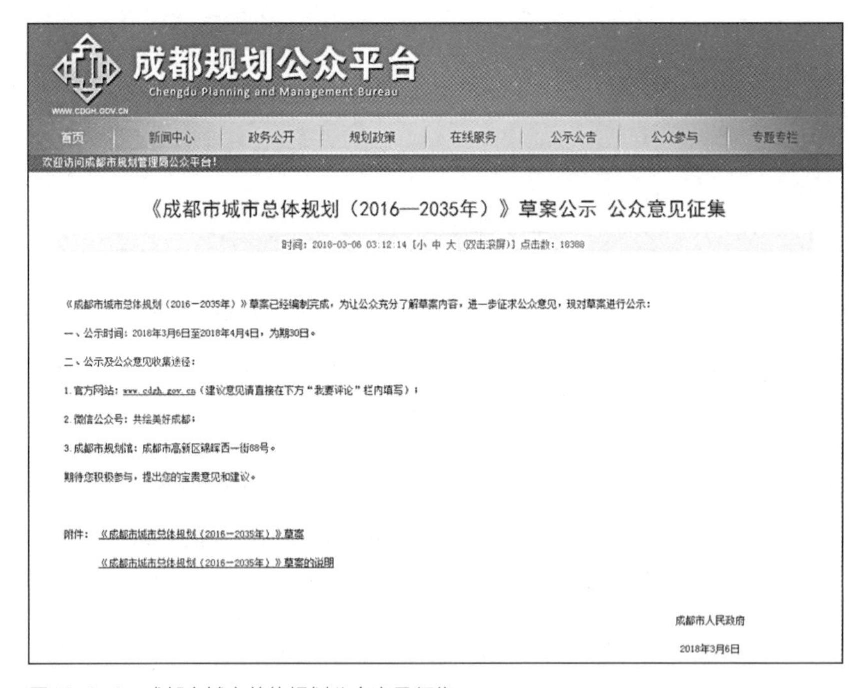
成都规划公众平台
Chengdu Planning and Management Bureau
WWW.CDGH.GOV.CN
首页 新闻中心 政务公开 规划政策 在线服务 公示公告 公众参与 专题专栏
欢迎访问成都市规划管理局公众平台！

《成都市城市总体规划（2016—2035年）》草案公示 公众意见征集

时间：2018-03-06 03:12:14【小 中 大 (双击滚屏)】点击数：18388

《成都市城市总体规划（2016－2035年）》草案已经编制完成，为让公众充分了解草案内容，进一步征求公众意见，现对草案进行公示：

一、公示时间：2018年3月6日至2018年4月4日，为期30日。

二、公示及公众意见收集途径：

1. 官方网站：www.cdgh.gov.cn（建议意见请直接在下方“我要评论”栏内填写）；

2. 微信公众号：共绘美好成都；

3. 成都市规划馆：成都市高新区锦晖西一街88号。

期待您积极参与，提出您的宝贵意见和建议。

附件：《成都市城市总体规划（2016－2035年）》草案

《成都市城市总体规划（2016－2035年）》草案的说明

成都市人民政府

2018年3月6日

图10-3-2 成都市城市总体规划公众意见征集
（图片来源：成都市规划管理局公众平台）

第四节　法律责任

一、法律责任概念和内容

法律责任是指违反法律的规定而必须承担的法律后果。

《城乡规划法》规定的法律责任包括民事法律责任、行政法律责任和刑事法律责任。谁触碰规划红线、底线，谁就要承担法律责任。违反《城乡规划法》规定，构成犯罪的，依法追究刑事责任。

二、违法建设带来的主要危害

（一）威胁公共安全。

（二）制约经济发展。

（三）损害公平正义。

（四）败坏城市形象。

图10-4-1　某市街头绿地管理用房违规变成别墅，损害公众利益（图片来源：东方网）

图10-4-2　某河堤内违规修建的建筑，占用河道危害公共安全（黄楠拍摄）

三、城市政府的违法行为责任

各级人民政府是城市规划编制、修改的主体，上级人民政府是城市规划审批的主体，有关人民政府必须严格遵守《城乡规划法》规定的职权和程序编制、审批、修改城市规划。未按法定程序编制、审批、修改城市规划，应承担行政法律责任。

《城乡规划法》第五十八条“对依法应当编制城乡规划而未组织编制，或者未按法定程序编制、审批、修改城乡规划的，由上级人民政府责令改正，通报批评，对有关人民政府负责人和其他直接责任人员依法给予处分”；第六十条“镇人民政府或者县级以上人民政府城乡规划主管部门有下列行为之一的，由本级人民政府、上级人民政府城乡规划主管部门或者监察机关依据职权责令改正：（一）未依法组织编制城市的控制性详细规划、县人民政府所在地镇的控制性详细规划的”。

为了加强城乡规划管理，惩处城乡规划违法违纪行为，监察部、人力资源社会保障部、住房城乡建设部联合印发了《城乡规划违法违纪行为处分办法》，规定有城乡规划违法违纪行为的单位中负有责任的领导人员和直接责任人员，以及有城乡规划违法违纪行为的个人，应当承担纪律责任。其中，第三条“地方人民政府依法应当编制城乡规划而未组织编制的和未按法定程序编制、审批、修改城乡规划的，应对有关责任人员给予记过或者记大过处分；情节较重的，给予降级或者撤职处分；情节严重的，给予开除处分”；第四条“地方人民政府在城市总体规划、镇总体规划确定的建设用地范围以外设立各类开发区和城市新区的，要对有关责任人员给予警告、记过或者记大过处分；情节较重的，给予降级或者撤职处分；情节严重的，给予开除处分”。[1]

典型案例：某市兰东花园居住小区案

某市违反城市总体规划强制性内容，在未办理《建设工程规划许可证》的情况下，依据市政府市长办公会议纪要建设兰东花园居住小区项目，侵占森林公园超过1万平方米。

上述行为严重违反了《城乡规划法》第三十五条、第四十条等规定。住建部要求有关省、自治区住房城乡建设厅要立即组织调查处理，依法查处违法问题，追究有关单位和个人责任，限期办结。

1 《城乡规划违法违纪行为处分办法》[Z]. 2012-12-03

四、规划行政主管部门的违法责任

规划行政主管部门未依法组织编制城市的控制性详细规划、县人民政府所在地镇的控制性详细规划的；超越职权或者对不符合法定条件的申请人核发选址意见书、建设用地规划许可证、建设工程规划许可证的；未依法对经审定的修建性详细规划、建设工程设计方案的总平面图予以公布的；同意修改修建性详细规划、建设工程设计方案的总平面图前未采取听证会等形式听取利害关系人的意见的，由本级人民政府、上级人民政府城乡规划主管部门或者监察机关依据职权责令改正，通报批评；对直接负责的主管人员和其他直接责任人员依法给予处分。

违反法定程序干预控制性详细规划的编制和修改，或者擅自修改控制性详细规划的；违反规定调整土地用途、容积率等规划条件核发规划许可，或者擅自改变规划许可内容的；违反规定对违法建设降低标准进行处罚，或者对应当依法拆除的违法建设不予拆除的，给予记过或者记大过处分；情节较重的，给予降级或者撤职处分；情节严重的，给予开除处分。

在国有建设用地使用权出让合同签订后，违反规定调整土地用途、容积率等规划条件的；违反规划批准在历史文化街区核心保护范围内进行新建、扩建活动或者违反规定批准对历史建筑进行迁移、拆除的；基础设施用地的控制界限（黄线）、各类绿地范围的控制线（绿线）、历史文化街区和历史建筑的保护范围界限（紫线）、地表水体保护和控制的地域界限（蓝线）等城市规划强制性内容的规定核发规划许可的，对有关责任人员给予警告或者记过处分；情节较重的，给予记大过或者降级处分；情节严重的，给予撤职处分。[1]

典型案例：某市经济技术开发区违法修改控制性详细规划审批项目案

2012年10月，某市经济技术开发区（以下简称经开区）违反城市总体规划强制性内容和控制性详细规划，以经开区管委会主任会议形式确定金科时代中心项目商住用地的规划条件。2013年11月，某市规划局经开区规划分局为该项目核发了建设用地规划许可证，审批建设的10栋商住楼侵占了某市总体规划中2.59万平方米公园绿地。某市人民政府决定将附近2块2.59万平方米商业金融用地和居住用地调整为公园绿地（最远距原绿地不超过500米），并于2015年内完成绿地建设。

2014年12月，某市纪委给予涉案的某市规划局经开区规划分局原局长党内警告处分；某市监察局给予涉案的某市规划局经开区规划分局副局长行政记过处分；2015年1月，湖南省监察厅给予涉案的某市经开区管委会主任行政警告处分。

1 《城乡规划违法违纪行为处分办法》[Z]. 2012-12-03

参考书目

[1] 中华人民共和国建设部. GB/T50280-98城市规划基本术语标准[S]. 北京：中国建筑工业出版社

[2] 董鉴泓. 中国城市建设史[M]. 北京：中国建筑工业出版社，2004.

[3] 沈玉麟编. 外国城市建设史[M]. 北京：中国建筑工业出版社，2005.

[4] 同济大学，吴志强，李德华主编. 城市规划原理（第四版）[M]. 北京：中国建筑工业出版社，2010.

[5] 中华人民共和国住房和城乡建设部. GB50137-2011城市用地分类与规划建设用地标准[S]. 2011-01-01

[6] 同济大学，李德华主编. 城市规划原理（第三版）[M]. 北京：中国建筑工业出版社，2001.

[7] 全国城市规划执业制度管理委员会主编. 城市规划原理[M]. 北京：中国计划出版社，2011.

[8] 罗小未等. 外国近现代建筑史[M]. 北京：中国建筑工业出版社，2004.

[9] 四川省住房和城乡建设厅. 完善规划体系统筹城乡发展[R]. 2007.

[10] 中国社会科学院语言研究所词典编辑室编. 汉语大词典[M]. 北京：商务印书馆，2005.

[11] 中华人民共和国建设部. CJJ/T97-2003城市规划制图标准[S]. 2003-08-19

[12] 中华人民共和国建设部. 城市规划编制办法实施细则[Z]. 1995-06-08

[13] 中华人民共和国建设部. 城市绿线管理办法[Z]. 2002-09-23

[14] 中华人民共和国建设部. 城市蓝线管理办法[Z]. 2005-11-28

[15] 中华人民共和国建设部. 城市紫线管理办法[Z]. 2003-12-17

[16] 中华人民共和国建设部. 城市黄线管理办法[Z]. 2005-12-20

[17] 中华人民共和国建设部. 城市规划编制办法[Z]. 2005-12-31

[18] 郑毅. 城市规划设计手册[M]. 北京：中国建筑工业出版社，2004.

[19] 中华人民共和国住房和城乡建设部. 城市设计管理办法[Z]. 2017-03-14

[20] 赵宝江. 总体城市设计理论与实践. 武汉：华中科技大学出版社，2006.

[21] 过秀成主编. 城市交通规划（第二版）[M]. 南京：东南大学出版社，2017.

[22] 中华人民共和国住房和城乡建设部. 城市综合交通体系规划规范[S].

[23] 中华人民共和国住房和城乡建设部. GB 50925-2013城市对外交通规划规范[S]. 2013-11-29

[24] 中华人民共和国住房和城乡建设部. 城市步行和自行车交通系统规划设计导则[R]. 2013-12

[25] 中华人民共和国住房和城乡建设部. GB-T51149-2016城市停车规划规范[S]. 2016-06-20

[26] 中华人民共和国住房和城乡建设部. CJJ/T 85-2017城市绿地分类标准[S]. 2017-11-28

[27] 中华人民共和国建设部. 城市绿地系统规划编制纲要（试行）[S]. 2002-10-16

[28] 四川省住房和城乡建设厅. 四川省宜居县城建设试点评价指标体系.

[29] 中华人民共和国建设部. GB50357-2005历史文化名城保护规划规范. 2005-07-15

[30] 中华人民共和国住房和城乡建设部. 历史文化名城名镇名村街区保护规划编制审批办法[Z]. 2014-10-15

[31] 全国人大常委会法制工作委员会等. 中华人民共和国城乡规划法解说. 北京：知识产权出版社，2008.

[32]《城乡规划违法违纪行为处分办法》[Z]. 2012-12-03